続・水俣まんだら

チッソ水俣病関西訴訟の患者たち

木野　茂・山中由紀　共著

緑風出版

まえがき——「続・水俣まんだら」に込めた意味

本書は二〇〇一年に出した『新・水俣まんだら―チッソ水俣病関西訴訟の患者たち』の続編である。「曼陀羅」とは仏教ではありがたい仏さんのことを描いた絵のことをいうらしいが、それにちなんで、関西の水俣病患者たちの生きてきた道を綴ることで私たちの足元を照らしたいとの願いで名付けた。

前書を読まれていない方にもわかるように書いたつもりであるが、読まれた方の中には、第一章冒頭の「お父さんは怒っていると思うわ」の見出しに驚かれた人もいるかと思う。「お父さん」とは、熊本水俣病が発生した不知火海の島から大阪に出てきた岩本夏義《なつよし》さんのことで、一九八二年に損害賠償と行政責任を問うて水俣病関西訴訟を起こした原告団の団長で、元漁師である。

著者の木野は当時、大阪市立大学で教員をしていたが、水俣病患者の支援をしていた友人が教授からのアカハラで自死した一〇周忌のイベントに参加する中でその提訴を知り、学生たちと公害問題に取り組むサークル「市大自主講座」を立ち上げ、関西在住水俣病患者の支援にも取り組み始めた。その後一審終盤の一九九〇年に入学してすぐに参加し、患者の聞き取りに熱心に取り組み始めたのが山中である。

その頃、夏義さんは病状が悪化し、代わりに患者の会の会長を引き受けた下田幸雄さんが頑張っていたが、頑張り過ぎたのか、夏義さんより早く亡くなった。その下田さんが亡くなる直前に残した「私らのやってきたことは記録に値しますよね」という一言が、この「水俣まんだら」をまとめる発端となった。そして下田さんの死後から始めた聞き書きに全面的に協力してくれたのが夏義さんである。

水俣病事件は日本の戦後の四大公害の二つ（熊本と新潟）に数えられる程、代表的な公害事件であり、メチル水銀という毒物を海に放出して魚介類を汚染し、漁民をはじめ何十万人という人々に被害を与えたことは、よく知られている。しかし、どういう症状が出れば水俣病なのかとなると、一九五六年の公式確認から六八年にもなる今も定まっておらず、水俣病の認定基準をめぐって論争が未だに続いている。

その要因は、水俣病と認められた患者には原因企業は損害賠償を行わなければならないが、被害の規模が大きいほど、責任企業だけでなく、監督責任がある行政も含めて各所に与える影響も大きくなるため、それを低く抑える策動が、責任企業だけでなく、国など行政や医学界にも広がったからである。

そこで最後の手段として患者たちがすがったのが裁判所であった。そして一九七三年に熊本第一次訴訟の判決で勝訴した患者たちは、チッソと自主交渉を続けていた新認定患者と一緒になって直接交渉の末に得たのがチッソとの補償協定であった。そこには、判決の賠償金（慰謝料）以外に、生活保障のための終身特別調整手当や治療費・介護費・葬祭料等が定められており、さらに以後行政が認定した患者にも適用することが約されており、画期的な協定であった。この協定締結が環境庁の一室で行われ、立会人に当時環境庁長官で後に首相となった三木武夫氏が名を連ねていたことを忘れてはならない。

しかし、この後間もなく、認定申請者が急増するや、審査会では棄却が増え、未処分が急増したため、水俣病の行政認定をめぐって混乱が始まった。認定率が急減したのは従来の認定基準に七七年判断条件と通称される厳しい条件が加えられたためであるが、これは現在に至るも撤回されていない。これ以後、水俣病の未認定患者問題が大きな社会問題となったが、そんな最中の一九八二年に起こされたのが夏義さんらの関西訴訟であった。水俣病と言えば熊本や新潟で起こった公害なのに、なぜ関西で水俣病訴訟かと、当初は驚きであったが、関西へ出てきた理由を知ってすぐに納得した。私たちが最初に出した『水俣まんだら』(るな書房、一九九六年)に「聞書・不知火海を離れた水俣病患者」という副題を付けたのは、その患者らの思いを伝えたかったからである。

しかし関西訴訟も一審判決(一九九四年)では国・県の行政責任は認められなかったが、高裁で初めて行政責任を認める判決が出た(二〇〇一年)ので、それに合わせて関西訴訟の患者たちのことをもっと広く伝えたいとの思いで、前書の『新・水俣まんだら』(緑風出版、二〇〇一年)を出した。

ところが、その前著の最後に書いた恵さんのひとこと(本書第一章参照)は、二審判決後の患者間の分裂という形で現実のものとなり、患者主体の行動を主張する「関西水俣友の会」が誕生する。最初の会長は夏義さんから原告団長を引き継いだ川上敏行さんだったが、弁護団や医師団の説得によりわずか三カ月で脱会した。その後は水俣出身の坂本美代子さんが会長となり患者が自ら動くことに努めたが、最高裁判決が近づくにつれ、判決後のことは弁護団に任せるほかないとの空気が広まり、「友の会」は瓦解した。結局、裁判で勝訴して早く行政認定を取り、チッソに補償協定による補償をさせるという夏義さんの目論見は、弁護団からも「チッソ水俣病関西訴訟を支える会」からも無視され、最後は原告個々人に委ねられた。

そんな中、弁護士や支援に頼らず、患者自身が動かなければと、県や国に行政認定を直接求め、行政認定後はチッソに補償協定に基づく補償を求める直接交渉を始めたのが美代子さんで、その行動にいたく共感して同行するようになったのが夏義さんの長女・恵さんである。

しかし、美代子さんより二年も前に行政認定されていた人がいて、チッソから補償協定を拒否されたので関西訴訟の弁護士に相談して訴訟を起こすらしいとのニュースが突然新聞に出たことから、美代子さんの患者自身による闘いは苦難を強いられる。美代子さんは二人目の行政認定を得たが、最初の人が裁判中だからとチッソ・県・国から引き延ばしに遭い続けた。

最高裁後に行政認定された後、チッソから補償協定を拒否されて何らかの行動をした患者は六人いるが、自主交渉を続けたのは美代子さん一人で、他の五人は裁判を選んだ。その美代子さんに最後まで付き添った患者は「自分の事　できるだけ自分で」と書き残した夏義さんの長女の恵さんだけであった。その恵さんは関西訴訟の患者のことを忘れてほしくないと今も語り部を続けている。これら美代子さんと恵さんをはじめ、命をかけて闘った関西訴訟の患者たちの顚末を書き残すのが本書の目的である。

あの最高裁判決から今年で二〇年が過ぎたが、未だに七七年判断条件による行政の認定基準は変わっていないし、未認定患者の全面的救済を掲げた水俣病特措法（二〇〇九年）後も裁判は続いていて救済は終わっていない。なぜ未だに水俣病問題は終わっていないのかを伝えるためには、行政責任を確定させた関西訴訟の患者たちがその後どうなったかを伝えるのが最もわかりやすいと思ったからでもある。

本書の主人公の一人である美代子さんは二年前に補償協定を拒否されたまま亡くなった。その美代子さんと、第一審判決後に亡くなった初代原告団長の夏義さん、その長女の恵さんをはじめ、関西訴訟に関わったすべての人に、謹んで本書を捧げたい。

目次

続・水俣まんだら——チッソ水俣病関西訴訟の患者たち

水俣と不知火海周辺

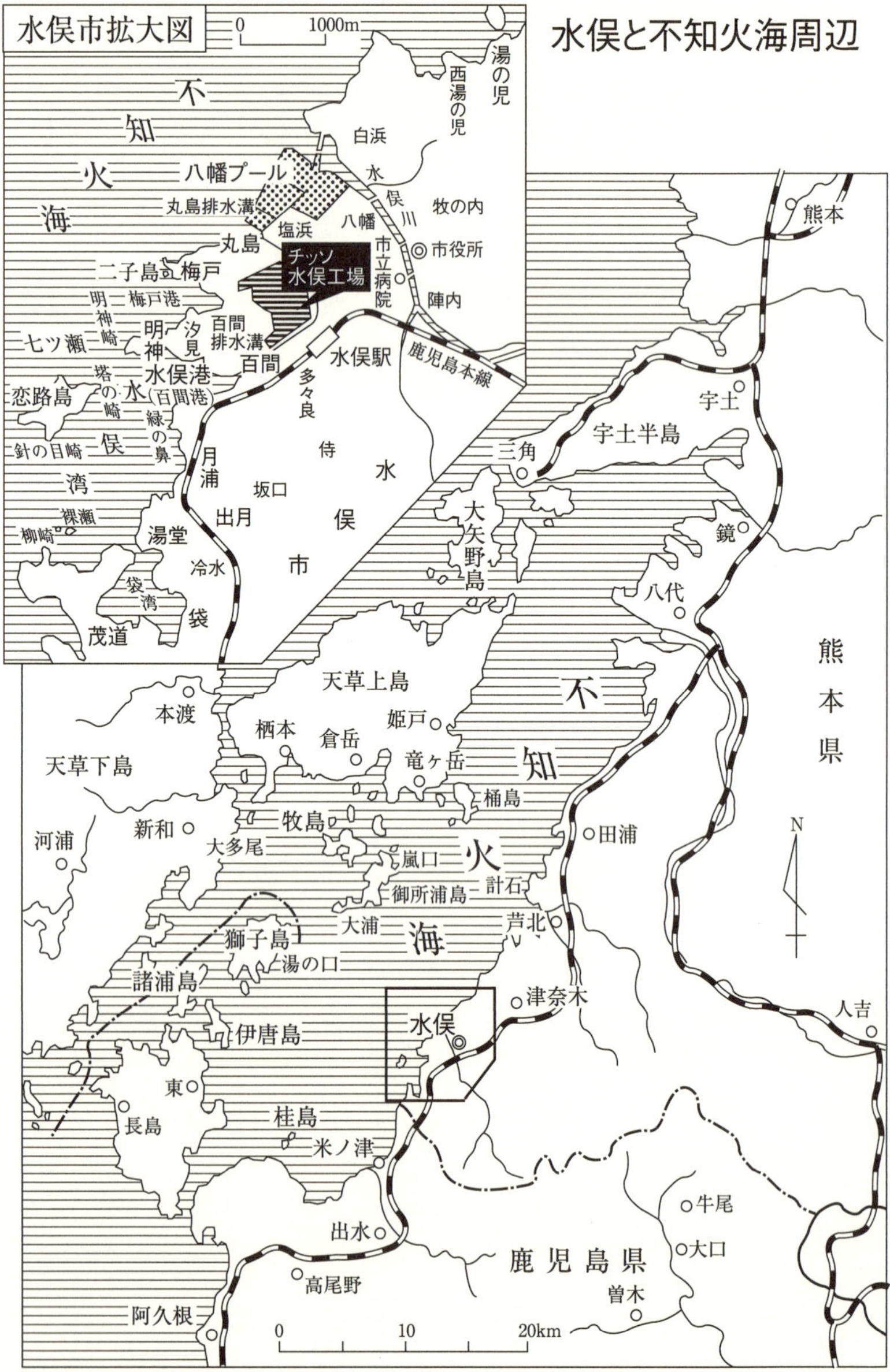

水俣市拡大図
0
1000m
不知火海
湯の児
西湯の児
白浜
八幡プール
水俣川
丸島排水溝
牧の内
塩浜
八幡
丸島
市立病院
市役所
二子島
梅戸
チッソ水俣工場
明神崎
梅戸港
陣内
七ツ瀬
明神
汐見
百間排水溝
百間
水俣駅
鹿児島本線
水俣港（百間港）
塔の崎
恋路島
多々良
緑の鼻
水俣湾
針の目崎
侍
月浦
坂口
裸瀬
柳崎
出月
水俣市
湯堂
冷水
袋湾
袋
茂道
熊本
宇土
宇土半島
三角
大矢野島
鏡
八代
熊本県
天草上島
本渡
姫戸
栖本
倉岳
竜ヶ岳
天草下島
桶島
牧島
新和
田浦
河浦
大多尾
嵐口
計石
御所浦島
芦北
大浦
獅子島
湯の口
諸浦島
津奈木
水俣
人吉
伊唐島
東
長島
桂島
米ノ津
牛尾
出水
大口
鹿児島県
高尾野
曽木
阿久根
0
10
20km
N

不知火海を挟んでチッソ水俣工場と向かい合う獅子島（鬼塚巌、1975.8.18）

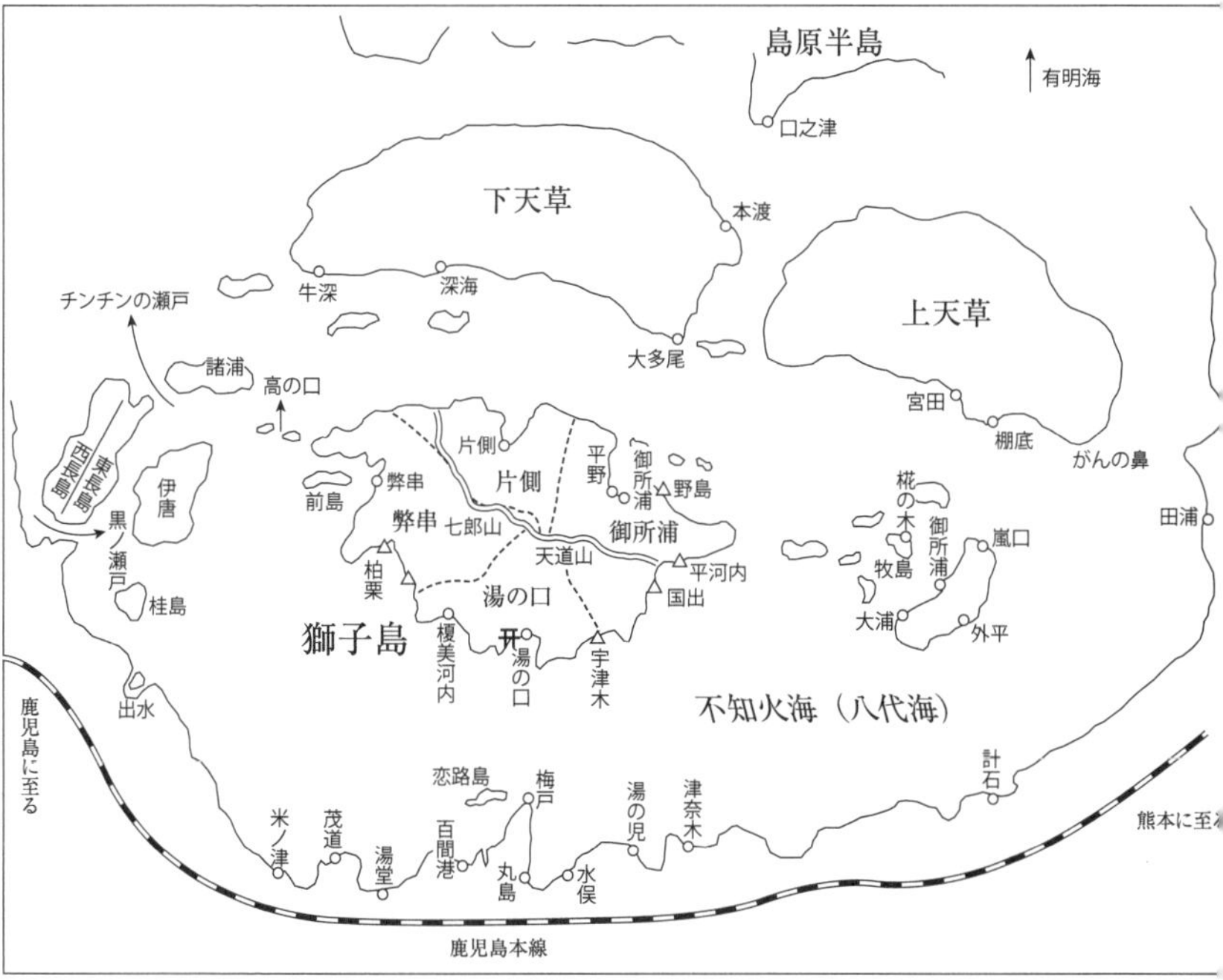

岩本夏義さんが描いた獅子島と不知火海の図（1993.2 頃）

第一章　高裁判決の陰で泣いた患者たち

「お父さんも怒ってると思うわ」

著者らは水俣病関西訴訟のことを患者の聞き書きで、一審判決後までを『水俣まんだら―聞書・不知火海を離れた水俣病患者』（るな書房、一九九六年）に、二審判決後までを前著『新・水俣まんだら―チッソ水俣病関西訴訟の患者たち』（緑風出版、二〇〇一年）にまとめた。その後、二〇〇四年に最高裁で行政責任を確定する判決が出たが、それから二〇年を経た今も水俣病問題は終わっていない。

ところで、前著の最後は一審原告団長だった岩本夏義さん（本書では以後「夏義さん」と表記）の長女・小笹恵《おざさめぐみ》さん（同様に、以後「恵さん」と表記）の高裁判決に対する次の言葉で終わっている。

恵　判決の後、弁護士さんが上告したい人は言うてくれと言いはったから、わたしは、この判決で満足している人は一人もいませんよ、こっちから上告したいくらいですよと言ったんです。国の責任を認めさせることが第一なんはわかってるけど、責任を認めさせるということは、それに見合う補償を出させるということと違いますかって。何もお金が欲しいというだけで裁判してきたわけやないけど、みんな苦しい思いをして提訴から一九年間も頑張ってきたんやから……。

わたしは、お父さんも怒ってるやろと思うわ。お父さんはひとのことをすごく考える人やったからね、減額された人とかゼロになった人のことを思たら、絶対満足はしてないと思うわ。多分、あ

水俣病関西訴訟最高裁判決までの略年表

1932. 5	日窒水俣工場でアルデヒド・合成酢酸設備稼働開始
1942. 2	確認し得る最も早い水俣病患者発生（水俣市月の浦）
1956. 5. 1	水俣病の公式確認。新日窒（1966にチッソに社名変更）付属病院から水俣保健所へ類例のない患者発生の報告
1959. 3	水質二法（水質保全法・工場排水規制法）施行
7	熊本大学研究班、有機水銀説を発表
12	患者家庭互助会、見舞金契約を受諾調印させられた
1965. 5	新潟大学の椿忠雄ら、新潟水俣病発生の公式確認
1966. 6	チッソ、アセトアルデヒド排水を装置内循環方式に改良（後に関西訴訟で有機水銀除去効果の無いことが判明した）
1968. 5	チッソ、アセチレン法によるアセトアルデヒド生産を停止
9	政府、熊本・新潟の両水俣病を公害病と認定
1970.11	チッソ株主総会（大阪）で患者・支援者ら社長に抗議
1971. 8	環境庁、川本らの棄却処分を取消す採決。認定促進を促す
1971. 9	新潟水俣病第一次訴訟判決、患者勝訴
1973. 3	熊本水俣病第一次訴訟判決、同じく患者勝訴
1973. 7	熊本の訴訟派・自主交渉派ら、チッソと補償協定に調印
1975. 3	関西水俣病患者の会発足
1977. 7	環境庁、「後天性水俣病の判断条件について」を通知
1980. 5	熊本水俣病第三次訴訟提訴。初めて国・熊本県を被告に
1982.10.28	関西在住の未認定患者が初の県外訴訟。国・県も被告に
1987. 3	熊本第三次訴訟一審判決、初めて国・県の責任を認める
1994. 7	関西訴訟一審判決。行政責任を否定。原告患者、控訴
1995.12	政府、未認定患者の救済策を閣議了解、第一次政治決着へ
1996. 5	関西訴訟以外の患者団体、政治和解で訴訟や交渉を取下げ
2001. 4.27	関西訴訟控訴審判決。国・熊本県の行政責任を認める
2004.10.15	関西訴訟最高裁判決。国・熊本県の行政責任確定

の世で地団太を踏んでるんちがうかな。だから、わたしはまだ勝ちましたて報告はできない

この水俣病関西訴訟は水俣病の公式発見とされる一九五六年から四五年目にして初めて高裁で国・熊本県の行政責任が認められ、二〇〇四年一〇月一五日の最高裁で確定した訴訟として知られているが、その高裁判決直後に恵さんがもらしたこの一言は、その後の水俣病をめぐる動きを鋭く暗示していた。

著者らは前著「新・水俣まんだら—チッソ水俣病関西訴訟の患者たち」以後、実はこの高裁判決がその後の関西訴訟の患者たちの更なる苦難の始まりであったことを明らかにし、水俣病が今も終わっていないことを伝えたいとの思いで、本書をまとめた。

未認定患者の国賠訴訟が関西訴訟だけになるとは……

第一次水俣病訴訟の勝訴から補償協定へ、しかし水俣病の認定は……

水俣病には一九五六年公式確認の熊本水俣病（原因企業・チッソ）と六五年公式確認の新潟水俣病（原因企業・昭和電工）の二つがあるが、国が両水俣病を公害と認めたのは六八年のことである。その間、熊本では悪名高い五九年の見舞金契約（今後一切補償請求をしないことを前提に低額の見舞金で済ませた）で水俣病は終わったとされた時期もあったが、この政府公害認定により、審査を求める患者が

急増した。

この時の熊本の患者団体の内、チッソに補償を求めた訴訟派の患者たちが一九六九年に起こした訴訟が熊本水俣病第一次訴訟である。新潟ではこれより早く六七年に新潟第一次訴訟が起こされていたが、両訴訟とも新潟は一九七一年、熊本は七三年に患者勝訴の判決を得た。これを受けて両水俣病とも七三年中に患者側と原因企業との間で補償協定が結ばれ、以後、行政が認定した患者にも適用されることになった。なお、これに先立ち、認定申請を棄却された熊本の川本輝夫さんらが七〇年から起こしていた行政不服審査請求がきっかけで、七一年八月に当時の環境庁（大石武一長官）は棄却処分取消の採決を出し、同時に事務次官通知で県の認定業務の促進を促した。

そこには、主要症状（求心性視野狭窄・運動失調・難聴・知覚障害）のうち、いずれかの症状がある場合には、水俣病の範囲に含むこと、さらに、症状の軽重を考慮する必要はなく、大気の汚染または水銀の汚濁の影響によるものであるか否かの事実を判断すれば足りることと、明確な指針が示されていた。

この次官通知により、患者の認定数はいったん増えるが長くは続かず、一九七三年の補償協定締結後は保留が圧倒的になる。さらに、追い打ちをかけて環境庁は七七年に水俣病の新たな「判断条件」を通知した。これが以後、水俣病の認定基準となって今も続いているものである。

「七七年判断条件」の特徴は、主要症状のいずれかではなく、主要な症候の組み合わせを求めたことで、当然のことながら認定率は一気に減少した。人によって発現する症状は異なることが分かっているのに二つ以上の組み合わせを求める根拠はなく、しかも指定病院での診断基準が厳し過ぎる状況では認定のハードルを上げるための愚策に過ぎなかったが、国は以後、この判断条件を死守した。その結果、図1に見るように一気に認定は減少し、棄却が急増し、審査未了の未処分（保留）が圧倒的となった。

関西訴訟は最初の県外訴訟

この七七年判断条件後の未認定患者による最初の訴訟が熊本第三次訴訟（八〇年五月提訴）であり、続いて新潟第二次訴訟（八二年六月提訴）である。これらの訴訟以後は、原因企業だけでなく、水俣病の発生および拡大防止と患者救済に行政の不作為があったということで、国と自治体の責任をも問う国賠訴訟となった。

ここまでの水俣病訴訟は水俣病の発生地域である熊本・鹿児島・新潟の三県の患者が原告であった。発生地から他地域に移住後に発症ないし症状悪化した人たちは「県外患者」と言われるが、その人たちによる最初の訴訟が関西訴訟（八二年一〇月提訴）である。以後、同様の県外患者による訴訟は東京（八四年提訴）・京都（八五年提訴）・福岡（八八年提訴）と続いた。

これらのうち、最初に行政の責任を認めたのは熊本第三次訴訟一陣の一審判決（一九八七年）であった。同判決は、「行政庁は国民の生命・健康が企業の活動等によって重大な危機にさらされることがあるときには、このような危機の防止と国民の生命・健康の安全確保の責務を負っていることはいう

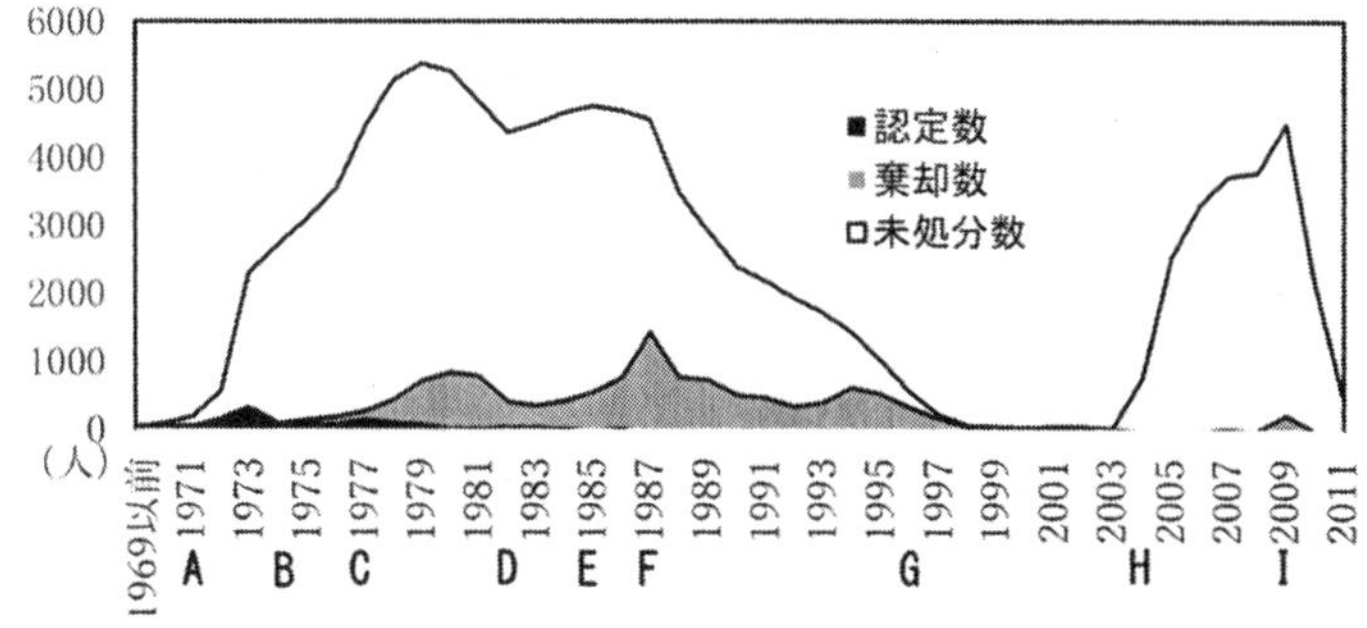

図１　熊本県認定審査会の水俣病審査結果の推移

A：1971.8. 環境庁の棄却処分取消採決、B：1974.6. 環境庁の第３水俣病否定、C：1977.7. 環境庁が水俣病の判断条件を通知、D：1982.10. 関西訴訟提訴、E：1985.10. 環境庁の専門家会議が判断条件を妥当と結論、F:1987.3. 熊本第３次訴訟１陣判決が初の行政責任認容、G：1996.7. 裁判と認定申請の取下げを条件に政治和解、H：2004.10. 関西訴訟最高裁判決、I：2009.7. 水俣病被害者救済特別措置法（2024.3.1 までの熊本県の認定者は 1791 人、政治決着は 7992 人、特措法判定者は 19306 人）

までもない」とし、行政庁はその責務を全うするために各種法規で規制権限を行使する義務が規定されているのに、これを行使しなかったときは作為義務違反となると明確に述べている。

この判決では、規制権限を定めた法律として、食品衛生法等の漁獲・販売の禁止にかかわる法律と、水質保全法・工場排水規制法等の排水の規制にかかわる法律をあげ、これらに対する国・県の不作為の義務違反を認めた。この判決以後も、同訴訟二陣の一審判決（八三年）および京都訴訟の一審判決（九三年）も排水規制に関する不作為を認めたが、いずれも国・県から控訴されていた。一方、新潟第二次訴訟一陣の一審判決と東京訴訟の一審判決（いずれも九二年）では行政の責任を認めない判決が出され、判断が分かれたので、国は高裁の判断を待ちたいと開き直っていた。

関西訴訟の大阪地裁判決はその直後の一九九四年だったので、行政責任を認めるかどうかに大きな注目が集まっていた。

地裁判決では負けたが、政治和解を拒否して訴訟継続を決意

しかし、期待に反して関西訴訟では国・県の責任は認められなかった。しかも、一審原告五九人のうち五人を水俣病と認めず、一二人を除斥期間が経過している（水俣湾周辺地域を離れて二四年以内に提訴しなかった）として損害賠償請求権が消滅しているとし、水俣病かどうかさえ判断せずに訴え自体を退けていた。しかし、この除斥期間については、国・県だけの主張で、チッソは何も言っていなかったので、裁判長の明らかなオーバーランであった。

その結果、水俣病の可能性があることを認めてチッソに損害賠償を命じたのは五九名中四二名にとどまった。また、その損害賠償額も八〇〇万～三〇〇万円（他に弁護士費用五〇万円）に留まり、熊本第一次訴訟の一八〇〇万～一六〇〇万円（一九七三年。熊本地裁、確定）に比べればはるかに低額であった。

患者側は当然控訴したが、幸か不幸か、ちょうどその頃、大きな政治情勢の変化があり、水俣病を取り巻く環境も大きく変わりつつあった。それは一一カ月前の衆議院選挙で自民党が敗れ、野党の社会党を含む連立政権が誕生したことで、水俣病についても好転を期待する向きが強まった時期であった。

自民党は水俣病公式発見の一九五六年から長期にわたって単独政権を続けてきたので、水俣病に対する国の政策は自民党に左右されてきたが、細川連立政権（自民党・社会党・さきがけ）の登場で、長期にわたる未認定患者問題も何とかできるのではないかという希望が湧いたのは無理もない。というのは、細川護熙首相（さきがけ）は熊本県知事時代に裁判長からの和解勧告に応じる姿勢を見せたこともあったからであるが、結局任期中には何もできず、社会党の村山富市首相（一九九四〜九六）に引き継がれた。関西訴訟の一審判決はちょうど、その一カ月後のことであった。

この村山政権になってから一気に始まったのが行政認定を経ずに低額の一時金で決着を図ろうという政治和解への動き（一九九五年一二月閣議決定）であった。この政治和解では訴訟や認定申請の取り下げなどを条件に、四肢末端優位の感覚障害があればチッソから一時金二六〇万円、国・県から医療費自己負担分と療養手当などを支給するというものであったが、水俣病の行政認定を行わずに水俣病の疑いがある人を救済するという名目で「水俣病の最終解決策」とうたわれた。

しかしこれは、認定申請や訴訟や補償交渉などをすべて終わらせ、低額の一時金で最終解決とするということであり、それはかつて水俣病とは認めずに原因不明の奇病患者への「見舞金」で済ませた一九五九年の見舞金契約を彷彿とさせた。それでも、長引く認定審査や裁判や補償交渉で疲弊しきっていた未認定患者団体は次々とこれに応じ、最終的には一万人以上に達した。

そんな中で、水俣病の認定と国県の行政責任をも問い続ける訴訟はついに関西訴訟だけとなり、その唯一残った関西訴訟の高裁判決がどうなるかは当然のことながら大きく注目されていた。

高裁判決は行政責任を認めたが、返す刀で患者を泣かせた

行政責任を認めた高裁判決、でも何か気にかかることが……

二〇〇一年四月二七日、大阪高裁一〇一号法廷。岡部崇明裁判長が判決主文を読み上げた。

第一　原告ら並びに被告チッソの控訴に基づき原判決を次の通り変更する。
一　別紙結果第一表の原告欄記載の各原告に対して各自
(1)被告チッソ株式会社は、同表の各原告に対応する同表「チッソ関係認容額」欄記載の各金員
(2)被告国及び被告熊本県は、同表の各原告に対応する同表「国・県関係認容額」欄記載の各金員
及びこれらに対する同表記載の各原告に対応する各起算日から完済に至るまで年五分の割合による金員を支払え。

一の(1)は別紙結果第一表を見ないと中身がわからなかったが、後の本文読み上げで「除斥期間について」と題し、一審で除斥期間経過により損害賠償請求権自体を認められなかった人たちに対し、「チッソに関しては本訴に対する対応に鑑み、除斥期間の適用は要せず」とチッソ自身が主張していないことを認めて適用を取り消したことがわかり、期待が広がった。

さらに、一の(2)のところでは「被告国及び被告熊本県は……金員を支払え」とあるので、国・県にも責任を認めたことがわかり、行政責任に関しては地裁での敗訴が逆転勝利したことがすぐわかった。マスコミが一斉に「水俣病関西訴訟、国・県の行政責任認定」とトップニュースで流したのは当然であるが、患者にとってはその次の判決第二の方が後に大きな波紋を投げかけることになる。

第二 （平成一一年(ネ)第四二〇三号仮執行の原状回復等請求事件）

一 別紙返還等申立結果一覧表第一の1、2記載の原告らは、被告チッソ株式会社に対して、各原告に対応する同表「返還等負担額」欄記載の各金員及びこれに対する平成六年一一月五日から完済に至るまで年五分の割合による金員を支払え。

二、三 （略）

第三 この判決は、主文第一の一項の、被告チッソ株式会社に対する認容部分並びに同二項に限り、仮に執行することができる。

第二の一からは、チッソに対して一審で賠償金が認められた原告の中から返還

2001.4.27. 岩本夏義さんの遺影を手に大阪高裁に向かう長女・恵さん。左は夏義さんの弟の章さん（撮影：宮本成美、前書より）

を命じられた人たちが出たことが窺える。さすがに返還については第三で仮執行を付けなかったことがわかるものの、どうやらもろ手を挙げて「バンザイ」とは言えないのではとの不安がよぎる。

裁判長は主文の後、判決内容と理由についても読み上げたが、このチッソへの返還についてはその最後の方で、チッソが申し立てた仮執行金の返還請求について、概略次のような「判断」を述べていた。

「一審では認容した損害賠償額の仮執行を認めたが、当審で請求棄却または減額された原告らは仮執行で給付を受けた分並びにその執行費用を賠償する義務があり完済に至るまで年五分の割合で支払いを命じる。」

しかし、長い判決読み上げの最後の方だったことと、行政責任が認められたことで喜んでいた最中だったので、判決文を手元に持っていない傍聴者は気にも留めず、歓声をあげて廷外に飛び出していった。

判決をよく読むと、三分の一以上の原告が泣く結果も……

しかし、恵さんらは法廷の柵内の原告席にいたので、代理人弁護士から判決要旨と結果一覧表のコピーを配られていた。とはいえ、恵さん以外の原告は見ても何のことか分からない様子だったが、裁判長の主文読み上げに対する傍聴席の反応で国・県に勝ったらしいということだけは分かったようであった。

しかし、主文第二の方になると恵さん以外の原告は何のことか分からないまま聞き流していた。そんな中で恵さんだけは結果一覧表を見て、すぐに事情を理解した。いつも夏義さんから自分らのことだけでなくみんなが救われなくてはと言い聞かされていたからである。

配られた結果一覧表には、原告各人の「一審認容額、当審対チッソ認容額、対国・県認容額」が記載されていた。恵さんの母・愛子さんは一審と同じ八五〇万円（弁護士費用五〇万円を含む）、父・夏義さんは一審より二〇〇万円アップで母と同額になっていたが、仲の良い川元文子さんともう一人の原告は一審で六五〇万円だったのに逆転棄却で返還を命じられていた。さらに他にもたくさんの原告が賠償金を減額され、返還対象になっていることが分かった。恵さんは両親のことよりも棄却や減額された原告仲間のことの方が気にかかり、判決言い渡し中にその不満を弁護士にもぶつけていたのである。

後で結果一覧表を整理してみると、その内訳は次の通りであった。

一審より賠償額が上がった人＝一〇人（内二人は一審棄却者）
一審と賠償額が変わらなかった人＝一九人
一審のチッソへの除斥期間を取り消した人＝一二人（内九人は賠償認容、三人は賠償棄却）
一審より賠償額が四〇〇万〜二〇〇万円も下がった人＝一三人（返還対象）
一審で六〇〇万円認められたが二審で棄却になった人＝二人（返還対象）
一審二審とも棄却になった人＝三人
一審でゼロだったが二審で賠償金が出た一一人と賠償金が上がった八人の計一九人は喜べたが、賠償金が下がった一三人、逆転棄却になった二人、一審でも二審でも棄却になった六人の計二一人は泣く結果となっていた。泣かされた患者は実に原告の三分の一以上であるから、恵さんが直感したように、とても患者にとっては喜べる結果とは言えなかった。

しかし、この高裁判決について、マスコミはこぞって行政責任を認めた主文第一を大きく取り上げただけで、主文第二に触れた記事は次の三紙くらいであった。

（日本経済新聞）ただ裁判長が、一部の原告はチッソに賠償金を返却しなければならないと説明し、「意にそぐわない部分があるかもしれないが、慎重に判断した結果」と締めくくると、退廷時に「気に入らない」と不満の声を漏らす原告もあった。

（熊本日日新聞）しかし、原告に笑顔はない。故岩本夏義・元原告団長の長女小笹恵さんは「私は素直に喜べない。一審で認められた人が棄却になっている。これはどういうことか。人の命がたった六百万や八百万円なのか」と、目を真っ赤にした。

（西日本新聞）「国の責任が認められたのはうれしいが、友人は一審で得た六五〇万円を認められず、しかも返還しろといわれた」と恵さん。「水俣病で苦しんだ人たちの命の値段が低すぎる。その点では、父も不満なはず」。喜びの一方で、判決に対する複雑な思いも口にした。

日本経済新聞に書かれている「不満の声を漏らす原告」こそ、小笹恵さんであった。判決後も原告席で弁護士に苦情を言っていたが、その間に他の原告や支援の傍聴者らは「勝った勝った」と廷外に去って行った。

恵さんは判決の後、弁護士に「こちらから上告したいくらい」と言ったそうだが、報告集会では弁護団だけでなく支援者からの行政責任を認めさせたという勝訴の声にかき消され、行政責任を確定させることが先決ということになり、そのためにはまず国・県の上告を阻止するべきだから、こちらから先に上告はしないということになった。しかし、この時点でも患者たちは原告の三分の一以上が負けたということにまだ気付いていなかった。ようやく知ったのは、集会の後のお疲れ会で恵さんが弁護士に食って掛かったのを聞いたときで、祝勝会のつもりだった座は一気に白けたという。

恵さんも高裁が国・県の責任を認めたことについては評価していたが、原告の間に生じた明暗については到底納得が行かなかった。これは一審判決後に父・夏義さんが自分と妻・愛子さんが認められても、認められなかった原告仲間のことを悔やみ、亡くなるまでみんなに謝り続けたことと瓜二つであった。

一審も二審も患者の認定と賠償に大きな疑問を残した

一審では七七年判断条件をもとに確率的因果関係論で慰謝料を決め、除斥期間も適用

原告が水俣病かどうかの判断基準は。一審と二審の判決文中にそれぞれ書かれているが、一審と二審ではかなり違いがあるので、先にその違いを紹介しておこう。

一審では、「水俣病の病像」のところで、「当裁判所が本件患者の水俣病罹患の有無を判断するにあたって依拠すべき病像は、遅発性水俣病の点を除き、水俣病の症候については、七七年判断条件によることになり、これを満たす患者については水俣病である高度の蓋然性があると考えられるが、これを満たさない患者については水俣病である高度の蓋然性まであるとはいえない」として、七七年判断条件を採用した。

しかし、「高度の蓋然性がある者だけを救済するとの立場を採るならば、現代医学の限界による不利益を原告らに負担させることになる」として、「水俣病に起因する可能性の程度は、零%から百%まで連続的に分布していると考えられる」ので、「水俣病に罹患しているかどうかを、定量的、確率的に判断するならば、各患者の健康被害が水俣病に起因する可能性の程度を、賠償額に反映させることが可能になり、水俣病に罹患している可能性を残しながらも、請求の全部棄却になるという結論を回避することが可能になる」として、損害賠償額の決定に確率的因果関係論を採用した。

その結果、因果関係一〇〇%の人を二〇〇〇万円とし、それに各人の症状が水俣病に起因する確率%を乗じた額を慰謝料とし、弁護士費用五〇万円を加えた額を損害賠償額とした。問題は確率であるが、最高で四〇%（一三人）、次いで三〇%（一九人）、二〇%（九人）、最低で一五%（一人）、請求棄却は五人であった。確率的因果関係により損害賠償額を決めるという発想は斬新であったが、最高でも四〇%という確率については大きな不満を残しただけでなく、「総合的に判断」したという確率が裁判官の恣意的判断に委ねられていることも問題であった。

一審では、さらに国・県が民法の除斥期間（二〇年）が経過しており、損害賠償請求権が消滅していると主張したことに対して、一審判決では遅発性水俣病の可能性の四年を加えた二四年を本件の除斥期間と認め、その前に水俣湾周辺地域から移住した原告の請求自体を棄却したことはすでに述べたが、除斥期間を主張していないチッソにまで適用したため、これに該当した原告一二人は症状の検討すら行われずに損害賠償の請求自体を棄却された。


二審では除斥期間は取り消されたが、新たな診断基準で減額者や逆転棄却者まで……


二審判決では、「水俣病」の文言をできる限り「メチル水銀中毒症」と言い換えている。その意図については、判決中で次のように書かれている。

「それは、『水俣病患者』という言葉が、ややもすると『(救済法あるいは、公健法において) 認定された患者の意味で使用されるので、本件がメチル水銀中毒による被害についての不法行為に基づく損害賠償請求事件であることを意識してのことである』」と。

これは、二審判決が一審判決のように七七年判断条件をベースに水俣病か否かを認定したのではないことを言うとともに、公健法による水俣病の公害認定基準とは別物の司法による損害賠償請求に対する判断基準であることを言いたいようであるが、それが以後、国が七七年判断条件を変えない口実に使われてしまうことになるとまでは思わなかったのであろうか。

ともあれ、二審では次の診断基準のもとに原告の因果関係と損害賠償額の個別判断が行われた。

(1)舌先の二点識別覚に異常のある者及び指先の二点識別覚に異常があって、頚椎狭窄などの影響がないと認められる者。

(2)家族内に認定患者がいて、四肢抹消優位の知覚障害がある者。

(3)死亡などの理由により二点識別覚の検査を受けていないときは、口周囲の知覚障害あるいは求心性視野狭窄があった者。

この二審の診断基準による結果はすでに書いた通り、チッソへの除斥期間取消しにより九人が新たに賠償を認められた一方で、一審より賠償金が減って返還を求められた人が一三人、さらに一審で認められたのに棄却になり全額利子を付けて返還を命じられた人が二人も出たのである。

この泣いた患者の例として、恵さんと親しかった二人の原告患者の場合を紹介する。

二審で逆転棄却され、一〇〇〇万円以上の返還請求を受けた川元文子さんの場合

一審中は夏義さんを常に慕い、一審後は遺族原告となった長女の恵さんとも親しくしていた川元文子さんは、一審で六五〇万円の損害賠償金を認められ、仮執行でチッソから賠償金を受け取っていたが、二審ではそれを年五分の利子を付けて、一〇三九万六五七九円を返却せよとされていた。そこで、彼女の一審判決と二審判決の内容を比べてみよう。

文子さんは一九三一年に水俣市茂道で漁家の娘として生まれ、結婚後も茂堂で網子《あみこ》として働き、ず

っと水俣湾で獲れた魚介類を食べていた。その後、漁で生活が出来なくなったため、六四年に家族ともども大阪に移住した。夫は大阪で大工として働いていたが、七一年に脳卒中で倒れたので、一家の生活は困窮を極めた。文子さんの熊本県への水俣病認定申請は七四年一〇月だが、七九年四月に棄却されたため、再申請していた。

一九八三年に提訴した時の訴状では、現在の症状として阪南中央病院の「口周囲および四肢末端の知覚障害」が記されている。その文子さんに対する一審判決の「個別的因果関係の判断」では、次のようになっていた。

「メチル水銀曝露歴が一応認められ、基本的には全身型であるものの、四肢末梢優位の感覚障害が認められる。しかし、その他の水俣病の主要症候である小脳性運動失調、求心性視野狭窄、後迷路性難聴等はいずれも認めることができない。

前記認定の事実及び本件患者の症候を総合的に判断すると、本件患者の症候が水俣病に起因する可能性は、三〇%であると推認するのが相当である」。

川元文子さん（2005.2.10）

したがって、一審の確率的因果関係論から、文子さんの場合は六五〇万円の損害賠償となっていた。これに対し、二審の高裁判決では、「個別的因果関係の判断」は次のようになっていた。

「本患者には家庭内に認定患者はおらず、また、舌先、指先のいずれの二点識別覚にも異常所見はない。よって、本患者は本判決の診断基準・判断基準のいずれにも該当せず、メチル水銀中毒症に罹患しているとは認められない。」

しかし、この二審の判断には二つの大きな矛盾が存在する。

その第一は、「家庭内に認定患者はおらず」とあるが、一審では「家庭内認定患者　伯父○○○○、従兄弟○○○○」と明確に書かれているのである。しかし、二審の「家庭内認定患者」の項では「認めるに足る証拠はない」と、一審の判断との違いについては何の説明もなく切り捨てられている。

さらに一審では、「四肢末梢優位の感覚障害が認められる」とし、因果関係の確率を三〇％として六五〇万円の損害賠償が認容されていたのに、「舌先、指先のいずれの二点識別覚にも異常所見はない」として無視したのである。

ここに書かれている二点識別覚とは、先が尖ったもので近接した二点を触り、それをどこまで離せば一点でなく二点と識別できるかを測る検査法で、熊本大学医学部の浴野成生医師が不知火海沿岸の住民調査で始めていた検査法である。二審になってから阪南中央病院の三浦洋・村田三郎の両医師がこれを原告の感覚障害を立証する検査法として採用すると、見事に原告群と対照群に差が見られた。二審判決ではこの二点識別覚検査の結果を高く評価したが、逆に二点識別覚で異常が出なかった人には厳しかった。その典型例が文子さんである。

これに対し、浴野氏は二点識別覚検査による感覚障害の結果から原因は従来の末梢神経の障害からではなく脳の大脳皮質の損傷による中枢節を主張しながらも、大脳皮質による感覚障害は非常に変動しやすいので、その日になかったからと安心せずに次の日もその次の日も検査するべきだと証言している。二審の岡部崇明裁判長は二点識別覚と中枢説を採用しながらもその浴野氏の注意を無視したのである。

これらから、文子さんは一審判決の個別的因果関係の判断にもとづけば、二審の診断基準(2)に該当するとして認容されるべきだったことは明らかである。

二審で賠償額を減額され、五三〇万余円を請求された荒木多賀雄さんの場合

一方、夏義さんとも恵さんとも親しかった荒木多賀雄さんは、一審で最高の八五〇万円が認められていたが、二審では四〇〇万円も減額され、利子を付けて五三〇万余円の返還を命じられた。逆転棄却で全額返還を命じられた文子さんら二人を除けば、減額された一三人の中では最高の返還金額であった。

多賀雄さんは一九二〇年（大正九）に熊本県天草郡御所浦村で生まれ、高等小学校卒業後、漁業をしていた父とともに漁業に従事し、網子として働き、その合間には一本釣りの漁をしていた。漁場は戦前戦後を通じて水俣と御所浦の間のほぼ全域であった。五二年から御所浦の発電所で働いたが、休みの日には時々父の漁を手伝った。六三年に整理解雇され、六四年に大阪に移住した。

では、荒木さんの一審判決の内容を見てみよう。

まず、家庭内認定患者としては、妹、その夫、夫の母が記されている。

荒木多賀雄さん（2003.3.14）

症候では、診断意見書から四肢末端優位の感覚障害があることが認められ、小脳性の平衡機能障害を否定することはできないとし、構音《こうおん》障害の存在も認められるとした。

これらから一審の判断では「メチル水銀暴露が一応認められ、四肢の感覚障害があり、小脳性の運動失調（平衡機能障害、構音障害）の疑いがある」とし、「前記認定の事実及び本件患者の症候を総合的に判断すると、本件患者の症候が水俣病に起因する確率は四〇％と推認するのが相当である」とされた。

では荒木さんの二審判決を見てみよう。

家庭内認定患者のところでは、一審のまま記載されている。ところが症候のところで「妹は認定患者であるが、夫及び夫の母が認定患者であることからすれば、妹の症状は結婚後の食生活に起因している可能性が大きく、本患者と妹が食生活を同じくするとはいい難いから、本患者は、家庭内に認定患者がいて四肢末梢の感覚障害が存する者の要件には該当しない」とされた。

症候のところでは、阪南中央病院の一九九七年の検査によれば右手親指の二点識別覚に障害が認められ、その異常の程度は三段階評価で最も重いランクであることも記載されていた。また、四肢末梢優位の感覚障害が認められることも記載されていた。他には、小脳性運動失調のところで平衡機能障害は否定することはできないことや、構音障害ではラ行拙劣の所見が得られていることも記載されていた。

その上で、最後の判断では「本患者はメチル水銀曝露が一応認められ、右手親指の二点識別覚に障害があって、その原因が頚椎狭窄にあるとまではいえないから、本件診断基準(1)に該当しているものとして、メチル水銀中毒症に罹患していると認めて相当である」と書かれている。

しかし、認定患者の妹家族と同居していなかったからという理由で、一審とは異なり診断基準(2)の家族内に認定患者がいて四肢抹消優位の知覚障害がある者には該当しないとされたのは納得できないが、ともあれ二点識別覚で障害を認め、診断基準(1)に該当すると認めたのだから、慰謝料を八〇〇万円から四〇〇万円に減額する理由はないはずだ。現に、二審の診断基準(1)で認容された人で慰謝料が八〇〇万円の人は三人もいたし、そもそも四〇〇万円も慰謝料を減額された人はいないのだから、減額の明確な理由も示さずに返却を求めたことは不可解であった。

関西訴訟の一審原告団長だった岩本夏義さんとは……

獅子島の漁家に生まれたが、戦争で軍隊へ

この関西訴訟の二審判決に対して法廷で「お父さんは怒ってると思うわ」と言った恵さんの父が一審団長だった夏義さんで、前著の主人公であるが、ここではごく端的にその生い立ちと関西訴訟に懸けた想いを振り返っておこう。

夏義さんは、水俣から北西に一四キロメートル程のところにある鹿児島県獅子島という小島の湯の口というところの漁家で一九二三年七月一〇日に生まれたが、小学校を出てすぐ父親の指示で門司の海員養成所に進学し、九州商船に就職した。ところが、そうこうしてるうちに太平洋戦争が真っ盛りとなり、九州商船は船ごと軍の徴用で長崎の三菱造船のもとに入り、軍が海外に派遣する兵や物を運搬するようになった。しかし、給料が安かったので、これなら軍隊に入った方がいいかなと父親に相談したら、どうせ最後は軍隊に取られるんやからいうことで、一九四一年に一八歳で軍隊に入った。

軍隊では陸軍の船舶工兵だったとかで、今の海上自衛隊のような船に乗って、甲板で電気通信を担当する役割で、手旗や船舶用の無線通信機を扱っていたそうだが、一九四四年に「食うても食うてもトイレに行かんし、腹は痛いし」で、台湾から熊本の藤崎台にあった陸軍病院に送られ、腸捻転の手術を受けたという。原因は、重い通信機をお腹に吊ってやっていたから、どうしてもお腹に無理がきたらしいが、麻酔薬は全部海外に持ち出していたので、「ベッドの上で手から足から括られ、兵隊に頭を押さえられ、上官におのれはこのくらいでと怒られて、終わった時には、もう何もわからんかった」そうだ。

そのおかげで兵役はいったん解除されたが、家に戻って一〇日もしないうちに召集令状「赤紙」が届き、今度は国民兵として再び台湾の基隆《キールン》におもむき、幸いにも危険な目に遭うこともなく敗戦（一九四五年）を迎え、湯の口に戻った。

こうして、父が夏義さんに託した船乗りと軍人の時代はあっけなく幕を閉じ、湯の口に戻った夏義さんの第二の人生は、父親から引き継いだ漁師生活で始まった。

ところで夏義さんが陸軍に入ってる間に、湯の口ではすでに愛子さんを夏義さんの嫁に迎えていた。

夏義　俺が軍隊に行った後、ミセノとトメノの姉同士が二人で話し合うて、私には無断で嫁にもろうてあったんや。そやから、昭和一七、八年（一九四二、三）からもらったったんや。あいつは家の手伝いしたり、親父の手伝いで漁師もしたりしとって、ずうっと一人でおったから、今のうちにもらって入れとけというようになって、そんでもらってきたていう話やから。親父としては、自分の妹の子やから、文句も何もないわけや。

夏義さんも最初は「自分の嫁は自分で選ばんと」としばらくは反発してたらしいが、すぐに「もうしゃあない」と観念して、一九四六年に結婚式を挙げ、以後、人生を共にすることになる。

しかし、もうその頃には、父も母も一人では海に出れないほど体が弱っていたので、戦後の一家の生活は夏義さんの肩にかかっていた。そこで、最初は戦後の混乱期にできた大阪のヤミ市（闇市）に自分が獲った魚の干物やイリコを持って行き、漁師が欲しがるメンタム（外傷薬）などを買って帰って売り、少しずつお金を貯めた。そのお金で湯の口に一軒だけの日用品店も出し、母親が店番をしていたという。

漁師の方は、湯の口に戻って最初は父の伝馬船（櫓漕ぎの帆船）で一本釣りをしていたが、お金が出来てからはエンジンを積んだ動力船を網ごと買ってきて、網と釣りを本格的に始めたと言う。夏義さんと愛子さんが二人で夫婦漁をした一番幸せな漁師時代であった。

夏義　他の人に聞いてもろたらわかるけど、面倒見もええし、頭もなかなかはっきりして、水俣の小学校で何番ていうような女の子やったから、そら、ものすごう活発やった。よう歌も歌とった。おれと結婚して、二人で漁に行っても、大きな声を張り上げて歌うんや、漁しながら。

戦後、獅子島の漁師に戻ったが、急に魚が獲れなくなり……

ところが、突然、不知火海で異変が始まっていた。そのときのことを夏義さんが語っている。

夏義　昭和二五年（一九五〇）の一一月のことや。うちの二番目の息子が生まれた後、家内が子宮外妊娠で水俣の産婦人科に入院しとって、私も付いとったわけ。そしたら、家内の弟夫婦が見舞いに来るいうて、湯の口から伝馬船で海に出て見たら、水俣との真ん中くらいで、海が魚でもう真っ白うなっとったんやて。それで、浮いた魚を拾うて、魚市場まで二回か三回か持って行ったて言いよったん。その日一日で、当時の金で何万円かやったっていうて。

晩がたになって、その弟が病院に見舞いに持ってきた魚を見てびっくりしたんや。わしらは、いつもこすっぽやのに、ほんまびっくりするほど持ってきたんや。イサキやらタイやら。もうありとあらゆるもんを。ほんで、何事やろか思たら、魚が浮いて、もう三杯もしてきた言うて……。

一九四九〜五〇年に水俣湾内で魚が浮いたというのは確認されているが、同じ頃に不知火海でも魚が浮いたというのは驚きだ。しかし、夏義さんの話には次男の誕生見舞いという裏付けがある。

この後、汚染された魚を食べた人たち（最も多食したのは漁民や家族だが）から奇病が発生し、その報告がチッソ（当時は新日本窒素肥料）附属病院から保健所にあった。その一九五六年五月一日をもって水俣病の公式確認日とされている。夏義さんもちょうどその頃、水俣の愛子さんの親戚の人が亡くなって葬式に行ったらしいが、「その死に方というのが、ネコが狂い死にしたときとちょうどおんなじように、顔が引きつって、泡を吹いてたのを覚えてるよ」と語っていた。

夏義さんの父・伊平次さんも夏義さんが終戦で戻った頃からおかしくなっていたようだが、一九五八年頃には急速に悪くなり、あちこちの病院を転々として回ったそうだ。亡くなる前の四〇日間程は、手足の震えとか興奮状態で足をばたつかせるような状態になるので、とにかく二、三人で押さえとかんとという状態だったそうだ。最後は、息を引き取る寸前に、泡吹いて、発狂したようになって、目をつって、「その死んだ顔たるや、本当に人には見せられん状態やった」という。

伊平次さんは一九五九年一二月に亡くなったが、その前後二年ぐらいの間に同じ年配の人が七、八人亡くなったという。当時の湯の口は三九戸で百人前後だったというから、明らかに異常だった。

この魚と人の異変が漁村の人々の生活を直撃したことは言うまでもない。当時の夏義さんの家族は夫婦と子供が六人、それに夏義さんの母親、さらに姉の子二人を預かっていて全部で一一人であった。漁師だけではとても家族を食わせていけなくなった夏義さんは出稼ぎを始める。「造船所や炭鉱、土方、大工の手伝いとか、何でもやったよ。一カ月やったら、また一カ月漁師やって、また出稼ぎに行く」と。

一方、元気だった愛子さんの方もいつのまにか体調がおかしくなり、一九五六、七年頃からは漁にも一緒に行けなくなり、病院通いが始まったという。

そんなこんなで漁ではとても食べていけなくなり、出稼ぎという不安定な生活にも見切りをつけ、愛子さんの病院通いのこともあり、夏義さんはついに島を出る決心をする。一九六三年のことである。

水俣へ移住したが、八幡プールで倒れて、大阪へ……

この頃、すでに水俣や不知火海沿岸一帯では魚が獲れなくなったので漁業を捨てて大都市に職を求めていく人が急増していた。しかし、夏義さん一家は何とその震源地である水俣へ移住したのである。理由は、愛子さんの弟・房松さんと夏義さんの妹・ミサオさんが結婚して出月にいたからであるが、湯の口の家を解体して自分で出月《でつき》に建て直したそうである。その家は後にチッソ水俣病患者連盟の委員長として患者運動のリーダーとなる川本輝夫さんの隣だったそうで、川本さんが後に関西訴訟の応援に力を入れたのもそんな縁があったからかもしれない。

水俣では最初、チッソに勤めてる友人から水俣化学を紹介してもらい、チッソの残渣から水銀を回収する処理作業に一年八カ月ほどついていたが、その頃に母方の親戚がやってた田中建設という会社から責任者として来てほしいと声がかかり、二つ返事で移ったという。そこでは、チッソの中の池の掃除から会社の中の配管、検査、修理や基礎工事まで何でもやっていたらしいが、一九六八年六月二〇日に八幡残渣プールでの作業中に倒れることになる。

夏義　暑い昼間やった。八幡プールの土手を打ってたんや。一番下にガラっていうコークス敷いて、その上にカーバイドの残渣を流して、それから上に会社から出した残土とカーバイドの残渣を練り合わしたやつで土手を作っていくんや。いっぺんには上まで打たれんから、ある程度の高さで平行線になるまで埋めていって、またその上にこう埋めていきして、ずうっとやりおったんや。

カーバイドの残渣と残土を混ぜてこねるから、ものすごう臭いのよ。もう黄色い煙が立って、あの匂いが雨の前の日なんか、湯の口まで来よったんやから。マスクなんか、そんなもんするかいや。地下足袋は踏んどったが、手袋もしとらん。

もうだいぶん上に上がったときやったわ。ちょうど、スコップ持ったままで倒れとったらしいんや。わたしはわからんねや。もう意識不明やったから。ほんで、水俣の市立病院にかつぎこまれたんやが、四〇日間意識不明で、全然わからんかったんや。ヒョッと気が付いたら、周りに兄弟とか親戚が寄っとったんで、どうしたんやろうなと思たで。

四〇日間意識不明ということだったが、幸いにも夏義さんは回復した。しかし、もう水銀漬けの水俣で働く気はなかったので、すぐに大阪の職業安定所に行って手続きをして何カ所も回ったが、どこの出身かと聞かれて「水俣」と答えたら、いつもそれで終わりだった。

大阪にはトメノ姉さんが早くから出てきていたので、その姉さんの家に泊まって就職探しをしていたのだが、そんなとき、姉さんとこがやってる鉄工所でたまたま紹介してやろうかという人に出会ったのが縁で、大阪亜鉛鍍金という会社に入ることができた。一九六八年一〇月頃のことである。

後で分かったことだが、そこの社長が軍隊時代の部下だったというから、夏義さんにとってはまさに不幸中の幸いであった。そのおかげで、後に夏義さんの弟の章さんや夏義さんの長男がこの会社のお世話になった。

ともあれ、翌年には家族全員を大阪に呼び寄せたことは言うまでもない。

文字通り関西訴訟に命を懸けた夏義さん

症状進行し、ついに水俣病申請、でも県の検診では棄却か保留ばかり……

その頃、夏義さんと同じように、水俣・不知火海沿岸から関西に移住した人たちは多かったが、夏義さんらはいったん水俣へ出てから大阪に来たので、遅い方であった。

関西に移住してきた人たちの中から水俣病の申請をして、最初に認定された患者は夏義さんのまた従兄弟の岩本公冬《きみとう》さんで、申請は一九七一年八月、認定は翌七二年七月で、県外患者の第一号となった。

しかし、その時はまだ熊本水俣病第一次訴訟の判決（七三年三月）の前だったので、自主交渉派の川本輝夫さんらのチッソとの補償交渉は行き詰まり、チッソ本社前に坐り込んで抗議していた頃である。患者勝訴判決後、自主交渉派の患者と訴訟派の原告らはチッソとの厳しい交渉の末にやっと「補償協定」（七三年七月）を勝ち取ったが、その直前の三月の交渉では公冬さんが「血の抗議」を行ったことが原田正純氏の『水俣病は終っていない』（岩波新書）に紹介されている。

この公冬さんのことがきっかけとなり、「大阪・水俣病を告発する会」（大阪告発）の人たちが関西在住患者を探し始めた、そして、岩本一統から夏義さんと愛子さんにたどり着いたのが一九七四年五月のようである。

ちょうどその頃、夏義さんは働いていた大阪亜鉛鍍金の職場でクレーン操作中に事故に遭い、右足踵をえぐられて入院していた時で、自分も愛子さんも身体の具合がどんどん悪くなってることを自覚していたが、水俣で世話になった人がチッソと近い人だったり、長男の婚約が水俣病絡みで破談になったりした直後だったので、水俣病の申請だけはしないと決めていた。

しかし、水俣では身内からどんどん認定されるし、世話になった人もすでに六年前に亡くなっていたこともあって、気持ちは揺らいでいたことも事実であった。

夏義　私が大野病院に入院して（七四年）五月頃になって、大阪告発の人が家の方に訪ねてくるようになったらしいんや。私に会いに病院にも来たよ。身体悪そうやから、申請したらて言うから、退院したら考えるわて言うたんやけど、私が入院してる間に家内が先に申請出してたんや。私が入院してた留守中に、告発の人の再三の勧めで申請を出したらしいんや。
私にも、告発の人が何回もやってきて、最初は「せん、せん」て言うとったんやけど、あんましつこいから「ほんなら、もうしゃあないわ」と思って、ほんで子供に聞いたんや。そしたら、「いいよ、もう就職してしまったから」ということやったんで。ちょうど、もうその時には、子供も全部就職してたからな。

この時の告発の人というのは当時高校教員の内田信さん（故人）であるが、後に同じく高校教員で大阪告発のメンバーだったKさん（故人）から見せてもらった当時の患者訪問記録によると、夏義さんの話と少し印象が違い、夏義さんがその気になったのはかなり早かったようである。

さらに子供たちに相談したら「いいよ」と言ったからというのも、恵さんによれば、「それはお父さんの勝手な思い込みで、みんな嫌だったんよ」と、言い出したら聞かない父に黙っただけだったらしい。

こうして愛子さんは七四年六月に、夏義さんは一二月に申請を出したが、夏義さんも愛子さんも保留のままであった。当時の大阪告発が調べた関西からの申請患者も、ほとんどが保留のままか、棄却で行政不服審査申請中ということがわかり、告発の提案でまずは患者の会を作ろうということになり、七五年三月末に「関西水俣病患者の会」（会長・西川末松、副会長・川上敏行、患者五三名）が結成された。

夏義さんは役員でもなんでもなかったが、退院後、松原市の自宅に近い阪南中央病院に通院していたところ、とても丁寧で親切な病院とわかり、自分らだけでなく、良い病院を探してる知り合いの人たちを見つけては連れてくるようになった。阪南中央病院の方でも、三浦洋・村田三郎医師が中心となり、水俣病患者の診察と医療に取り組む病院あげての体制を整えつつあったが、本格的に病院として取り組むためには患者の会から正式に申し入れをしてほしいと夏義さんに要請があった。

それを受けて、患者の会から阪南中央病院への正式の申し入れがあり、関西の水俣病患者の検診と実態調査が開始された。自主検診は七七〜八年に行われ、その結果は八〇年六月に「県外水俣病患者の実態調査」と題してまとめられた。それによれば、受診者四五人中三三人は七七年判断条件に従っても水俣病と考えるべきであり、感覚障害のみの五人についても水俣病を否定できないとの結果であった。

しかし、実は夏義夫妻はその結果が出る前年の七九年二月に県からの通知で検診を受けに行っていた。その検診のやり方は阪南中央病院と違っていささか乱暴で不親切でひどかったので、これは期待できないなと思っていたら、案の定、五月に来た通知は、愛子さん棄却、夏義さん保留であった。これは夏義さん夫妻だけでなく、この頃になると患者の会の他のメンバーにも次々と保留や棄却が広がっていた。

初の県外訴訟の団長として、「せめて一矢を」と先頭に立つ

こうして患者の会のメンバーが次々と保留や棄却になった七九年の秋頃になると、何とかする手はないものかというういう声がしだいに患者の会で強くなっていった。そして、結局、夏義さんたち主な患者の会のメンバーは、もう裁判を起こすしか打開の道はないということになり、大阪告発から松本健男弁護士を紹介してもらい、七九年暮から弁護士・患者・告発の三者で法的検討が始まった。そんな中で、八〇年六月にまとめられた阪南中央病院の検診結果が大きな後ろ盾になったことは言うまでもない。

国・県・チッソの責任を問う初の県外訴訟として関西訴訟が準備されていることはすでに報道にも流れていたが、まずは原告団の結成大会が八二年四月に開かれ、団長、副団長、会計の役員らが選出された。団長はなんとその日欠席していた夏義さんであった。

夏義　その日はちょうど、うちの娘婿の親父の葬式があったんで、滋賀の長浜まで行っとったわけよ。帰ってみたら、その時の集会であんたが原告団長に決まったよっていうわけや。なんでも投票があったらしいわ。何人かの名前があがって割れとったらしいけど、湯の口の人間が多いもんやから、

結局、わたしに来たわけや。

そんで、否応もなかったんや。おれ、原告団長までもってやるていうつもりはなかったんやから、まだ。ほんだら、投票で決まったていうから、どうしてもやらないかんのかていうたら、やってもらわにゃ、もう困るんやということやったから。ほら、しゃあない、それやったら、まあどこまでやれるかわからんけど、やるわていうて。

患者の会風景。中央・夏義さん（1985.9.9. 夏義さん提供）

たしかに夏義さんの言うように原告予定者の半分近くは獅子島出身者であったが、患者の会のメンバーに阪南中央病院を勧めるなど、他の患者の面倒をみる点でも人一倍熱心であったから、自然の成り行きでもあった。夏義さんは、ちょうどその四カ月後が大阪亜鉛鍍金の定年退職日だったので、八月からは原告団長に専念する。

提訴は八二年一〇月二八日、夏義さんはみずから決意表明を起草し、毛筆で半紙にしたためた。

〈私たち患者原告団は、水俣周辺に生まれたばかりに、人に言えない自分の病気の苦しみに泣き、又、差別に耐え、水俣を思いきり、職を求めて関西に来た者ばかりです。関西に来ても、水俣出身と言うだけで、職も断られ、子供の結婚、進学もあきらめ、食わんが為に、小さい家内工場に職を求め、関西の片すみで病気に苦しみながら生きてきた者ばかりです。

思い出せば、あの昔の、のどかな、のんびり暮らしてきた、ふるさと水俣、なつかしい水俣、それを捨て、マンモス大阪の片すみで、こんな苦しみをつづけながら、生きるという事は、なんの因果でしょう。

思えば、それは、あのニックキ、チッソ水俣工場なんです。(中略)

ただひとつの工場の爲、多くの人々が殺され、職をうばわれ、苦しみに泣き、全国に職を求めた水俣周辺の仲間は、人間ではないのですか。(中略)

私共も今日、ただ今より残る力の限り、国・県・チッソを相手にたたかう覚悟ですので、よろしく御協力下さいますよう、お願い致します。

最後に、全国に散らばって居られる、水俣病被害者の方々、又、故郷水俣現地の被害者の皆様方、全国津々浦々より第二、第三と怒りの炎をあげられ、同じ人間同士、手を取りあい、共に国・県・チッソをたたこうではありませんか。

どうか、今度の裁判が私共関西だけのものでないと言う事をよくご理解の上、ご支援、御協力をお願いし、今日の決意表明にかえさせていただきます〉。

水俣で世話になった人への気兼ねと家族にかかる迷惑を気にして、あれほど水俣病の申請すらしないと言っていた夏義さんがついに吹っ切れて、あの国・県・チッソに「せめて一矢を」と命を懸ける覚悟のほどをしたためた「決意表明」であった。

この第一陣（四二名）提訴の後、追加提訴は第六陣まで続き、原告の患者総数は五九名となる。また弁護団も当初九名であったが、一審中に一六名になった。また患者支援の事務局を担っていた大阪告発も支援の輪を広げるため、チッソ水俣病関西訴訟を支える会に衣替えしたが、事務局メンバーは変わらなかった。裁判への対応を検討する訴訟団会議は弁護団と原告団役員および支える会事務局で行われたが、夏義さんは身体が許す限り参加し、弁護団任せにせず原告の声を反映させるよう頑張った。

しかし、夏義さんの体調は次第に悪化の一途を辿った。ただ幸いにも、提訴前まで患者の会の副会長をしていた旧知の川上敏行さん（水俣市梅戸出身）が第二陣（八四年六月提訴）で原告に加わってくれたので、それ以後は副団長として補佐してもらえるようになった。

裁判では、チッソだけでなく国・県の責任も明らかにするため、これまでの同種の訴訟よりもたくさんの証人尋問を実現した。一審での原告側からの証人申請のうち実現したのは一五人（原告本人を除く）に上り、他に被告側からの四人、双方申請の四人を加えれば二三人に上る。

このうち、荏原インフェルコ社研究課長だった井手哲夫氏はチッソからサイクレーター受注の条件にアセトアルデヒド設備の廃水処理は入っていなかったこと、また、チッソが排水浄化を謳って造ったサイクレーターでは水に溶けた重金属を取り除くことはできないと証言した。また、元熊本大学学長で厚生省食品衛生調査会水俣食中毒特別部会長だった鰐淵健之氏は、五九年にある種の有機水銀化合物が原因との答申を出した翌日に突然解散させられたのは実に心外であったと証言した。

さらに、証人尋問には健康上の理由で出廷できなかったが、熊本県衛生部公衆衛生課長だった守住憲明氏は原告側からの供述録取書で、五七年七月頃に食品衛生法の適用を真剣に考えたが、厚生省から適用できないとの回答を受け取り、不満であったが納得するしかなかったと述べていた。

原告患者の水俣病診断については、三浦・村田両医師が阪南中央病院の検診に基づいて詳細な証言を各一〇回以上行い、原田正純医師も四回にわたって原告側の医学的主張を裏付ける証言をした。

病苦と闘いながら、団長として一審を完走したが……

一九八二年の提訴からこのたくさんの証人調べと水俣・獅子島・不知火海の現地検証（九二年五月）を経て、第一審判決の一九九四年まで大阪地裁での裁判は一二年もかかった。この長い期間に、患者たちは関西訴訟のことを少しでも知ってもらい、支援の輪を広げたいと、法廷の外では語り部活動に積極的に取り組んだ。その第一は、小学校の社会科の授業で自分たちの話をする活動で、関西各地の小学校へ出かけて行った。きっかけは大阪・水俣告発のメンバーの中に学校教師が何人かいたからだが、一審の間に延べ一〇〇校を超える学校へ、何人かずつで出かけて自らの体験を語った。

また、関西訴訟のことを知った人たちの方からも自主的に支援の取り組みが企画され、それに呼ばれて参加するとともに、自分たちの体験や関西訴訟のことを話す機会も増えていった。筆者の木野は大阪市大の大学院生で大阪告発の初期メンバーだった友人（井関進氏）が教授のアカハラで自死してから一〇周忌目を契機に大阪市大自主講座を始めたが、それが提訴の直後だったため、翌年「なぜ今、水俣病関西訴訟を」という講座を開いた。その時、一七人もの原告予定患者が参加したが、それを皮切りに、以後、関西各地の市民団体に呼ばれるや、積極的に支援を訴えに出かけるようになった。

一審判決直前の夏義さん（左）と川上さん。左端の遺影は下田さん＝大阪地裁（1994.7.11）

夏義さんは八六年五月に水俣で行われたアジア民衆環境会議にも参加し、関西訴訟のアピールを行った。また八六年一一月の「水俣病三〇年・関西からの叫び」や、八七年の大東市での「労災と公害を考える市民交流集会」、九〇年の京都での「終われない水俣展」、九一年の「水俣91 in大阪―水俣病は終っていない」、という市民グループによるイベントなどで徐々

一審判決前日の夏義さん（1994.7.10）

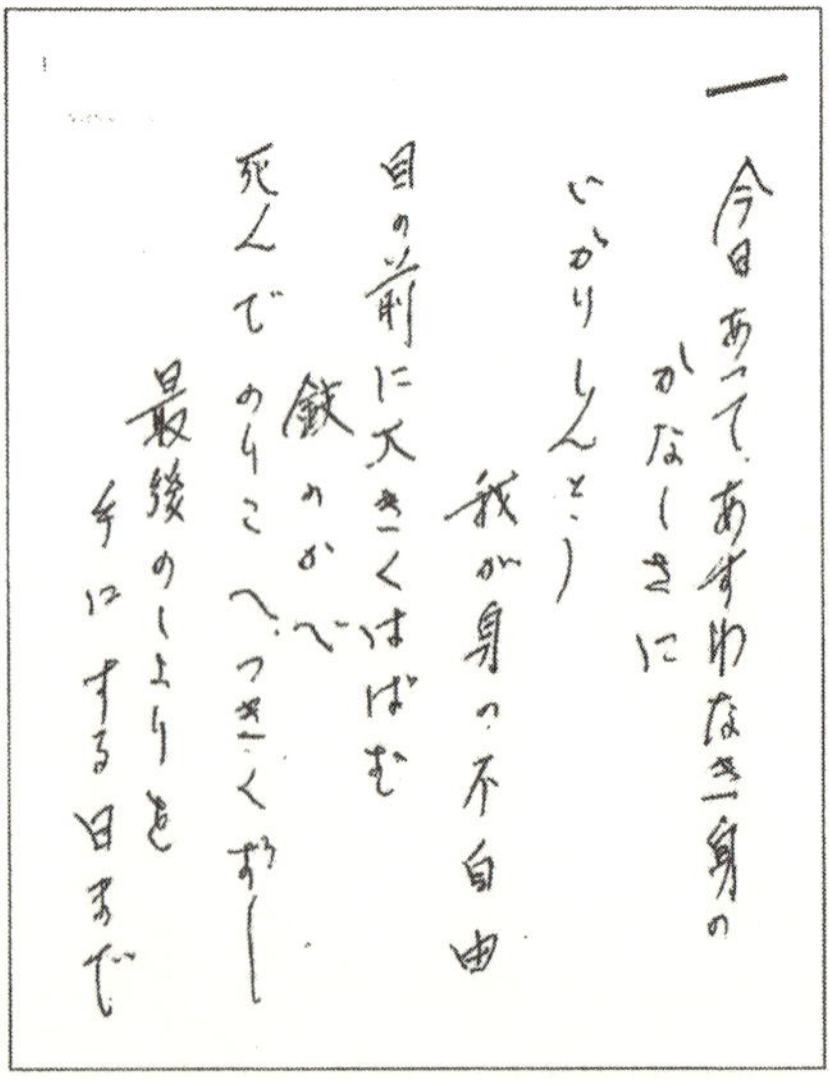

一
今日あって　あすわなき一身の
かなしさに
いかりしんとう
我が身の不自由
目の前に大きくはばむ
鉄のかべ
死んでのりこえ　つきくずし
最後のしょりを
手にする日まで

「自由日記」より（1982.7.10）

に人々に知られるようになっていった。

ところで、夏義さんは団長になった八二年の七月から八五年九月まで、自分の水俣病歴などを「自由日記」と題して大学ノートに七四頁にわたって書き残している。これは八三年三月の代表意見陳述と八六年五・六月の本人尋問に備えて書いたものであるが、さらに別途、八二年一〇月から八八年一月までは「生活日記」と題して文字通りその日の日記をびっしりと残している。ここには、夏義さんがこの裁判に懸ける思いと日々弱り行く身体の様子が窺える。以下はその中からのピックアップである。

（八二年一〇月二八日）　八時、ようやく床を離れる。

頭の芯がずきずきするが、薬で我慢し、方々に電話を入れる。今日二八日は裁判提訴の日だから、体に不安で病院に行き、注射を打ち、一一時中央公会堂に行く。本当に今日もう少しで倒れる所だった。長いであろう裁判を思うと気が遠くなり、死んだように眠りについた。

（八三年三月四日）　地裁に来て初めての裁判で、緊張して、今にも倒れそうだったが、裁判官の前に出て勇気が出る。思い切り意見陳述して、初めてほっとした。今日より始まった公判に水俣、名古屋、市大、阪大、阪南病院と大勢の人の支援を受け、事の重大さを知る。これからだと心を引き締め、力の限り闘い抜く考えだ。

（八四年九月三日）　九時半、娘と妻と三人、荷物を持って病院に行く。一〇時、四階の看護婦さんが迎いに来る。看護室に行くと、S主任が、また岩本さん入院?と言ってびっくり。私が笑いながら、妻が交代で入院と言うと、看護婦全員、笑いながら私を見る。良く皆さんに頼んで家に帰る。

（八五年二月一〇日）　原告団集会に行く。少し気分も良いので、一日何とか過ごす。何を決めたのか、おぼろげだが、熊本出張裁判が一五日にあるとのことで、原告として計一二名を指名する。自分としては、この気分では行けないと思い、下田君にくれぐれも頼んで帰る。

（八六年一月二七日）　病院に行き三浦先生より、一、二カ月休養するよう言われる。私も疲れて、考えがまとまらず、夜も眠れない。もしかしたら、と思い、今度の集会に出し、話し合い、皆の者に報告し、二、三カ月休養に入る考えだが、後を思えば……

（八七年一〇月一日）　毎日毎日、病院と自宅を通い続け、ひと月何回病院に行ったか、もう頭がもうもうとして、他の患者さんとの交流も出来ない。

（八八年一月一〇日）　正月もいつ過ぎたのか。体の調子がおかしく、もう字も書く気がしない。あ丶もういいや、どうともなれ。（日記はここで終わる）

日記にあるように病状が悪化し、さすがの夏義さんも患者の会と原告団を束ねる重責に耐え兼ね、九〇年には患者の会の会長を下田幸雄さん（水俣市百間出身）に委ね、自分は原告団長に徹することにした。しかし、患者の会を引き受けた下田さんも頑張り過ぎたのか、急速に病状が悪化し、九二年に亡くなった。この下田さんが死の直前に著者らにもらした「私らのやってきたことは記録に値しますよね」との一言が私たちに「水俣まんだら」をまとめるきっかけを与えてくれた。下田さんに続いて、九三年には愛子さんも亡くなり、九四年の地裁判決から四カ月後には遂に夏義さんも他界した。

第二章　岩本夏義さんの長女・恵さんと坂本美代子さん

夏義さんの長女・恵さん、家族とともに大阪へ

獅子島で生まれたが、小五の時に水俣へ

夏義さんと愛子さん夫婦には七人の子が生まれたが、二人目の男の子は夭折したので、実質六人の兄弟姉妹であった。そのうち、恵さんは一九五三生に生まれた長女で、上に兄が二人、下に弟が二人、妹が一人いた。

夏義さんの父・伊平次さんが水俣病様の症状を示して亡くなったのは一九五九年一二月であったが、まだ水俣病の公式確認から三年しか経っておらず、あの悪名高い見舞金契約でいったん水俣病は終わったとされた時期であるから、獅子島でも異変は続いていたが、どうしようもなかった。国が熊本・新潟の水俣病を公害病として認定したのは一九六八年九月であるから、夏義さんの家族が獅子島を出る一九六五年までは、まさに「水俣奇病」の時代であった。しかし、その頃はまだ恵さんが言う通り「おじいちゃんが亡くなったのは、私が物心ついた頃」であったから、恵さんがその当時の島の異変についてよく理解できなかったのも無理はない。

恵　小学生の時は湯の口分校で一年生と二年生が一緒に授業を受けたんよ、だって、一一人と八人しかおらんかったんやから。分校は獅子島に行った時に見たでしょ、あの湯の口分校はお父さんらの

時にはまだなかったの。

三年生、四年生の時は、一クラスずつで、五年生からは山超えて島の北側の本校の御所浦小学校よ。最初の頃は、本校まで歩いて行っててんけど、そのうち、スクールボートが出来て、それで御所浦まで運んでくれるようになった。けど、台風の時とか海がしけたらボート出されへんから、やっぱり山越えて歩いて行ってたよ。でも、歩いて行くときは、山の頂上に着いたら遊ぶわけ。遊んでから、小学校に行くもんやから、時間内に辿り着かないねんなあ。ほんなら、もう来なくてよろしって叱られて、自習しなさいって言われたことがしょっちゅうやったよ（笑）。

五年生になって本校に通っていた一九六五年のある日、お父さんが学校に来てるなと思ったら、「引っ越しすることになったから」って言われて、びっくりしたんよ。うち、何の相談も受けてなかったんやから。


実は、恵さんが小学校二、三年生の頃になると、夏義さんが言っていたように、もうこれまでの漁業だけではやっていけなくなり、九州各地の炭鉱や肉体労働の出稼ぎに精を出すようになっていた。一方、母の愛子さんの方は、すでにその頃から身体の調子がおかしくなり、水俣まで病院通いで悪化の一途を辿っていた。そこで、夏義さんは水俣へ家族ごと移住する決意を固め、第一章でも書いたように一九六三年の春に、とりあえず自分だけ先に、夏義さんと愛子さんの妹弟夫婦がいる水俣の出月へ渡り、職探しを始めた。そして、友人のつてで水俣化学という会社を紹介してもらい、ようやく家族ごと引っ越したのが一九六五年だったのである。

水俣での中学生時代は先生からいじめられて……

水俣に行ってから恵さんは娘時代を迎えるが、袋《ふくろ》中学校に行ってから、なぜか担任の女の先生からのいじめに遭い続けたという。

恵　一番ひどいと思ったのは、お昼の給食時に給食食べてたら、「あんた、給食費まだやで。家に帰ってもらってきなさい」て言われたんよ。給食費はたしかに払ってなかったんやけど、家から出してもらう余裕がなかったから、とてもお母さんに出してとは言えなかったの。でも、先生に言われて仕方がないから、家の近くまで帰ったものの困り果ててたら、近所のおばさんが事情を聞いてくれて、お母さんに言わんでも良いからこれ持って行きと給食費をくれたの。他にも、ノートを科目ごとに揃える余裕ないから、一冊に国語と英語と社会とか合わせて書いてたら怒られたし、鉛筆や消しゴムなんかももったいないから小さくなるまで使ってたら先生に笑われたし、もうそういうのがいっぱいで。わたしにしたら恐怖やったんよ。その先生に最後まで言われ続けたんよ。
　窮状を察した他の先生が就学援助みたいなのがあるから受けなさいって教えてくれたので、鉛筆とかノートとか、いろんなときに使う服とか欲しいのを書いて出したんやけど、それをもらう時に、またその先生がみんなにわかるように言いはるねん。恥ずかしいやん。貧乏やなってのがみんなにわかるもん。まったく配慮がないんやから。わたし、なんか言われるタイプやったのかな（笑）。

この話を聞いた時は半信半疑で、なんとひどい目に遭ったんだねと思っていたが、後日、同じ水俣で小学校教員をしていた日吉フミコさんが「その人は私の親しい友人よ」と言われた時は恵さんも私たちも正直驚いた。

日吉さんは一九六三年に水俣病の子供のことを知ったことから、水俣病市民会議を立ち上げて患者の支援を始め、市会議員にもなった人であるが、関西訴訟にも一審の頃から支援の集いに時々来阪されていた。一九九四年一一月七日に夏義さんが亡くなり、控訴審に向けて一九九五年一二月二日に大阪市大自主講座が市大で催した「がんばれ控訴審！」の集いにも顔を見せられた日吉さんは、夏義さんの仏壇にお参りしたいと言い出され、同席していた恵さんが家に案内したことがある。

そのとき、恵さんがこの袋中学校での話を日吉さんにしたのがその話で、「えー」ということになった。もし、恵さんがその先生に獅子島での異変やお母さんの病状を話していれば、きっと事情を察してくれたであろうが、我が家の恥になるようなことは一言も言わないで、他人よりできるだけ目立たないように振舞っていた恵さんから、そんな家庭状況を先生は知る由もなかったのであろう。

水俣を逃げ出し大阪へ……

水俣に移ってからチッソの関連会社で働いていた夏義さんが、一九六八年にチッソの八幡残渣プールでの作業中に倒れたことが契機で、夏義さんが今度は大阪のトメノ姉さんを頼って来阪し、運良く大阪亜鉛鍍金に就職できたこと、そして翌年には家族を大阪に呼び寄せたことは第一章で書いたが、実はその時点では恵さんと上の兄二人の三人はそれぞれ名古屋の会社に就職していた。

しかし、夏義さんは家族全員を大阪に呼び寄せるため、水俣に里帰りで皆が集まった際に、名古屋にいた次兄に「おい、お前、先に大阪に行って、四畳半でもよいから部屋借りとけ」と言ったという。その兄は父には逆らえず、泣く泣く名古屋の会社を辞めて、大阪の港区池島で部屋を借りたが、文字通り四畳半一間に押し入れがあるだけで炊事場や洗面所やトイレは共用だった。大阪万博の頃に建てられたいわゆる長屋で二階建ての細長い建物の中の一室であった。

恵　みんなは一九六九年に次兄が借りた大阪の家に集まったんやけど、わたしだけは名古屋の紡績会社に残ってたの。ところが、わたしも身体を壊して、結局その翌年、みんなのいる大阪に連れていかれたんや。

私が行った最初はね、港区の池島のほんまにちっちゃい四畳半ぐらいの部屋にみんなで入ってたの。えーっと思って、四畳半一つだけ？　わたし、そんなとこに住んだことないから。こんなとこ、私はよう住まんて言うたと思う。両親と子供らで八人やで。

お父さんは多分引け目があるからか、すぐにもう少し広い部屋を借りてくれた。それが同じ港区の八幡屋にあった長屋で、今度は六畳二間に台所が付いていた。お風呂はなかったけど。

その後、一九七一年に松原市の二階建ての家を買ってくれたので、やっと広くなったの。

しかし、皮肉なことに、この後、子供たちは次々と結婚して家を出ていく。とはいえ、みんな近くに住んでいたので、寝る時以外は誰かが来ていて、賑やかだったことは変わらなかったという。

水俣告発の人が訪ねてきて、両親が認定申請したが……

第一章で書いたが、一九七三年の岩本公冬さんの「血の抗議」から、大阪・水俣病を告発する会が岩本家の親族が大阪に来ていること、そして夏義さんの妹のミサヲさんが認定申請していることも知り、ミサヲさんの紹介で大阪告発の内田信氏らが夏義家を訪ねてきたのは一九七四年五月頃であった。

16歳の恵さん（1970年の大阪万博にて）

その後、夫婦二人とも略歴・症状や日常生活などの聞き取りを受け、水俣病の申請をした方がよいと言われたので、医師の検査を受け、認定申請書を作成してもらった。申請は愛子さんが先に七四年六月に出したが、夏義さんは子供達と家族会議をしてOKを取ってからと少し遅れて一二月に出したと話していた。しかし、恵さんによるとそれは父の勝手な思い込みやと言う。

恵 もううちらは申請なんて嫌やったんやで。そんなんして、私ら結婚できんかったらどないすんのかと、最初はめっちゃ反対したんやけど、あの父親のことやからもう聞く耳持たなかっただけや。

実際、夏義家では、七四年の初め頃に長男の縁談が水俣病を申請している家にやれるかと破談になった直後でもあった。実際にはその時点では夏義家から誰も申請していなかったが、同性の別の親族と間違われたのであった。そんなこともあり、子供たちが反発したのは言うまでもない。しかし、愛子さんの病状がどんどん悪くなっていたのと、夏義さんも職場で労災事故に遭って入院したこともあり、夫婦とも認定申請に踏み切ったのである。

水俣のことを隠して結婚したが、父の死後は後を継ぐ決意に

恵さんが決めた相手は滋賀県の人、でも自分らが水俣にいたことは隠して……

その頃、恵さんは友人たちと合コンのようなことから、男の友達と付き合いを始めていたが、その中に恵さんと結婚することになる恵三さんがいた。恵三さんの実家は滋賀県で会社も実家の近くであった。恵三さんは最初から恵さんを気に行ったようで、二回目にデートに誘われた。恵三さんはポー

ル・モーリア（フランスの著名音楽家）が好きだったようで、大阪に来るから券を取ってほしいと電話があったので、その券を取ってあげて京都で落ち合ったという。

恵　二回目に会った時は、もうそのまま車で滋賀の長浜まで連れて行かれたんや。そして着いたら、もう親とお兄ちゃんが待ってはって、私を紹介したんやわ。初めからそのつもりやったんやろ。

後で聞いたら、これまでに連れてきた子は割と派手な子ばっかりやったけど、恵さんは田舎の地味な感じがするから、これやったらいいってことになったらしいわ。それで、勝手に縁談を進めはって、一九七五年に結婚したん。

初めは草津市のちょっと町はずれたところに社宅があって、そこに二年程住んだ。でも、長女が生まれて、二番目の子がもうちょっとで生まれるという時に、身重やったけど大阪に来たの。うちの人も大阪に来たかったんやろ。一九七八年かな、大阪に来たのは。来たら、うちの父親やみんなとも良く話が合うようやった。お母さんにもどっちのお母さんやと思うぐらいなついて。

うちの人が勤めた会社は実家のすぐ裏手にあったから、毎日寄って、しばらく話して、ご飯食べてから帰ってきはるの。

恵三さんは夏義さん・愛子さんをはじめ、恵さんの家族の誰とも自分の家族以上に親しくなったそうだが、みんなが水俣から大阪に出てきたことは知らなかった。恵さんをはじめ、家族のみんなが伏せていたからである。恵さんからは鹿児島県の小さな島から出てきたと言われただけで、それを信じていた。ましてや、夏義さんと愛子さんが水俣病を申請して保留や棄却になり、水俣病関西訴訟に加わったばかりか、夏義さんがその原告団長になったことなどは全く知らなかった。

もちろん、これは水俣病患者に対するひどい差別を経験しているが故の夏義一家の自衛措置であったが、恵さんは誰よりも恵三さんに知られることを警戒し、関西訴訟に関する記事が載った新聞はすぐに隠し、テレビでニュースや報道が流れた時はチャネルを変えるなど、徹底していたと言う。

ある時、獅子島で親戚の人が亡くなった時に恵三さんも一緒に行ったそうだが、その時は水俣で降りずに鹿児島まで直行し、鹿児島県側からフェリーで獅子島に渡ったそうで、後日、水俣にいたことがばれてからは水俣駅で降りて水俣から島に渡ったら、「こんなに水俣から近いとこやったんか」と笑われたと言う。なお、恵三さんが事の次第を知ったのは地裁判決が近づいて記者らが押し寄せてからである。

地裁判決の後から、父の水俣病特訓が始まり、そしてすぐに亡くなった

恵さんは両親の認定申請すらあれほど嫌がっていたが、関西訴訟が始まってからは、原告団長の父の身体が心配なので、出来る限り、裁判所まで付き添いで行っていたという。特に母の本人尋問の時は姉妹で付き添ったという、

恵　その頃はね、子供が赤ちゃんで、よう泣くからねえ、外に出たり入ったりを繰り返してた。妹も赤ちゃん連れてよう来てたよ。男の兄弟は仕事もあるし、行かんかったけど。

証人尋問の時なんか、坂本さんとお父さんがようどなってたの覚えてるよ。二人とももうカッカカッカしてさ、坂本さんがよう野次飛ばしてはったよな（笑）。「退廷！」とか言われて、よう放り出されてはったな。

地裁の頃にはね、原告の患者さんが、その頃、みんな、よう父の家に来てはったんよ。実家が阪南中央病院に近いもんやから、お父さんがみんなの診察券持って順番取りしたりしてはった。そんなんで、みんな、よう実家に寄りはって、そのとき私もほとんどいたから、お茶出したりとかしながら、親しくなってたん。

美代子さんはね、病院通いだけでなく班の集まりとかでもよう来てはったから、その時にお話しさせてもらったりして親しくなってたん。

しかし、一審判決は第一章で書いたように、除斥期間経過などで棄却された人が多かっただけでなく、国・県の行政責任を認めなかった。判決直後から体調を崩した夏義さんは原告団長を辞任し、川上敏行さんに後を託したが、控訴でまだまだ裁判が続くことは必至なので、自分の思いを託すつもりで恵さんに水俣病の特訓を始めた。

実は、恵さん一家は、母の愛子さんが一九九三年三月に亡くなったので、翌年五月頃から、実家で夏義さんと同居を始めていた。

恵　お母さんが亡くなったんで、お父さんとこに五月頃から一緒に住みだしたんやけど、七月の地裁判決の後、父は私に自分の裁判の後を継いでほしいと思ったんやろ。だから、私ら二人に応接間で、水俣病の話をダーッとし始めてん。夕ご飯食べた後、必ず六〇分。その後、亡くなる一一月まで三カ月余り。なんで、こんなんしてるかとか、そんな話をずっと叩き込まれたから。うちの人はもっと知りたくなったようで、市大へ木野先生の水俣病の授業にもぐりに行ったりするようになって……。

父はその頃、本棚にあった本や日記や資料を全部降ろして、整理をし始めはってん。それを木野先生に託しはったんやと思う。

五月に同居を始め、七月の判決後から一一月までわずか三カ月ほどの特訓であったが、この間に恵さんの水俣病や関西訴訟に対する理解が深まったのはもちろんであるが、それ以上に大きな変化は恵さんの父親に対する思いであった。

両親の認定申請や関西訴訟の提訴については、それまで嫌やなあと思いつつも仕方がないと思う程度であったが、これを契機にすごい人やと尊敬するようになったという。

恵　原告団長は、褒められよう思ったらあかんねんって言うてはった。褒められる必要ないねんって。団長は。人さえ引っ張って行けばいいって。

私らにもいつも言うてはったわ。上に好かれようと思うなって、下から好かれるような人間になれって。

岩本夏義さんの葬儀（1994.11.9、提供：小笹恵）

それから一一月七日に亡くなったんやけど、あのとき、辞世の句やとか言うて、「秋風と　ともに去りぬ、川上すまん、川上　たのむ　たのむ」と言ったと前の「まんだら」には書いてあったけど、実はその後に「あまり　大きく揺れぬがよし」と付いてたのよ。木野先生が気にして省きはったんやと思うけど、あれは川上さんの性格をよく知ってるから書きはったんやで。

その後、最後の力を振り絞ったんやと思うけど、大きな声で「愛子！」ってお母さんの名前を呼んで、それっきり……。部屋中な、みんなボロボロ涙流してはったわ。

夏義さんの葬儀は一一月九日に行われたが、会場になった近くの清水公民館には五百人くらいが押し寄せ、地域の人々を驚かせたという。

この夏義さんの死後、恵さんによれば、一九七四年に夏義さん夫婦を訪ねてきた大阪告発の内田信氏（一審では支える会の事務局メンバー）が線香をあげさせてほしいと夏義家に来たという。内田氏は一審では支える会の中心メンバーで夏義さんとは仲が良かったが、一審の最後の頃には姿を見かけなくなっていたので、私たちも恵さんも心配していた。その日、内田氏は恵さんに「最後まで面倒を見れんようになって、僕も悔しいです。すみませんでした」と謝られたという。詳しい話は聞かなかったそうだが、恵さんは支える会の中で何かがあって身を引かれたのだろうと思ったそうだ。

夏義さんから川上さんへの辞世の句の続きといい、内田氏の件といい、後に起こる「友の会」騒動を予告するかのような出来事であった。

五人の認定患者を出した水俣の実家から大阪に出てきた美代子さん

坂本美代子さんとは……

ここからは、本書の主人公の一人である坂本美代子さん（本書では以後「美代子」さんと略記）のことを紹介する。

美代子さんのことについて、関西訴訟の訴状（一九八二年一〇月二八日）では、「原告らの状況と損害」の中の「生活歴」等で、次のように記されている（年号は西暦に変更、カッコ内は著者追記）。

原告番号一七　坂本美代子

生活歴

原告は一九三五年五月一〇日、坂本嘉吉・トキノの三女として新潟県（青海町）にて生まれた。一九四五年一〇月ころ、原告の一家は父の郷里の水俣市湯堂へ移住した。父は半農半漁で、漁は小舟による一本釣りを主としていた。

原告は、湯堂において小・中学校に通学するかたわら浜辺でビナ・ナマコ・カキ等を採ったりしていた。中学校卒業後は、家事手伝いのかたわら網元で地引網などを手伝い、家計を助けていた。

一九五六年ころから長女の清子が寝たきりとなり、治療費等がかさみ、一九五八年二月ころ来阪し、美容院に見習として勤めるようになった。一九五九年一〇月、Mと結婚し、一男一女（東洋士・智恵子）を生んだ。一九八〇年九月、病状が悪化し、家事も満足に出来なくなり、夫婦の意思疎通がうまくいかなくなり、離婚するに至った。その後、長男東洋士（一九六五年生）とともに住んでいる。

家族関係

父嘉吉、母トキノ、妹、弟は、それぞれ水俣病に認定されている。特に姉清子（一九二九年生）は一九五六年頃から寝たきりとなり、一九五八年七月死亡したが、死後解剖による水俣病認定患者の第一号である。

水俣病申請の経緯
一九七八年四月に水俣病認定申請中である。

訴状にもある通り、美代子さんの家族のうち、最初に倒れた長女の清子さんは一九五八年七月に亡くなり、死後解剖による水俣病認定の第一号と言われている。清子さんのことについては石牟礼道子さんも水俣病を告発する会の機関紙『告発』の一九七〇年六月号で患者家族紹介⑪として「花びら拾う娘の幻・庭の桜の木のもとで」と題して書いておられるが、その中に美代子さんが私たちに現地で昔の家の中を紹介しながら話してくれたのと同じ情景が描かれている。

働きもんで働きもんで。どげんきつか外仕事をしてきても、朝と晩と、必ず二度雑巾がけせにゃ、坐らん子で。分限者じゃなかけん、家の中はピカピカさせとかんば、部落のものに笑われるちゅうて。
(石牟礼道子『水俣病闘争　わが死民』現代評論社、一九七二年)

石牟礼さんが書いてるときはまだ元気な時の話だが、美代子さんによると寝たきりになるまで、坐って家の中の柱を黙々と雑巾で磨いていたという。

また、嘉吉さんが清子さんの遺影を抱いてトキノさんと歩く写真(撮影・塩田武史)は一株闘争の本番(一九七〇年一一月二八日のチッソ株主総会)直前の水俣病を告発する会機関誌の『告発』一八号(二五日）一面にも載り、清子さんのことは多くの人に知られることになった。

このとき、大阪にいた美代子さんは株主総会のために来阪した両親に孫（智恵子・東洋士）の顔を見せに行ったと言う。「大阪・水俣病を告発する会」はこのチッソ株主総会直前の八月に結成されたが、一九七三年四月に「水俣病共闘関西連絡会議」と改称し、他の反公害・反抑圧闘争との共闘を追求した。この共闘会議の中の大阪告発のグループは在阪水俣病患者の集まりを作ったり、検診や認定申請の支援に取り組み、この過程で夏義さんや川上さんら後の関西訴訟原告になる人たちも集まり、一九七五年三月に水俣病関西患者の会が発足する。

しかし、一九七九年六月の患者会名簿までは美代子さんの名前はない。しかし、病状が悪化した一九八〇年六月の名簿には夫の姓で載っており、離婚した翌年からは坂本姓で載っている。ということは、一九七八年四月に認定申請した後、大阪告発が申請を知って入会を勧めたものと思われる。

一方、「水俣病共闘関西連絡会議」の中の大阪告発グループは、水俣病共闘が当初の目標通りには機能していないとして、一九八一年、「大阪・水俣病を告発する会」の旧称に復し、水俣病関西患者の会とともに水俣病問題に力を注ぐと表明した。これ以後は、美代子さんも夏義さんらとともに関西訴訟の提訴へ足を揃えることになる。

関西訴訟一審の頃の美代子さんの語りが残っていた

本書執筆の契機は美代子さんの突然の逝去に衝撃を受けて水俣病と闘った美代子さんと恵さんの歩

みを記録に残したいと思ったからだったが、美代子さんから改めて話を聞くことはもう叶わなかった。小学生から中学生・高校生・大学生や関西訴訟の支援集会等で語った時は、相手や時期によって話が限定されており、水俣から大阪に出てきて関西訴訟に加わるまでのまとまった話はほとんど残っていない。

しかし、唯一、一九九二年に著者らの市大自主講座が当時の市民グループと一緒に行っていた「関西の水俣病患者の話を聞く会」の記録をまとめた冊子が残っており、そこに収録した美代子さんの話はとても良くまとまっていた。「話を聞く会」が少人数の親しい市民向けの場だったことが美代子さんに話しやすい雰囲気を与えたからであろう。話された時期は一審判決の二年前である。

冊子は一九九二年作成で、「水俣あれこれin大阪」という市民グループと市大自主講座が共同で作った『たんま―水俣病は終っていない・関西からの叫び』と題する五四頁の小冊子である。冊子には関西在住患者で一九七九年に認定を闘い取った仲村妙子さんや関西訴訟を闘っている夏義さん・川上さん・下田さんらとともに美代子さんも収録されている。

美代子さんの語りは後で紹介するが、冊子には木野による「よこがお」と題する美代子さんの紹介文が付いているので、先にそれを紹介しておこう。

【よこがお】 水俣病のことに関心を持ったきっかけは、二〇年前、大阪告発のメンバーだったI君の大学正門前座り込み事件であった。公害に対する科学者の責任をコメントしたがために学位論文が通らなかったというのが発端だったが、彼の薦めで水俣病の映画を見た時のショックは相当なものであった。しかし、チッソとの自主交渉に決着が着いた後は、しばらく忘れかけていたところ、I君の一〇周忌の企画で、関西訴訟の提訴を知らされ、二度目のショックを受けることとなった。それ以来、市大自主講座をつくって、患者さんたちとの付き合いが続いている。

坂本美代子さんの住まいは市大に近いので、よく自主講座に来ていただいたり、時には自宅を訪ねたりしている。法廷を傍聴した人なら、必ず一度や二度、美代子さんの「バカタレが！」「ウソツキが！」などの独り言（？）を耳にするし、「聞いてられんわ！」と言い残して、足音たてて退席したかと思うと、いつの間にか席に戻っていることに気付くことだろう。しかし、法廷を一歩出ると、とてもそんなに激しい人とは到底見えないと思う。やさしい、子供思いの普通の母親の美代子さんに先に出会った僕は、法廷での美代子さんの様子に、はじめ正直言って驚いた。今では、美代子さんの生きてきた道と水俣での美代子さんの家族の苦闘を思うと当然のことであったと、驚いた自分に恥入っている。

去年の忘年会で、初めて美代子さんが笑い上戸であることを知った。カラオケが大好きなのは聞いていたが、お酒を飲んで笑い出したら止まらないのだそうだ。その笑い顔を見て、お酒の力を借りずに、本当の笑顔が見れるような時が来たらいいのにと願わずにはいられなかった。（木野　茂）

なお、ここにあるI君とは第一章でも出てきた大阪市大の大学院生だっ井関進氏のことで、文中の

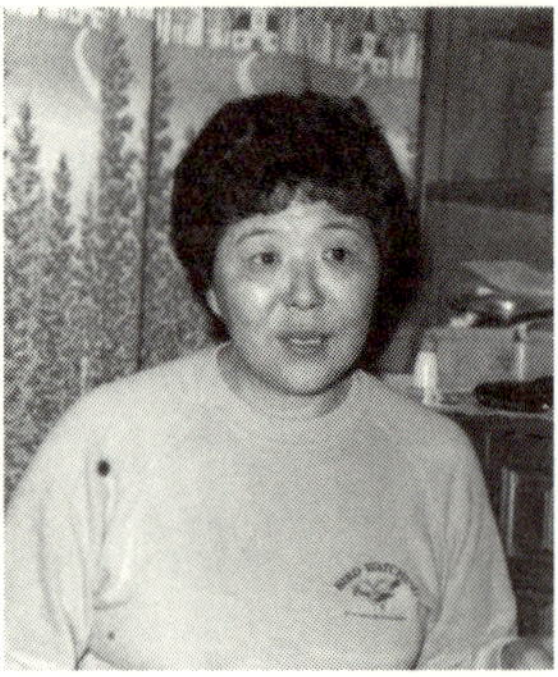
坂本美代子さん（1983 年）

学位論文事件の後、一九七二年一一月九日に服毒自死したが、存命時は大阪告発の初代メンバーであった。著者らが市大自主講座を始めたり、関西訴訟に関心を寄せたきっかけは彼の事件が発端である。

美代子さんの話に戻るが、次節が冊子に収録されている美代子さんの語りである。

美代子さん「忘れることのできない差別」

中学生の時、姉が倒れて

私が中学の時ですが、姉（清子）が昭和二九年（一九五四）の頃から足がもつれてよくこけるようになって、血が出ても知らん顔してるんです。おかしいということで、病院に連れて行っても要領を得なくて、そうしてる内に足が立たんようになって、頭が痛い、頭が痛いと言って、昭和三一年（一九五六）に寝込んでしまいました。

それから二年目まではロレツがまわらんけども、少しは話しがわかる状態でしたが、もう三年目に入った時は、知らん人が聞いたら何言ってるのか全然わからん状態でした。私らは勘で大体わかりましたけどね。

二年目の時に病院へ連れて行ったんですが、その時は小児麻痺とか栄養失調と言われ、それでも病気が進行する一方で、しまいには奇病ということで……。

姉が床に就いたとき、いちばん印象に残ってて、今でも忘れたいと思っても忘れることの出きないのは、差別のことです。田舎の差別は、村八分です。都会と違って田舎は親戚がかたまってますから、村八分と言ってもそらあきついんですよ。全く孤立した生活を、一年余り……。それを話すのが、いちばんつらいし、いやなんです。

忘れることのできない差別

私のとこは井戸がなかったんです。共同井戸までは四、五分で行けるんですが、もうその当時は汲ましてもらえなかったんで、三〇分位かかるところまでもらい水に行ってたんです。カラで行くときは何もしないんですが、水汲んで帰るときに、坂道を登りきったところで、石や棒がとんでくるんです。大人がですよ。それが頭に当たり、足に当たったりして、どうしても水がこぼれてしまうんです。それで、またもとのとこに行って汲む。その繰り返しなんです。水がなかったら生活ができんから、水汲みは朝四時頃行ったり、夜中に行ったり……。「父さん、清子姉さん殺して私らももう死のうよ」と言ったことがあります。

病気が移るからということだったと思いますねん。姉を診てもらいに行った熊大で伝染病と言われて、救急車で家に帰ったら、家の中は石灰で真っ白、弟や妹は頭の上から足の先まで真っ白でした。帰ってきた私ら（両親と姉と私）も、それをふられたんです。病気でおふろに入れない姉にまで撒いて……。

あの時は学校もほとんど行きませんでした。妹や弟らも学校の門の前までは行っても、けがして泣いて帰ってくるんです。先生もけがしたらいかんからと言うだけで止めるようなことはしてくれませんでした。

昼間も雨戸を閉めきったまま、電気さえもお金が無いからつけられない……。真っ暗です。雨戸一枚開けたら、そこから石がとんできます。そういう生活が、一年半続きました。

姉があまりにもかわいそう

家にあるものは全部売り払いました。その時期、時期にとれるもの、さつまいも、麦、じゃが芋などを食べ、お米は、姉が寝込んでからは食べられなかった。

昭和三三年（一九五八）の二月に、私はたとえお粥でも良いからお米を姉に食べさせてやりたいと思って、すぐ上の姉を頼って大阪に出ました。お風呂代と女にいるものそれだけ残して、あとは全部、その姉と一緒に家に仕送りをしてたんです。

それでどうにか、姉にお米のお粥を食べさせることができるようになった矢先の七月二七日、姉危篤。

急いで田舎に帰ったら、車が来てたんです。それで熊本大学に行ったんです。その時に解剖してくれた人が、「さぞ痛かったろうな、苦しかったろうな、もう掛ける言葉がない……」と言われました。大脳やら、もう水銀で焼けただれて、脳の面影がなかったそうなんです。姉は、死後解剖で認定された最初なんだそうです。

姉はそれまでアともウとももものを言わなかったのに、亡くなるその日に、母に「ごめんね」と言ったそうです。姉は母さんの手をしっかり握って……、姉は母さんとは言われないので、「ごめんね、かんにんね！」と言うような感じで「ね！、ね！」と、それだけ言って……。それが最後の言葉だったそうです。

母の口から姉の最期の様子を聞いた時に、姉があまりにもみじめで、かわいそうで……。私は結婚して二人の子供をもうけることができましたけど、姉は女の喜びも悲しみも何も知らずに、いちばん苦しみだけを背負って死んでいったんです。

大阪での生活

大阪に来たとき、大阪に出ていた姉から、「水俣」ということは絶対口に出すなと、念を押されました。昭和三四年（一九五九）に結婚した夫にすら水俣とは言いませんでした。

大阪に出てきて、美容院で働きながら美容師の免許を取りました。美容院の先生だけは、免許をとるのに戸籍謄本がいるから、水俣出身ということは知っていましたけど、お願いして伏せてもらいました。自分も行ったこともない熊本の水前寺公園のそばということで通してきました。

そうしてどうにかやってきたんですけど、昭和三九年（一九六四）のある時、レザーで左手の人差指を切ってしまったんです。指二本が全然利かないんですね。美容師の場合、この二本がカットに必要なんです。でも力が入らなくて……。それでもう完全に美容師という名を捨てて、見習いみたいなかんじで、タオルを洗ったり、助手やったり、そういうふうになりました。昭和四七年（一九七二）頃にはそれもできなくなってきてもう駄目だと思い、食堂のパートをやったりもしました。

子供は上が娘で、下が息子です。主人とはいろいろあって、昭和五五年（一九八〇）に別れました。義兄の力も借りましたけど、子供はどうにか育てることができました。

結局、私も倒れて申請……

昭和三三年（一九五八）に大阪へ出てきた時分から頭が痛くて、セデス（鎮痛剤）はもう離したことがなかったんです。息子や娘にも、お母さんはおかしいと言われました。だけど、近所の目が気になったし、子供たちの結婚や就職にも差し支えたらと思って、妹や弟の申請の時にも言われましたが、父に断りました。

それが、姉の二一回忌で田舎に帰った時に倒れたんです。自分では分からなかったけど、痙攣を起こしてたらしいです。すぐ病院へ連れて行ってもらったら、「今までどうして放っておいたのや。あんたんとこは家族全滅やのに（両親、姉、妹、弟の五人が認定患者）」って……。あくる日検査してもらったらみんな（検査結果が）、プラス（所見有り）になってたんです。

弟から、年とって悪くなってから子供の世話になるようなことはしてくれるなと言われて、子供に相談したら、どんな差別にも耐えるからと言ってくれました。それですぐに（一九七八年）申請出して、昭和五四年（一九七九）五月一日に公害手帳（水俣病申請者医療手帳）が来ました。

チッソも国も憎い

父が、「我慢してくれ。自分に負けるな。自分に克て……」と。もうその言葉に鍛えられて、私ら姉弟は耐え抜きました。

今でも弟が言います。「僕らはむずかしい漢字はほとんど読めなかった。でも裁判をしたり、人に習いながら、自分で辞典を引きながら、どうにか書けるようになった」それを言われた時に、父は下を向いて、「お前がこっちに帰ってさえこなければ……」（弟の登は一時水俣を離れていたので）と、九四歳で亡くなるまで、そう言って涙ぐんでいました。

水俣病というのは、死ぬまでついてくる。子供にもついてくる。自分だけじゃない。家族もみんな病気になってしまう。それがいちばん辛い。姉を見ているから、子供にあんな哀れな姿を見せたくない。やっと一人前になって、子供を育てながら楽しい家庭を築き上げているのに、そこに私がそんな形で入り込んでは、子供があまりにかわいそう過ぎます。

私だけだったらともかく、両親・姉・妹・弟、まして私の子供までこんな目にあわせるチッソ、その会社を放置してきた国に対してね、私も怒ってるし、それ以上に子供たちがすごく怒っています。息子は「お母さんをこんな体にしたんやから、あの人たちもお母さんと同じ体にしてやる」って、「もし、お母さんに何かあれば、僕は絶対許さん」って、息子がいつも言ってる言葉なんですけど、「殺してやりたいほど、憎い」。

裁判でも腹が立つばかり

水俣での生活は、私にとって、いちばん辛い、苦しい、悲しい経験でした。でも、それがあるから、どんなことにも今は耐えられると思います。こうしてどこにでも行けるようになったし、誰にでも言葉をかけれるようになった。その救いはありますけど、辛さや苦しみっていうのを、人に分け与えるっていうことはできない。

自分に与えられた試練と思ってきたけども、息子は「自分に与えられた試練じゃない。チッソが与えた試練や」、はっきりそう言いました。「チッソが与えた試練を、どうして返さんの？」と言われたときは、何も言えませんでした。

裁判をしていても、腹がたちますね。こちら側の証人は上手に言って下さるけど、国側から出た証人というのは、全くデタラメなんです。あれだけようデタラメが言えるなあという位、相当買収されてるなって、完全に分かるんです。だから国側に有利に有利にもって行く。私は自分でそう思い込んでるんです。でないと、腹がたちますから。

私ひとり（法廷で）怒鳴ってますけど、もうカーッときたら抑えがきかないんです。どこかで発散しないと、今度は私が倒れるから。ウソツケーとか、田舎弁で言ってみたりしますけど、それが今の裁判です。すごく腹がたちますけど、国相手だから私にはどうにもならん、あまりに年数がたち過ぎて……。

毎日の苦痛

いちばんの苦痛は、頭痛です。頭痛って言っても、普通の人にはわからないと思います。普段はズキンズキンという痛みですが、ひどくなるとハンマーで殴られているような痛みがくるんです。頭が割れるのではないか、目玉が跳び出るのじゃないかと思うほど痛む時が一カ月に四、五回はあります。目が二重になって、足も這っていかんと動けんし、ひどいときはケイレンが……。我慢できるだけ我慢するんですけど、できない時は救急で病院に行きます。

食事つくるのでは、お味噌汁がいちばん難しいですね。体が悪いときは舌に感覚がないんです。だから、辛いときとみずくさいときがあるらしんです。ちょうどいいなというときは、体の調子のいいときなんです。自然にインスタントが多くなって……。

包丁でも柄のとこ持ってできないんです。包丁がどこへ行くかわからんから。包丁のカナモノのとこを持って、柄を支えて切るんです。娘は見てたら恐いから、私が切るわって言うんですが、私はそれで慣れてるから恐いって感じませんけど。手を切ったからって、痛いていう感覚がないもんだから、切ったって別にどうっていうことないわって……。

毎朝、目が覚めたとき、手足が動くかどうか、それがいちばん心配なんです。ゆっくり動かしてみて、「あっ、今日も動いた」。その時は、言葉に表現できない喜びがあります。それが三六五日続いています。

恵さんと美代子さんとの出会い

一審の時は夏義さんの家で、二審からは患者の会の時に

美代子さんは夏義さんと同じ世代で関西訴訟の原告同士であったが、恵さんはその夏義さんの娘であるから、世代も違うし、原告とその子供という立場も違う。それに美代子さんは夏義さんや恵さんの出身地の獅子島とは何の関係もない。さらに、恵さんは両親が水俣病の認定申請をするのを嫌がっていたくらい水俣病のことを避けていた。

その二人が夏義さんの死後、急に親しくなり、二審判決以後は行動を共にするまでになった。

恵　美代子さんはね。地裁の時からよくうちの家での集会なんかに来てはったし、阪南中央病院に行った帰りにも寄ってはったから、その時にお話させてもらったりして親しくなってたの。
地裁の後、父が亡くなって四カ月後に、私が遺族として患者の会に出席するようになったんやけ

ど、最初は患者の会に行っても、知り合いの人いないよなと思ってたら、地裁の時に家に集まってた患者さんたちが私を知ってはるから、あ、恵ちゃん、こっちおいで言うて、呼んでくれはってん。美代子さんの他に、森ミスカさんや、川元幸子さんや、川元文子さん、それに従姉妹の杉山多美子さんや、よく家に来て父と仲の良かった荒木多賀雄さんもいたから。

それからは、お昼前に一緒に集まって、ご飯食べてから集会に行くようになって、だんだん近づいて仲良くなっていったっていう感じかな。

夏義さんと愛子さんが認定申請をした頃は嫌がっていたが、言い出したら聞かない父の性格をよく知っている恵さんたち兄弟姉妹も、その後、両親が関西訴訟の裁判に加わっただけでなく、父が原告団長にまでなっても、もう文句も言わず、恵さんと妹は外出もままならない母の代わりに裁判所まで父に付き添った。

しかし、子供たちは自分らが水俣にいたことや両親が水俣病の裁判をしていることは、家族以外には秘密にしていた。恵さんは間もなく結婚したが、当然のように、水俣にいたことや両親が裁判をしていることは隠していた。しかし、第一章で書いたように、一審裁判中は何とか隠し通せたが、愛子さんが亡くなり、実家で夏義さんと同居を始めてすぐに一審の判決を迎えるや、マスコミが押しかけてきて夫の恵三さんにばれてしまう。その一審判決は残念な結果だったが、夏義さんは自分の命が持たないことを自覚して、団長を川上さんに引き継ぐとともに、先にも書いたように、自分亡き後の闘いを恵さんに託すため水俣病の特訓を始めた。

この特訓で初めて水俣病に対する父の思いを知り、父を尊敬するようになったという恵さんは、関西訴訟の患者が救われるまで父の遺志を継いで闘う決心をする。

語り部で手ほどき受けて―美代子さんは泣きを取り、恵さんは笑いを取るまでに

父の後を継いで遺族原告となった恵さんは二審から患者の会にも参加するようになったが、そこで特に仲良くなった原告患者が美代子さんであった。

恵　美代子さんには、それから一緒にいろんなところに連れて行ってもらうようになって。語り部も、それこそ、一から手ほどきっていうか、受けたのも美代子さんやな。

もうそれまで、私は知らない人がいる前では真っ赤になってたし、頭のてっぺんから声が出ていくくらいあがってたんやけど。でも、美代子さんが居はると、私は横で、「あのう、原告団長だった父の娘です」って言っとけば、それでよかったから。

でも、私が語り部し出すと、よく怒られたわ。なんでかいうたら、美代子さんの語り部は、その話が話だけに、こうものすごい泣きの語りやったやろ。でも、うちはあんまりそんな話はできへんかってん。大阪人やから、からっと話するやろ。そしたら、もうちょっと何とかならんかって、言われた。でも、そんなん、私にはできんかった。

左から、坂本美代子、森ミスカ、川元文子、小笹恵、後ろは木野・山中（2002.1.31.『新・水俣まんだら』出版記念会にて）

だって、あんだけな、美代子さんの話でみんながわっと涙してる時に、私が何言ってもさ、ものすごく軽く感じられるよね。だから、いつも、先に私に話させてくださいい言うててん。

でも、だいぶ後になってからやけど、誰かから、いや、坂本さんに先行ってもらった方がいいよって言われて。何でって聞いたら、坂本さんの話を聞いて会場から出てくる人たちはみんな下向いて出てくるって。でも、小笹さんの話の後は、みんなぱーって笑いながら出てくるって。（笑）

で、私もそのうち生意気に、美代子さんに、いつも最後の方はお姉さんの話を言うけどな、お姉さんのことはみんなまで言わんでも聞いてる人は大体知ってはるから、それよりも自分の話したらって。苦しかった自分の今までのことや、今の自分の心境とかを話した方が、きっとお客さんに伝わると思うよって。

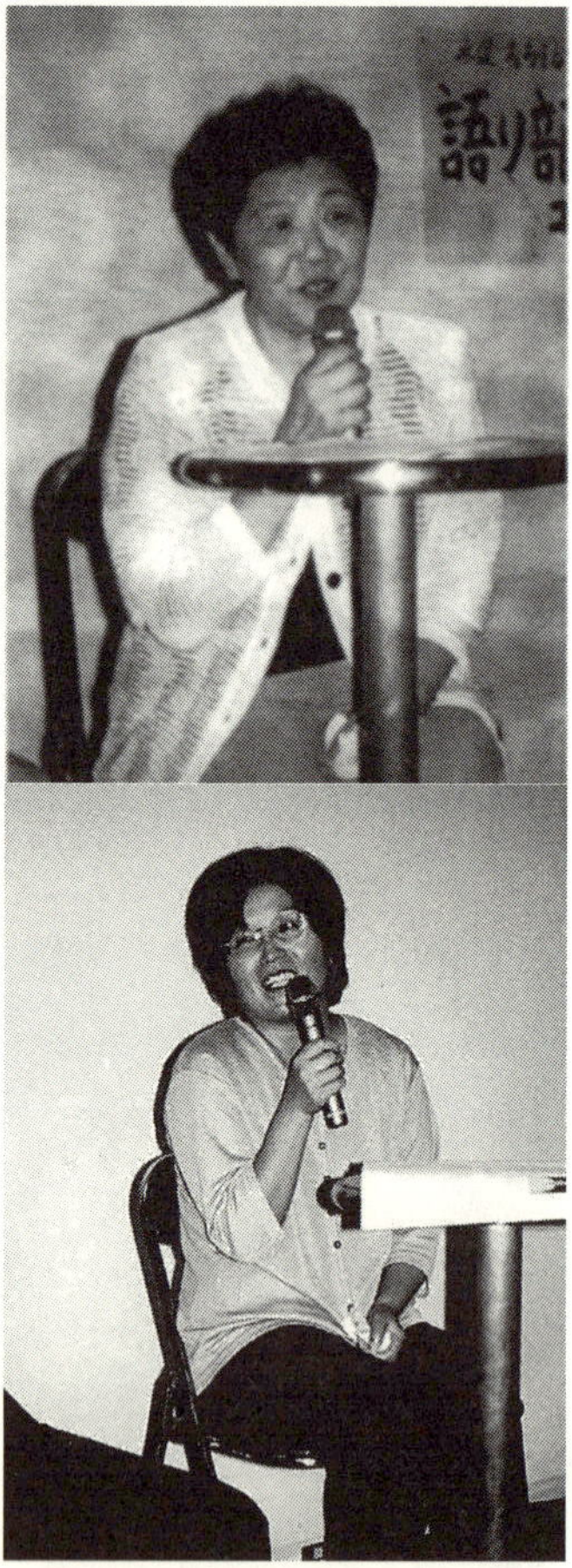

1999年の「水俣・おおさか展」の語り部で話す美代子さん（上、1999.9.18）と恵さん（下、1999.9.12））

小学五年生への語り部活動は提訴後に始まったが、実際に語り部に参加する患者は夏義団長・川上副団長以外には美代子さんら数名に過ぎず、それもほとんど同じメンバーであった。夏義さんの死後、恵さんは私でも役に立つならと付いて行き始めたが、最初は人前で話すことに慣れていなかったので、あがりっぱなしであったが、他の人の語りを聞いて、自分の話をすれば良いことに気付いてからは、持ち前の明るさで自由奔放に話すようになった。

最高裁後は美代子さんと二人だけで大学生や市民に話す機会も増えたが、その頃になると美代子さんにお姉さんの話より自分の話をもっとした方がよいのではと助言するまでになっていた。

恵　なんぼ関西訴訟なんやかんや言ったって、お父さんは別として、美代子さんほど熱心な患者さんいなかったよ。もういろんな面で一番貢献してたんやで。いろんなとこへ呼ばれて、いろんなとこで話してさ、しんどい体をして、あっちで喋り、こっちで喋り、それも自分の恥を晒して。そんなん言いたくないで、誰もな。それを行くたんびにお話してな。みんな聞く人は違うって言うけど、言う人は一緒やから。

第三章　上告審中に患者会分裂、美代子さん・恵さんら自主行動へ

国・県は責任を認めず上告、弁護団と支える会は上告取下げ署名へ

関西訴訟の高裁判決には上告し、ハンセン病の地裁判決には控訴断念した国

二〇〇一年四月二七日の高裁判決に対し、チッソは即日、後藤舜吉社長が受け入れを表明した。しかし、その際のコメントは同日夕刊の『朝日新聞』（大阪版）によると、「関西訴訟は九五年の『全面解決（政治解決）』の際、唯一取り残された訴訟だが、当時会社が選んだ早期解決と同じ考え方に立ち、上告をしないことにした」と政治和解を根拠にしていた。上告をしなかったことは良しとしても、高裁判決はメチル水銀中毒を認めた上で損害賠償を命じたのであるから、水俣病の認定を棚上げにした政治和解とは全く違うことを理解していなかったようである。

それに対し、一九六〇年一月以降の水質二法の不作為で行政責任を認められた国は上告断念を求める訴訟団の申し入れを蹴って上告期限の五月一一日になって上告した。

ところが、その直後の五月二三日、小泉純一郎首相はハンセン病訴訟の熊本地裁判決（五月一一日）を受け入れると表明し、その対応の違いが注目された。ハンセン病訴訟では患者に対する九〇年間（一九〇七～九六）にわたる国の強制隔離政策による被害者への国家賠償責任を初めて認めたものであった。国の政策の誤りによって生じた被害者に対する損害賠償という点では似ているが、ハンセン病訴訟では過去の政策の過ちに対する責任であるのに対し、水俣病関西訴訟は過去にとどまらず、現在

の国の政策にも通じていることが対応の違いの大きな理由であったと思われる。

しかし、関西訴訟の高裁判決は国が受け入れやすいようにと、国への様々な配慮が込められていた。第一に行政には除斥期間を認め、責任の開始時期を一九六〇年一月以降に限定した。さらに病像においては、「水俣病」ではなく「メチル水銀中毒症」の文言を用いている。その理由は、「水俣病患者」という言葉が、ややもすると「(救済法あるいは、公健法において)認定された水俣病患者」の意味で使用されるので、本件がメチル水銀中毒による被害についての不法行為に基づく損害賠償請求事件であることを意識してのことである」と、行政の認定とは異なることをわざわざ判決文で断わっている。

さらに損害賠償では、一審で認容された原告の中から、請求を棄却したり、賠償額を減額するなどして、損害賠償額の全額が一審から大きく変わらないようにした。これらは、行政責任に対する国・県への刺激を和らげ、判決を受け入れやすいようにするための「配慮」のように見えた。

しかし、国の上告の意志は固く、これらの配慮は上告を断念させるに至らなかったばかりか、その内容が最高裁判決にも引き継がれたので、最高裁後に多くの水俣病患者団体から要求された七七年判断条件に基づく認定基準を変えよという要求に対し、「判決で七七年判断条件が否定されたわけではない」として未だに変更しない理由に使われた。

そもそも高裁は病像論で従来の末梢神経障害説ではなく原告側が主張した大脳皮質障害説を認めたのであるから、認定基準の七七年判断条件自体が間違っていることを明確に書くべきであった。当時はまだ義務付け訴訟(行政庁に一定の処分又は裁決をするよう求める訴訟、二〇〇四年の行政事件訴訟法改正以後、可能になった）ができなかったのであるから、司法こそが率先して明確な判決を出し、行政に救済を促すことが求められていたはずであった。

とはいえ、関西訴訟が水俣病問題の政治和解に乗らず、唯一残った国賠訴訟の控訴審で初めて行政責任が認められたこと自体は画期的なことであった。高裁判決後の報告集会で弁護団や支援者の多くがこのことを高く評価し、国・県に上告断念の申し入れを決めたのは当然である。しかし、上京した訴訟団に対し川口順子環境相は「もし判決が（最高裁で）確定したら、判決に従います」と開き直った。直後に出たハンセン病の地裁判決に対する小泉首相談話とは真逆であったが、環境省は意に介さなかった。

支える会や支援の人たちは上告取り下げの署名運動に集中したが……

患者たちは国・県の上告後、しばらくは途方に暮れていたが、支える会や各地の支援の人たちは二〇〇一年七月から「水俣病上告取下げを求める全国ネットワーク」を結成し、国・県に上告取り下げを求める署名運動を始めた。裁判中の署名運動は裁判所に出すことが多いが、法廷審理がほとんどない上告審では最高裁に出すより行政宛の方がよいだろうということで、署名の宛先は内閣総理大臣・小泉純一郎、環境大臣・川口順子、熊本県知事・潮谷義子とされたが、実質的には環境省向けであった。その署名呼びかけ文の中で上告取り下げの趣旨説明には次のように書かれていた。

「環境省は上告理由を『一九九五年に行った政府解決（政治決着）が重いから』と弁明しています。しかし被告の加害企業チッソは『政府解決時と同様の精神に立ち、紛争の早期解決のために』と述べて上告を断念しました。さらに、政府解決を受諾した主要な患者団体もそれぞれに『関西訴訟の上告を断念せよ』との声を挙げているのです。関西訴訟提訴以来、亡くなった原告二一名、そして原告患者の平均年齢は七〇歳をこえています。原告が判決内容に不満を持ちつつも上告断念を表明したことの重さを考えて下さい。紛争状態を長引かせているのは、国と熊本県だけです。自らに誤りはないという『行政の無謬性』への開き直りは、すべての水俣病被害者の願いや全国の世論と正面から対立するものです。そして上告それ自体が新たな加害行為です。」

この署名運動で国が上告を取り下げるとはネットワークの人たちも思わなかったであろうが、署名運動を通して関西訴訟の意義を広く訴え、支援の輪を広げることが目的であったと思われる。

全国ネットワークの代表に就いた宮澤信雄さんは一審判決までＮＨＫの現役アナウンサーで、水俣告発や支える会の会員として関西訴訟にも深く関わり、弁護団のチューター的役割を果たしていた。

この署名運動に連動して、その署名用紙を持って東海道を日本橋から京都まで行脚するという奇抜な発想で実行し、署名運動を盛り上げた人もいた。京都出身で七七年から水俣に移住し、「反農薬水俣袋地区生産者連合」を立ち上げ、甘夏みかんの出荷などを行っていた大沢忠夫さんで、二〇〇二年三月に日本橋から歩き始め、署名を呼びかけながら二カ月余りかけて京都の三条大橋に到着した人である。

この署名運動を通して関西訴訟への支援の輪は関西だけでなく全国に、さらに団体や組織だけでなく、市民グループにも広がったことは事実で、二〇〇四年一〇月の最高裁判決までに四六万筆以上に達した。

しかし、この署名運動に原告患者たちが関わることはほとんどなかった。行脚などは身体の不調に苦しむ患者には無理だったし、各地の集会に出かけることもままならなかったということもあるが、上告はむしろ患者側からしたかったくらいという恵さんのような思いを抱いた患者もいたからである。

著者らが作っていた大阪市大自主講座も関西訴訟を支援するグループの一つであったから、この上告取り下げ署名にはもちろん賛同した。しかし、著者らは前著の『新・水俣まんだら』でも書いたように、恵さんから夏義さんが死の直前に一審で負けた患者たちに謝り続けていた様子を聞いていたので、二審で患者の救済がどうなったのかの方が気がかりであった。しかし、すでに書いたように二人の逆転棄却者と一三人の賠償金減額者、さらに一審二審とも棄却の六人を出し、とても喜べる結果ではなかった。上告取り下げ署名運動もさることながら、これを患者の人たちがどう受け止めているかの方が気がかりで、川上さんや美代子さん・恵さんなどの話に耳を傾けに行くことにした。

「夏義さんもゼニカネやないと言ったじゃないか」と責められて……

原告患者たちは環境省への上告断念の申し入れには同行したが、一方で多くの原告が損害賠償で棄却されたり、減額されたことに対しては戸惑いが広がっていた。恵さんは「こちらから上告したいくらい」とまで言ったが、裁判では高裁への控訴と最高裁への上告には大きな違いがあり、事実審理は一般に高裁までとされ、上告審は法律問題に関する審理を行い、最高裁は原則として原判決（高裁）で認定された事実に拘束されるとされていた。したがって、症状や損害の認定で上告してもやり直してもらうことはもはや至難の業であった。

しかし弁護団は逆転棄却や減額された原告に返還の仮執行が付いていないこととチッソが二審判決を受け入れて上告しなかったことを確認してから、「一審仮執行金の返還の件はチッソと話し合う」と恵さんに答えた。返還に仮執行が付いていないから今すぐ払わなくてもよいという解釈は正解と言えるが、当人たちにとってはいつ払えと言われるかもという不安にさいなまされたのも当然である。

後に恵さんはある原告代理人弁護士から「お父さんも、ゼニカネの問題やないと言ってたやないか」と、行政責任を認めさせる方が先決じゃなかったのかと嫌味を言われたそうである。多分、提訴前の記事（一九八二年一〇月二一日、『朝日新聞』）に、「金より良心問う」との見出しがあり、夏義さんが「ゼニカネやない」と言ったと書かれていることを指したのであろう。実際の記事は、それに続けて「チッソや行政がもう少し良心的やったら」とあり、申請しても認定されない苦しみを訴えているのだから、一審で認められた賠償金を減らされた上に利子を付けて返せとまで言われて、誰が「ゼニカネやない」からと納得するであろうか。恵さん曰く、「怒らない方がおかしい」。

勝訴原告と敗訴原告の助け合いが二審判決後に紛糾、患者の会分裂へ

勝訴原告と敗訴原告が出た時は助け合うという方針は一審中に決まっていた

一九九四年の第一審判決は確率的因果関係論という独特の方法で原告に対する損害賠償額を算出し、一三人に八五〇万円（弁護士費用五〇万円を含む。以下同じ）、一九人に六五〇万円、九人に四五〇万円、一人に三五〇万円を命じた。さらに損害賠償金には訴状送達の日から年五分の利子を付けて仮執行で支払うことを命じた。その結果、損害賠償の認容者総数は四二人に上ったが、棄却五人と除斥期間経過一二人の計一七人は損害賠償を認められなかった。

ところで、水俣病のような公害事件で、特有の症状を有し、相応の被害を受けた人々が、集団で損害賠償を求める訴訟では、一般に一律の損害賠償を求めることが多い。関西訴訟でも、生存者には一律三〇〇〇万円、死亡者及び寝たきりの要介護者には一律五〇〇〇万円の損害賠償を求めて提訴した。しかし、一般に判決では、被害の程度を考察して損害賠償額に差を付け、また一定の症状や被害以下の場合は損害賠償自体を棄却することもある。そのため、このような集団訴訟を起こす場合には、そういう時に備え、勝訴者と敗訴者の間で助け合い（相互扶助）を行うか否かを決めておく必要がある。

関西訴訟では、一審の提訴（一九八二年一〇月）時にはまだ原告団の規則も整っていなかったくらいだったので、何も決まっていなかったが、夏義さんから見せてもらった一九八七年九月施行の原告団

規則には、「相互扶助等拠出金」が定められており、以下の目的で拠出するとされていた。なお、この時点での原告数は第五陣までで五〇人であった。

（一）敗訴した原告への扶助、（二）医師団お礼、（三）支える会お礼、（四）原告団役員慰労

これにより、第一に賠償金ゼロとなった原告に対し相互扶助を行うことが決められていたことが分かる。もちろん、起草したのは夏義さんである。ただし、四つの使途のそれぞれをどのくらいにするかは判決日が決まってから、「原告団役員で構成する分配委員会に委ね、医師団代表及び支える会代表を立会人に加える」とされていた。

そして、一審判決日が決まった一九九四年になって弁護団の方からこの相互扶助の具体化に向けて動きが始まった。このことは夏義さんから生前に見せてもらった弁護団通信の報告から分かったことだが、九四年五月二四日に松本法律事務所で「川上敏行らに説明する」と書かれている。「川上敏行らに」と書かれているのは、夏義さんの体調がこの頃には極めて悪くなり、阪南中央病院に入院したままだったからである。

その弁護団通信によると、「原告団相互扶助についての弁護団の指導内容」と題され、「認容額（実費控除後）の五％。控訴印紙代及び原告団会費相当額（約二五万円）を扶助の対象とする。」とあった。

さらに六月三日の通信には「報酬・謝礼について」と題し、「・実費を除いた全体の一五％を弁護士の報酬とする。・実費を除いた全体の五％を、控訴用印紙代、相互扶助ならびに医師団等への謝礼等

にあてることにつき、原告団で検討していただくよう依頼している」となっていた。

この後、夏義さんの手元にあった最後の弁護団通信には、六月一二日の原告団会議の報告として、「五％拠出金の件。決定」とあり、相互扶助については決定されたことが分かるが、続けて、「敗訴者に対する援助については結論出ず、判決後一週間後に追って議論予定」という記載があり、五％拠出金だけでは足らないことが窺える。なお、弁護士費用は判決では五〇万円一律となっていたが、弁護団と原告団の話し合いで実費を除いた一五％となった。したがって、勝訴者は全員、弁護士費用と相互扶助でまずは一律二〇％を供出することが決まったようだ。

一審判決後に決めた敗訴者への一時金等の費用捻出法——相互扶助金とカンパ

この後の原告団会議でどのように決まったのかは夏義さんが倒れたので知る由もない。控訴審から夏義さんと愛子さんの遺族原告になった恵さんによれば、詳しいことは覚えていないが、岩本家では相互扶助以外にカンパも出したという。

判決の後、大分経ってから、賠償金の分配方法が決まったので原告団会議に来るように言われて、恵さんは長兄と一緒に行ったそうである。その時、恵さんによれば、夏義さんと愛子さんの承継人六人は両親の賠償金の六分の一ずつの中から弁護士費用と相互扶助金の計二〇％を引いた以外に、愛子さんが原告団の活動にほとんど参加していなかったからとカンパを要請されたという。皆の話では原告団の活動にほとんど又はあまり参加していなかった人には「罰金」のつもりで出してもらおうということになったそうだ。それを聞いて、長兄は「ちょっとおかしいんじゃない」と言い出したと言う。

恵さんの長兄　なんで？　お父さんはお母さんの分までやってるやない。お母さんもみんなが家に来たら、お菓子出さなあかん、ご飯も出さなあかんって、いっぱいしてたやろ。

長兄はそう言い出したそうだが、恵さんが「もうええやん」って言って止めたら、長兄も「そうやな」っていうことで収めたそうだ。

恵さんは後日、川上さんから「うちの嫁も出すことになったんやで。俺がこんなに動いてんのに、嫁の分まで取るとは……。俺は二人分も三人分も動いてるのにと言ったんやけど、『みんな、悔しい思いしてるんやから』ということで、わしも飲んだんやで」と言われたそうだ。

勝訴原告からどういう割合でカンパを集めたかの詳細は分からないが、その後、控訴審になってから原告団会計を務めた恵さんによると、敗訴者への一時金や支える会への謝礼を払った後だったが、それでも一千万円を下らなかったというから、カンパで集めた金額は相当な額に上ったようである。

でも、このカンパのおかげで、原告団の会計は一気に一審中の火の車から脱却し、原告一人一人が払う月々の会費も控訴審になってから免除となったし、原告の親睦旅行費用や以後の役員手当等も出すことができるようになったそうだ。

二審判決後は新たな勝訴者へのカンパ要請で紛糾、支える会が一審での謝礼を突き返す？

すでに書いた通り、二審ではチッソの除斥解除で認容された九人と二審で新たに認容された二人の計一一人が新たに賠償金を得た。そこで、控訴審から団長を引き継いだ川上さんらは一審後の前例に倣い、二審で賠償金を新たにもらった人たちにも相互扶助金とカンパを要請した。ところが、何人かの当事者がカンパに強く反発し、拒否したので、原告団会議は紛糾を重ねることになった。

反発した人たちの言い分は、自分らは一審で蹴られて大変な思いをした末にやっともらえたんやからということであったが、一審でもらった賠償金の中からカンパを出した人たちは納得しなかった。恵さんは語る。

恵　一審で勝った人たちも、一二年という長い年月を、毎月、原告団の会費を払いながら、大変な思いをして闘ってきて、その結果、やっと一審で賠償金をもらえたのよ。それでも、負けた人らのためにと相互扶助の五％を出した上に、カンパまで出したんよ。あなた方はそのカンパで控訴審をやってこれたんだから、もらった賠償金から同じようにカンパすべきやないのと言ったんや。

ところが、これに対し、意外にも弁護団と支える会から、「この人たちは一審で蹴られた可哀そうな人たちやで。それがやっともらえたんやから」とかばいたて、「その人らに罰金まがいのカンパを強制するなんて患者がすることか」とまで反発されたと言う。

しかし、支える会は、一審後に原告団から支える会に渡した謝礼もその時のカンパで集めた中からだよと言われた途端、急に態度がおかしくなったという。「えっ、知らんかったの?」と恵さんらの方が驚いたらしい。支える会が事務所の家賃を滞納していて大変らしいとも聞いていたので、支える会への謝礼をそれに見合う額にしてカンパから出したそうだが、支える会にはそれがカンパからだったとは初耳だったらしい。

その次の患者の会(裁判が始まってからは患者の会=原告団会議)は二〇〇二年一月一三日に行われたが、二審で賠償金を得た人たちからは、年末に相談したカンパ案を再び拒否された。

さらに、支える会からはカンパは強制するべきではないとして二審勝訴者に対するカンパ徴収に反対を表明するとともに、一審後に原告団からもらった謝礼がそういう汚いカンパからだったことがわかったのでと、謝礼金を入れた通帳を突き返した。多分、「汚い」というのは「罰金」という患者たちの言い方が気に障ったからであろうが、原告団の活動への寄与が少なかった人へのカンパ要請という意味では非常識な話ではなかった。一審後のこのカンパ案を決めた川上団長は、支える会からの「汚い金」呼ばわりに激怒し、通帳を受け取らなかっただけでなく、席を立って帰ってしまった。その後、患者の会は収拾がつかなくなり、その日は自然解散となった。

その夕方、支える会は川上さんの家に謝りに行ったらしいが、川上さんは「患者の会も会長も辞める。もう支える会とは縁を切る」と追い返したと言う。

その一週間後の一月二〇日、カンパの拒否に怒った患者らが連絡を取り合って芦原橋の部落解放センターに集まり、これからのことについて相談した。その結果、もうこれ以上、カンパを拒否した患者やその肩を持つ支える会とは一緒にやれないから、自分たちだけで「新しい会」を作り、自分たちでやれる範囲でやっていこうということになった。会長は患者の会の会長だった川上さんにお願いし、これまで通りの役員で続けることになった。また、新しい会の名前は次回に決めることにした。

その後、支える会は川上さんの怒りが解けなかったので、恵さんと美代子さん宅にも来たようだが、不在だったのでメモを置いて帰ったそうだ。後で恵さんに電話もあったが、川上さんが許さない限り会うのは無理と答えた。しかし、少しは情にほだされたのか、時間はかかると思うけど川上さんの様子を見て私たちからも頼んであげると言ったそうだが、それ以後、支える会からの音沙汰はなかったそうだ。

この事件のすぐ後の一月三一日は、何と私たちの前著『新・水俣まんだら』の出版記念パーティーの日であった。もちろん、支援の団体や市民や学生らはたくさん出席してくれたし、恵さんや美代子さんを始め関西訴訟の患者たちも結構参加してくれたが、川上さんは体調不良とのことで欠席だった。また、、弁護団や支える会からの出席も少なかった。直前の原告団会議でカンパを巡って原告団が分裂状態になっていたからであろうが、参加者の中でそのことを知っている人は訴訟団（弁護団・原告・支える会）以外には美代子さんや恵さんから話を聞いていた私たち以外にはまだほとんどいなかった。

患者の意思で動きたいと「友の会」結成、しかし三カ月で川上さんが……

「患者の会」を退会して、「関西水俣友の会」を結成する

患者の会でカンパ案を蹴られた川上さんや美代子さん・恵さんらに同調する患者たちは、これまでの患者の会例会には行かず、小笹家（夏義さんが亡くなる直前、小笹恵三・恵夫妻が同居し、死後は小笹家として後を継いだ）に集まり、新しい会の集まりを開いていた。

二月一七日の会では、新しい会の名称を「関西水俣友の会」と決め、会長は川上敏行さんにお願いすることになった。また、これまでの主な支援団体や支援者の人たちへはこの間のいきさつと「友の会」結成のご挨拶を送ること、支える会（患者の会事務局）には「患者の会」の退会届を送ることを決めた。

「友の会」結成のご挨拶文は恵さんを中心に四苦八苦して相談しながらファックスで送られた。

日頃　お世話になっている皆様へ

水俣病関西訴訟の支援をはじめ、日頃から何かにつけてお世話になりながら、高裁判決以来きちんとしたご挨拶もできず申し訳ありません。

その上、突然ですが、この度（やむをえない）事情（患者内及び支える会との内部対立）により、私たちは新しい会を結成することになりました。

今後は、この会で患者自身が中心となって最高裁の裁判及び水俣病を伝える運動を続けていきたいと思います。

これまでより非力になるかと思いますが、今後も川上会長のもと、患者の思いを後世に伝えるべく、私たちなりに頑張りたいと思いますので、皆様方の変わらぬご支援とお付き合いの程、お願いするしだいです。

二〇〇二年二月一七日　関西水俣友の会　会長　川上敏行、他二一名（連名）

尚、本会には事務局はおきませんので、会への連絡や要請等は直接左記にお願いします。

会の連絡先　小笹恵（電話番号、住所）

さらに、支える会には「関西水俣病患者の会退会届」と題して、二二名（生存原告二一名・遺族一名）連名の脱退届を送った。この時点での全生存原告は三七名であったから、いかに多くの原告が同調したかがわかる。

この翌日、川上さん・美代子さん・恵さんの三人は、松本弁護団長ら三人の弁護士と話し合ったが、物別れに終わった。そこで川上さんがもう弁護士も要らんとまで言いかけたので、二人であわてて止めたと言う。美代子さんと恵さんによれば、「友の会」はこれまでの「患者の会」内部での対立が原因で独立しただけで、関西訴訟の原告団から降りたわけではなく、関西訴訟は最後まで続けていくのだから、弁護団を解任するような話ではないことを川上さんにも弁護団にも念を押したとのことであっ

2002.3.31.「関西水俣友の会」結成後のお花見会（大阪城公園）。前列背高の男性が川上さん、その右が美代子さん、その右後ろが恵さん

た。

このことに関連して、支える会が「友の会」に名を連ねた人たちに「そっちに行ったら、もう弁護士も付かないぞ」と脅したという報告が恵さんの耳に入ってると話すと、さすがに弁護団も「なんということを……」と怒っていたらしいが、「友の会」が出来たことについては「マスコミにでも知られたらどうする」とあくまで反対し、その後も元の「患者の会」に戻るようにという説得はやめなかった。

楽しかったお花見会から一カ月半後に川上さんが抜けた

それでも「友の会」に集まった患者たちの結束は揺るがず、友の会の会員交流と団結を図るため大阪城公園へお花見会に行こうということになり、著者らも誘われて参加した。三月三一日当日参加した患者は一五人だったが、体調や所用で外出が叶わなかった患者も少なくなかったので、裁判の時以外にこれだけ患者が集まったのは珍しかった。男の人に比べて、女性の参加者が多くなお、このお花見の会で川上さんが弁護士から五月一二日に高裁判決一周年の訴訟団会議をやりたいので出席をと要請があったとの報告があった。訴訟団会議なら行かねばならないねということになったが、実はその日が「友の会」暗転の日になるとは誰も想像しなかった。

このお花見会の後は、友の会としてどのような活動をするかという話し合いをする予定だったが、連日のように弁護団や阪南中央病院医師団の方から「元の患者の会に戻れ」という個別患者への働きかけが強まり、それどころではなかった。そして五月一二日の訴訟団会議の日になったが、話は何も進まず、「患者の会に戻れ」の一点張りであったという。裁判に関しては上告関係の書類を出し終えたという報告だけで、何も新情報はなかったという。

訴訟団会議の後は懇親会となっていたが、友の会からは川上さんと他に二人の男の人だけしか行かなかった。しかし、その翌日になっても川上さんから何の連絡もないので、二日後に恵さんから川上さんに懇親会の様子を聞くために電話をしたところ、なんと寿司屋での懇親会で阪南中央病院の三浦医師の説得に応じて「元に戻る（患者の会に戻って原告団長を続ける）」ということになったと言う。

驚いた恵さんがすぐに美代子さんに電話で報告すると、それを聞いた美代子さんが直接川上さんに電話し、怒ったところ、自分は友の会を裏切ったから、友の会の会長も原告団長も降りるとのことで、それを次の友の会例会で自分で言うとのことだった。美代子さんも恵さんも寝耳に水の出来事で驚くやら嘆くやらで大変だったらしいが、気を取り直して、翌週一九日の「友の会」で相談することにな

った、

川上さんは約束通り、例会で友の会に詫びを入れ、責任を取って友の会の会長も原告団長も辞めると申し出た。これを受けて、章さんと恵さんも副団長と会計を辞任することになり、原告団の三役全員が辞任することになった。そして、それらの結果を弁護団事務局にファックスで送った。

①一二日に川上さんが原告団長として発言したことや約束したことを、「友の会」としては了承できません。
②川上さんは一二日の言動に関する一切の責任を取るため、原告団長を辞任されました。
③岩本章副団長と小笹恵団会計も連帯責任を取り、辞任します。
④友の会は今後もこれまで通りつづけます。

二〇〇二年五月二〇日　　「関西水俣友の会」

これらの結果は川上さんもすぐに弁護団に連絡したようで、弁護団からは二三日に松本弁護士事務所に来るようにと言い渡されたらしい。

そこで二三日に川上さんと章さん・美代子さん・恵さんの四人で行ったそうだが、弁護士も五人くらい居たらしい。しかし、美代子さんと恵さんが何を言っても通じなかったそうで、これを境に上告審中の患者活動は弁護団お抱えの「患者の会」と自主的に動く「友の会」に分かれて行われることになった。

なお、一九日の「友の会」では、原告団の三役は辞任するとのことであったが、弁護団が認めなかったので川上さんは対外的には原告団長のままであった。章さんは川上さんから一緒にやってくれと頼まれたので、両方の会を掛け持ち状態であったが、恵さんと美代子さんは「患者の会」や弁護団お抱えの原告団会議には一切出なかった。

この後、「友の会」では新役員として、美代子さんを会長に、川元文子さんと他一人を副会長に、恵さんを会計兼連絡先に選出した。

その後、九月一七日付で弁護士事務所から恵さんに送られてきた「九・一五原告団会議の報告」によれば、「川上団長から役員は従来どおりで行く旨あらためて表明。事務局とも和解したと発言」とあった。

さらに、カンパ問題と題して、「弁護団　カンパ案を作成、関係者と調整中。Iさん　する気がない。川上　もう集めなくてよい」とあり、カンパ集めが打ち切られたことがわかった。

もちろん、裁判の方は「友の会」も弁護団を変えていないので、必要に応じて相談しながらということだが、最高裁では一審や二審と違って事実調べもないので、患者がやるべきことはほとんどなかった。したがって、この後も夏義さん宅での「友の会」例会には毎回一〇人以上もの患者が集まり、さながら患者交流会のようであったという。

突然起こった県からの「検診拒否者」扱いで、「友の会」が公式に登場

受診命令に条件付き回答を出したら検診拒否者にされて……

ところが、この後、一一月一日付で、突然、熊本県から美代子さんに「受診命令」なるものが届いた。

この背景には、県が検診未了などで認定審査が滞っている「処分困難者」の解消に着手したことにあるが、その中では関西訴訟の原告が多かったからであろう。

受　診　命　令

あなたは、公害健康被害の補償等に関する法律に基づく認定に関し必要があると認められますので、同法第一三七条の規定により、次のとおり知事が指定する医師による診断を受けることを命じます。

平成一四（二〇〇二）年一一月一日熊本県知事　潮谷義子

一　知事が指定する医師(1)国立大阪病院の神経内科担当医師 (2)国立大阪病院の眼科担当医師
二　場所　国立大阪病院
三　診断を受けるべき期間　平成一四年一一月一八日から平成一四年一二月二日の間

これに対し、美代子さんは担当弁護士と相談して「受診する。ただし、別紙条件による」とし、「受診の日時・場所において、阪南中央病院の医師およびチッソ水俣病関西訴訟原告弁護団所属の弁護士各一名の立会を条件とします。」との別紙を付けて一一月七日付で回答した。

ところが、県はこれを「検診拒否者」と判定したことが一月二二日の熊本日日新聞で報じられた。

四人を「検診拒否者」に　水俣病認定申請で県（熊本日日新聞、二〇〇三年一月二二日）

水俣病の認定申請で県は二一日までに、県が求める検診に応じなかったとして申請者四人を「検診拒否者」と確定、二四日に開く認定審査会の審査対象とすることを決めた。生存者が検診未了のまま、審査対象となるのは異例。

四人はいずれも、最高裁で係争中の水俣病関西訴訟の原告。（中略）県は二一日までに同訴訟団に対し、「命令や勧告は、訪問、電話などで説得したにもかかわらず、検診を拒否されたため」と回答。「検診拒否者」には、治療費の一部を助成する「治療研究事業」の対象から除外することを知らせた。

（以下略）

この記事にある通り、美代子さんら四人に二〇〇三年一月一四日付で熊本県環境生活部水俣病対策課長から「水俣病認定申請者治療研究事業の対象の除外について（通知）」が送られ、「つきましては、平成一五（二〇〇三）年一月三一日をもってあなたがお持ちの医療手帳は失効しますので、同要項第四条の規定により当県宛て医療手帳を返還していただきますようお願いします」と付記されていた。「友の会」ではすぐにこれに対する抗議文を一月二四日付で県知事宛に送ったが、そのことで初めて一月二八日の熊日紙面に「関西水俣友の会」が登場することになる。

すでに書いた通り、「友の会」は前年の二〇〇二年二月一七日に結成されていたが、周りの人たち、特に支援の人たちへの影響を懸念して、親しい人たちや団体にしか結成のご挨拶は送っていなかった。さらに五月二〇日には川上さんが抜けたということもあり、しばらく静かにしていたが、一一月一日付で県から美代子さんに「受診命令」が送られてきたのを境に、県に抗議文を送ったのが「友の会」としての初めての公式活動であった。

そして、その検診命令問題は検診拒否者扱いの問題へと発展し、「友の会」の存在が報道を通して一般にも知られることになった。そのきっかけになった最初の記事が次の記事である。

「検診拒否者」扱いに抗議　水俣病関西訴訟原告（熊日、二〇〇三年一月二八日）

最高裁で係争中の水俣病関西訴訟の原告でつくる「関西水俣友の会」は二七日までに、水俣病の認定申請で、県が原告四人を「検診拒否者」としたことに対して、撤回を求める抗議文書を潮谷義子知事に送った。

文書は「主治医の診断を尊重するとした国会の付帯決議（一九七三年九月の参議院委員会での公健法についての付帯決議のこと）に基づき、詳細な診断書を提出して水俣病かどうかの判断を求めてきた。単純に検診を拒否しているわけではない」として、あらためて主治医の診断書を認定審査の資料にするよう要求。その上で、検診を受ける場合、「主治医と弁護士の立ち会いを認めること」を求めている。

会長の坂本美代子さん（六七）＝大阪市＝は「検診拒否者と決め付けた県の対応は一方的。受診しないとは言っていない。県の検診医が水俣病を分かっているのか疑問で、主治医の立ち会いを求めたい」と話している。

これに対して、県水俣病対策課は「訴訟で争っている相手であり、現時点では立ち会いは認められない」としている。

この件を契機に「友の会」公式登場、「とものかいニュース」も発行

この記事を受けて、美代子さんや恵さんらは「友の会」の今後のことを考えて、存在を隠すのではなく、正々堂々と名乗ることで、自分たちの思いを知ってもらいたいと決意した。実は、その少し前から、自分たちの活動や思いを外に伝えるために何かしなければと考えていたところでもあった。そこで、その頃普及し始めていたインターネットでのニュース発信をしようということになり、そのためのテクニカルなサポートを『水俣まんだら』の聞き書き以来親しくなっていた山中が引き受けた。しかし、内容はすべて会長の美代子さんが采配したことは言うまでもない。木野も「水俣まんだら」以来、夏義さんの思いを引き継ぐ恵さんや美代子さんに寄り添う決心を固めていたが、「友の会」の方針を決めるのはあくまで患者であるという一線は固く守った。

左記がそのインターネットによる「とものかいニュース」の初報である。

「とものかいニュース」（二〇〇三年一月二八日）

関西の水俣病患者の問題に関心を寄せていただいている方々へ

二〇〇三年一月二八日の熊本日日新聞に別紙の記事（前掲）が出ましたが、「関西水俣友の会」というのをよくご存知ない方も多いかと思いますので、この機会にご挨拶方々、報告をさせていただきます。

私たちは記事にありますように水俣病関西訴訟の原告です。関西訴訟は大阪高裁で行政責任を認める判決が出ましたが、私たちの再三にわたる要請にもかかわらず、国・熊本県が上告したため、最高裁でまだ裁判が続いています。

一方、高裁判決はあろうことか、全額返還の二名を含む総額六千万円にも上る損害賠償の減額分とその利子をチッソへ返還するよう命じたため、とてもこれには従えないと私たちの方からも上告しています。

私たちは関西訴訟に心を寄せて下さる人たちに、関西訴訟はもともと患者が泣き寝入りしないために裁判を始めたことを忘れないでほしいと願っています。

私たちは患者同士が寄り合い、話し合い、助け合うために作った関西患者の会の初心に立ち返り、一年前に「関西水俣友の会」を作りました。その後、これまでのいきさつもあり、表立った活動は控えてきましたが、患者の声がいつまでも皆様に伝わっていないことに気がつき、今年からは私たちも患者としての声をあげていこうと決心し、役員も新たに選び直しました。

その直後に起こった今回の「検診拒否者」問題は、本会の会員にも関わることですので、熊本日日新聞の記事をもとに急遽、熊本県知事へ抗議文を送ったしだいです。受診命令を受けたのは坂本美代子と川元文子・荒木多賀雄の三名でしたが、その後、当会から「検診拒否者」とされたのは坂本美代子と川元文子であることが判明しました。しかし、川元文子は昨秋から手術で病院を転々としており、県職員が訪ねてきたようですが実際に面談したこともなく、説得をしたとはどんな口でも言えるはずがありません。

今日の熊本日日新聞の記事では「訴訟で争っている相手であり、現時点では（主治医の）立ち会いは認められない」と言ってるそうですが、それなら訴訟中の原告全員について認定審査自体を一旦停止すべきで、「検診拒否者」と確定した上で審査対象にするなどもってのほかではないでしょうか。

この件では、再度、知事に抗議文を送りました。

私たちは今後も患者としての声をあげるとともに、私たちの経験をできるだけ多くの人たちに伝えたいと思っています。患者の話を聞きたいというお申し出にはできる限り協力したいと思っておりますので、その節は遠慮なくご相談下さい。

二〇〇三年一月二八日　関西水俣友の会

会長：坂本美代子　　副会長：川元文子　　会計：小笹恵

なお、もう一方の「患者の会」からも川上さん夫婦の二名が検診拒否者とされたため、原告団と弁護団は県に交渉を求めていた。県は当初、最高裁に上告中なのでと応じなかったが、マスコミが報道を続けたためか、三月二〇日になって交渉に応じた。この交渉には検診拒否者とされた川上さんと「友の会」会員で受診命令を受けていた荒木さんも参加していたが、受診命令は取り消されなかった。

この後、検診拒否者と決めつけられた四人は認定審査会にかけられたが、抗議運動もあったからか、三月三日付で保留処分となり、棄却だけは免れた。

「友の会」に送られてきた奇妙なファックス事件

「友の会」結成を知った支援の人々から届いた驚きと戸惑いの声

一年前の二〇〇二年二月に「日頃お世話になっている皆様へ」と題して送った「友の会」結成のご挨拶の時は親しい団体や支援者のごく限られた範囲内であった。それでも、突然の連絡だったので驚きと戸惑いの声は当然のことながら寄せられた。しかし、患者の中での出来事なので見守るしかないとの受け止めが一般的であった。

なかでも、支える会の会員でもあり、関西訴訟の原告側立証準備に尽力し、高裁判決後に「上告取下げを求める全国ネットワーク」の代表でもあった宮澤信雄さんからは、次のような返信があった。

一次訴訟以前から患者さんたちに付き合ってきた者には、対立や分裂はつきものだったと言えますが、たたかいを担っているのがほんの一握りの小さい仲間になった今、その中で対立が生じたのは、何とも残念なことです。しかし、当事者同士でないとわからない事情というものがあるのでしょう。「苦しい胸の内」というお言葉が胸にこたえます。

いずれにしましても、私たち支援者は、たたかいが続くかぎり、支え続け、付き合い続けることに変わりないことを、申し上げておきます。（以下略）

もちろん、署名運動が佳境に入っている中、「友の会」が関われないことについては残念な思いでいっぱいだったはずだが、「どうぞお身体を大切に、それが第一です。そして『友の会』の皆様に、支援の気持ちと、仲間としてのお付き合いは変わらないことを、どうぞよろしくお伝えください」と、署名運動への影響を懸念しつつも患者を支える気持ちに変化はないと結んでおられたので、恵さんや美代子さんらもほとんどの支援者は同じ思いなのだろうと理解していたようだ。

宮澤さんが書いているように、水俣病患者が救済と責任を求めて訴えてきた過程で、患者と支援者との間で対立や分裂が生じた例は少なくない。多分最も多くそういう場を体験してきたのは、政治和解の最中でも関西訴訟を支援してきた「チッソ水俣病患者連盟」の川本輝夫さんではないかと思うが、残念ながら控訴審の最中（一九九九年）に亡くなられていたので、意見を聞くことは叶わなかった。

「患者の会」が分裂して「友の会」が出来たことは、その後、次第に支援者の間にも広がっていくが、いきさつを知らない支援者にとっては戸惑うほかなかったのは当然である。それでも大方の支援者は、「いろいろな事情があったのでしょうが、これからもよろしく」との受け止め方が普通で、相思社の弘津敏男さんや新潟の旗野秀人さんのように患者へのねぎらいの言葉を送ってくれる人もいた。

受診命令事件で「友の会」が公けになった途端に届いた奇妙なファックス

ところが、県の受診命令事件で「関西水俣友の会」の活動が『熊本日日新聞』で報じられるようになった後、二〇〇三年四月一一日付で、突然、ある支援団体のX氏から恵さんに長文（二八〇〇字）のファックスが飛び込んできた。

冒頭に「昨年二月、当会宛に一枚のFAXをいただきました。（中略）いただいた文面のみで、この間の経過・争点の把握やホームページ上の疑問点につき、理解に務めることも、他からの問合わせに回答することも不可能ですので、以下に私の思うところ、疑問点を記し、問合せとさせて下さい」とあった。

団体名が冒頭に書かれていたので、恵さんもギョッとしたようだが、その後に個人名が書かれていたし、内容からも公式に答える筋ではないものばかりなので、とりあえず無視しておこうということになった。書かれていた問い合わせの内容はまるで左翼チックな敵相手に出すような書き方だったので、恵さんはビクビクしていたそうだが、その後、その団体からもX氏からも二便は来なかったので、幸いにも大げさな騒動にはならなかった。しかし、患者や被害者や普通の支援者に対するいわゆる活動家の人たちの思い上がりの姿勢が顕著に出た出来事であった。

X氏はまず結成のご挨拶に関して、「チッソ・県・国に対し提起の論点において貴会と訴訟団（原告団）との間にどのような獲得目標の相違が存在するのでしょうか」と問い、「『友の会』として従来と異なる方針の提起をされたのであれば当会・支援者として看過できませんのでお伝え下さい」と、問い合わせというよりもまるで詰問状であった。さらに、「『原告団からの退会』に伴う法的問題点」と題して、退会や訴訟取下げの手続きや弁護士解雇などの金銭面の清算はどうしたのかとまで問うていた。

しかし、前年のご挨拶では「やむを得ない事情（原告内部及び支える会との対立）により」としか書かれておらず、「訴訟団（原告団）との間に」とは書かれていない。そもそも「友の会」は「患者の会」から独立しただけで、関西訴訟に関しては原告のメンバーであることに変わりがない。そのことは弁護団や支える会に聞けばすぐわかることであった。

なお、ファックスには他にも、「友の会」の規約を見せろとか、原告団会計の恵さんが今でも通帳と印鑑を持っているのは横領のそしりを免れないとか、ホームページの作成者の氏名を教えろとか、他団体に向かって失礼なことを散々並べた末に、「不明と理解不可能な点が多々で、現況で貴会を団体として認知することは不可能です」と締め括っていた。団体と認めない人から団体に問い合わせとは何とも理解できない出来事だったので、返事は出さなかったが、その後、何の連絡もなかったという。

なお、後日、この団体の代表の人と恵さんたちが顔を合わす機会は何回もあったが、この件の話が出たことはなかったとのことで、ファックスは団体の中で議論された結果ではなくX氏の個人プレイだったように思われる。患者と支援者の関係では、支援者にとって気に入らなければ支援をやめればすむはずなのに、一時的だったとはいえ、心無い「活動家」の糾弾的な行動が「友の会」を委縮させたことは事実である。しかし、美代子さんも恵さんもそんなことで友の会の活動をやめる気は全くなかった。

最高裁で弁論再開、美代子さんも意見陳述

川上さんが抜けたが、「友の会」はますます元気に……

ともあれ、二〇〇三年一月二八日の熊日記事以降、「友の会」は県からの検診命令や検診拒否者扱いへの抗議を契機として公式に活動を開始した。

検診問題以外の最初の活動は学校への語り部であった。この活動は提訴以来「支える会」が企画し、夏義さんや川上さんや美代子さんらが中心になって続けてきたものであるが、「友の会」ができると美代子さんと恵さんに依頼が続くようになった。その最初は二月七日の甲南女子高一年生の「探求」

という授業で、美代子さんと恵さんが呼ばれ、「友の会」として初の語り部を行った。この後、授業を受けた高校生たちは水俣現地も訪れた。

この甲南女子高へは何回も呼ばれたが、その度に美代子さんは感覚障害を分かってもらうためにノギスやバーベキューの金串で腕を少々刺しても痛くない様子や、熱いお茶のコップを平気で持ち上げて見せたりの実演をして、生徒たちを驚かせるようにもなった。その後、二人の学校での語り部活動は小学校から大学まで広がっていった。

「友の会」の会長になった美代子さん（2003.4.6、大泉緑地でのお花見会にて）

ところで、「友の会」が出来た一年目には大阪城公園で楽しいお花見会を楽しんだが、それからわずか二カ月後に川上さんが抜けるという大騒動があったため、お花見会はどうなるかなと思っていたが、二〇〇三年四月六日、今度は小笹家に近い堺市の大泉緑地で開かれた。参加者がどのくらいか心配したが、体調不良の人以外は八二歳の荒木さんを始めみんな集まり、美代子さんは孫を連れ、恵さんの夫の恵三さんはバーベキューのお世話係と、前年以上に賑やかであった。

なお、荒木さんは先にも書いたように、これに先立つ三月二〇日に川上さんや大野康平副弁護団長らと一緒に受診命令に抗議して主治医の立ち会いを求める県交渉に参加してきていた。主治医の立ち会いについてはらちが明かなかったが、前年末に県職員が荒木さんの住んでる長屋の玄関からではなく裏口から入ってきて場所が分からず帰ってしまったことについて怒ったら謝ってくれたと、素直にお花見会では喜んでいた。患者が自ら動くことで得られる達成感を実感した瞬間であった。

飛び込んできた最高裁で弁論再開と原告側附帯上告棄却のニュース

二〇〇三年は検診問題で右往左往した年であったが、二〇〇四年になると突然、「最高裁で弁論再開へ」のニュースが飛び込んできて慌ただしくなる。それは三年目の「友の会」お花見会をやる予定だった四月四日の直前の三月二六日に飛び込んできた時事通信速報であった。翌日の共同通信はニュース速報で次のように伝えていた。

◎水俣病関西訴訟で弁論へ＝二審判決見直しか－最高裁（二〇〇四年三月二七日共同通信）

熊本・鹿児島両県から関西に移り住んだ水俣病の未認定患者と遺族が、国と熊本県、チッソを相手に損害賠償を求めた「水俣病関西訴訟」で、最高裁第二小法廷（北川弘治裁判長）が、双方の主張を聞く弁論を七月に開く方向で調整していることが二六日、分かった。

最高裁が弁論を開く場合、二審の結論が変更されることが多い。関西訴訟で大阪高裁は、行政の責任を認めて賠償を命じ、国と県が上告。患者側も判決の一部を不服として上告しており、最高裁が判決を見直す可能性が出てきた。

最高裁で原告の出番があるのは珍しいが、吉と出るか凶と出るかは不明で、にわかに慌ただしい状況となり、お花見会どころではなくなった。しかも、このニュースのすぐ後の三月三一日には、二審で逆転棄却された二人と減額された六人の原告患者から出されていた附帯上告が受理されなかったというニュースも飛び込んできた。懸念していた通り、個別患者の事実認定については上告の対象にならないとの杓子定規な対応であった。

最高裁での口頭弁論は七月五日に開かれたが……

最高裁での口頭弁論は予定通り二〇〇四年七月五日に開かれ、恵さんと山中も同行した。

最初は被告の国・県側の弁論で、「高裁判決は、昭和三五（一九六〇）年以降についてのみ行政責任を認めている。にもかかわらず、それ以前に水俣を離れている原告についても国と熊本県が賠償せよというのはおかしい」と主張したそうだが、実はこれが後日の最高裁判決で高裁判決を一部棄却する伏線であり、今回の最終弁論を開く理由でもあった。

次いで、国・県側からは水質二法の不作為や水俣病の判断基準についての異議が述べられ、原告側からは行政の不作為の開始時期はもっと早いことと損害賠償の責任割合は低すぎることなどを書面で提出し、概要を口頭で述べるとともに、原告二人からの意見陳述を行ったが、これらは後の判決ではすべて棄却されることになる。

そのうち、原告側からの意見陳述では、川上さんが最初に立ったが、予定では七、八分だったのに大幅にオーバーして約三〇分もかかり、おかげで後の代理人弁護士たちの陳述が大慌てだったらしい。

患者の二番手が美代子さんで、原稿を用意し、「川上さんのように、前置きはしません」と始めたものの、姉の清子さんの話のところで涙があふれ出し、ハンカチで涙をぬぐっているうちに、どこまで話したか分からなくなったという。急遽、原稿は見ずに、いつもの「語り部」に戻って話を続けたものの、ふと時計を見ると一〇分以上経っていた。あわててエンディングに入り、「亡くなった人の墓に線香を持ってまわってほしい」というセリフで締めたが、それを傍聴席で聞いていた恵さんは感極まって落涙したそうだ。

最高裁口頭弁論に向かう美代子さんと付き添う恵さん（2004.7.4）

裁判所で意見陳述をするときは、事前に原稿を提出するのが慣習なので、美代子さんも直前まで思案した結果を提出している。

当日の陳述は速記録で残るが、ここでは美代子さんが直前まで思案した原稿を紹介する。第二章で紹介した一九九二年の語りの時から一二年経っているが、同じ話のところはほとんど変わらないから、さすが語り部を続けてきたことはあると感心する。

【坂本美代子さんの意見陳述】

私は昭和五七（一九八二）年に提訴したチッソ水俣病関西訴訟の原告番号一七番の坂本美代子です。提訴以来すでに二二年経ちましたが、国や県がいまだに私達原告を水俣病とは認めないのは、本当におかしいです。

裁判官の皆さん、よ～く聞いてください。

たとえば、私の姉の清子は、昭和二九年頃から足がもつれて、よくこけるようになって、血が出ても知らん顔しているのです。そして、足が立たなくなって、頭が痛いと言い出して、昭和三一年には寝たきりになってしまいました。

病院の先生は、「栄養失調」と言われたので、栄養のあるものを食べさせましたが、よくならず、次の先生は「小児麻痺」と言われました。その当時、姉は二〇歳を過ぎていたのにです。しまいには奇病ということで、私達家族は村八分にあいました。

私のとこは井戸がなかったのです。近くにある共同井戸では汲ましてもらえなかったので、三〇分くらいかかるところまで貰い水に通いました。空で行く時は何もしないのですが、水を汲んで帰る時に、坂道を登りきったところで、石や棒が飛んでくるのです。大人が投げるのです。頭に当たったり、足に当たったりして、どうしても水がこぼれる。だから、また汲みなおしに行く。その繰り返しなんです。水がなかったら、生活が出来ないから、水汲みは朝四時頃に行ったり、夜中に行ったりしました。

弟や妹は、学校にも行けませんでした。学校の門までは行っても、けがして泣いて帰ってくるのです。先生たちは「けがしたらいかんから」と言うだけで、守ってはくれませんでした。昼間も雨戸を閉め切ったまま。電気もお金がないからつけられない。真っ暗です。雨戸一枚開けたら、そこから石が飛んできます。そういう生活が一年半続きました。「父さん。清子姉さん殺して私らももう死のうよ」と言ったこともあります。父は「我慢してくれ。自分に負けるな。自分に勝て」と言いました。その言葉に鍛えられて、私らきょうだいは耐え抜きました。

私は、姉にお粥でも良いからおコメを食べさせたいと思って、大阪に出てきました。お風呂代と女にいるもの、それだけを残して、あとは全部、家に仕送りしたんです。でも、半年後に、姉は亡くなりました。熊本大学で解剖されました。姉は、解剖で水俣病と認定された最初の患者だそうです。私は結婚して二人の子供に恵まれましたけど、姉は、女の喜びも悲しみも何も知らずに、一番の苦しみだけを背負って死んでいったんです。

私は、大阪に来てからは、「水俣」とは絶対に口に出しませんでした。夫にも言いませんでした。熊本の水前寺公園の傍ということで通してきました。大阪では美容院で働きながら美容師の免許を取ったのですが、指に力が入らなかったり、頭が痛かったりして、鎮痛剤は今でも離したことがありません。

娘や息子にも「お母さんはおかしい」と言われました。私の妹や弟が水俣病の申請をするとき、父にお前もしてはと言われましたが、近所の目が気になったし、子供達の結婚や就職に差し支えたらと思って、断りました。

姉の清子の二一回忌で田舎に帰ったとき、私は痙攣を起こして倒れたんです。担ぎ込まれた病院で「あんたとこは父親も母親も姉も弟も妹も、家族全員が認定患者やのに、なんで今まで放っておいたんや」と怒られました。子供達に相談したら「どんな差別にも耐えるから」と言ってくれたので、水俣病の申請をしました。今から二五年前のことです。

一番の苦痛は頭痛です。普段はズキンズキンという痛みですが、ひどくなると頭が割れるのではないか、目玉が飛び出るのではないかと思うほどです。目も二重に見えるし、けいれんが起きることもあります。我慢できるだけ我慢するのですけど、出来ないときは救急車で阪南中央病院に行きます。阪南の先生は他の医者のように「水俣病はわからんから、水俣に帰れ」などと言わず、熱心に勉強しながら治療してくれています。私の体を一番良く理解してくれているのは、阪南の先生です。阪南を悪く言う国や県は、おかしいです。

料理では、お味噌汁が一番難しいです。体が悪いときは、舌の感覚がないのです。だから、子供達に言わせると、辛い時や、水くさい時があるらしいです。包丁は、包丁の柄のとこを持てないので、包丁の刃のとこを持って、包丁の柄を支えて切るんです。子供はそれ見て、恐いって言うのですが、私は慣れているし、手を切っても痛いという感覚がないもんだから、どうっていうことありません。

毎朝、目が覚めたときに、手足が動くかどうかが一番心配です。ゆっくりと動かしてみて、「あっ、今日も動いた」。その時は、言葉に表現できない喜びがあります。それが毎日、続いています。

現在、夫は出て行き、息子と二人で暮らしています。息子は「もし、お母さんに何かあれば、僕は絶対に許さん。殺してやりたいほど憎い」と、私より怒っています。激怒しています。子供たちは、小さい頃から私の体調が良くないもので、遊びに行く約束もうかつにはできず、看病するために遅刻や早退も多くて、勉強する時間もありませんでした。私は二人の子供たちを生き甲斐にして、生きてきました。

この裁判の原告の人たちは、私の大切な友達です。お互いに支えあって、励ましあって、二〇年間、裁判を続けてきました。原告はみな、私と同じような状態です。私同様に苦しみと辛さを毎日かみしめながら過ごしているのです。もう一度言いますが、国や県が私達を水俣病と認めないのは絶対におかしいです。

水俣病と認定された人も認定されてない人も、みんな同じように水俣の魚や貝を食べて生活してきました。他に食べるものはなかったんです。みんな、同じような症状に苦しんでいます。なぜこのような苦しい辛い思いをして生きていかなければならないのか、頭が痛くなるたびに国と熊本県が憎くてたまらなくなります。原告の中には、大阪高裁の判決で棄却になったり減額されたりした人もたくさんいます。最高裁がそれを認められたので、その人たちはチッソにお金を返さねばなりません。みんな、私同様、水俣や不知火海で生まれ育ち、魚介が主食でした。ほかに食べるものはなかったんです。感覚障害も認められています。それなのにどうしてこのような扱いをされなければならないのか、不安と憤りの毎日です。

私達が水俣病でないのなら、私達は認定された家族と違って水銀に強い体をしているのでしょうか？　この頭痛は、水俣病ではない原因不明の奇病なのでしょうか？

最高裁の裁判官の皆さん、私達を水俣病の患者と認め、奇病ではないと言ってください。そして、何十年も待たせて悪かったと、国や県に謝らせてください。

最後の水俣病裁判で患者の声を聞き届けてください。これが亡くなった原告も含めて、私たちみんなの思いです。お願いします。

第四章　行政認定求めて熊本県・環境省へ

水俣病関西訴訟の最高裁判決とは……

二〇〇四年一〇月一五日、ついに最高裁の判決が出たが……

実はこの日、木野は大阪市立大学の授業日で最高裁には行けなかった。提訴以来見守ってきた関西訴訟の最後の判決とあって、見届けに行きたいのはやまやまだったが、長年勤めてきた大阪市立大学で定年前の最後の年度とあって、授業の方も手抜きをするわけにはいかず、山中さんによろしくと託すほかなかった。その代わりに、前日の私の授業で急遽「水俣病」をテーマにして美代子さんをゲストに招き、判決前の思いを語ってもらった。美代子さんは授業の最後に「判決の結果を期待はしていません。悪い判決を覚悟で最高裁に行って、明日、もしそれが外れたら喜びが倍になるから」と語っていた。

翌一五日の午後二時過ぎ、判決の速報がテレビに流れた。「国・熊本県の行政責任確定」とのテロップに「良かったね」と安心して、夕方の授業の準備を続けている間に、新聞社から判決要旨がファックスで届き始めた。ファックスを受信し終わらないうちに授業開始のベルが鳴ったので、最初の何枚かをつかんで教室にかけつけ、ちらっと横目で流し読みをして驚いた。判決主文の第一項には、坂本美代子さんら八名に対する国・県の責任を認めた高裁判決の部分を破棄するとあり、その上で、その余の国・県の上告を棄却するとあるではないか。頭に来かけたが、ここは気持ちを授業に切り替え、無事に九〇分を終えて部屋に戻ってから判決文を読み始めた。

判決主文および理由は巻末に収録しているので、ここでは判決主文のうち、重要な一と四を簡単な説明を付けて示す。

2004.10.14. 最高裁判決前日。大阪市大の授業で語る美代子さん

水俣病関西訴訟最高裁判決　主文の一と四

一　原判決のうち、被上告人八名（原告番号記載、うち四名は死亡）の上告人らに対する請求を認容した部分を破棄する。

↓一審では上告人（国県）に対する国家賠償責任を　認めなかったので被上告人（患者）は控訴し、二審で一九六〇年一月以降に汚染魚介類を摂取して水俣病となった八名を含む患者に対しては国家賠償責任を負うとの判決を得た。しかし二審はうち八名について一九五九年一二月以前に水俣湾周辺海域から転居したとの事実を確認しながら請求を認容したとして、判決に影響を及ぼすことが明らかな法令違反があったので、二審の国家賠償責任認容を取り消すとの意味。

四　上告人らのその余の上告及び附帯上告人らの附帯上告をいずれも棄却する。

↓上告人（国）の上告論旨は、二審の判断が水質二法、及び国家賠償法一条一項の解釈適用を誤ったものであり、法令に違反する旨を主張するが、諸事情を総合すると、一九六〇年一月以降、水質二法に基づく規制権限を行使しなかったことは、規制権限を定めた水質二法の趣旨、目的や、その権限の性質等に照らし、著しく合理性を欠くものであって、国家賠償法一条一項の適用上違法というべきであるとしたとの意味。

上告人（熊本県）については、同知事に一九五九年一二月末までに県漁業調整規則三二条に基づく規制権限を行使すべき義務があり、一九六〇年一月以降、この権限を行使しなかったことが著しく合理性を欠くものであるとした二審の判断は、同規則が水産動植物の繁殖保護等を直接の目的とするものではあるが、それを摂取する者の健康の保持等をもその究極の目的とするものであると解されることからすれば是認することができるとしたとの意味、

つまり、最初の一で行政責任の起点を一九六〇年一月と厳密に規定し、それ以前に現地を離れた患者に対し高裁がその適用を誤ったとして八名の患者の行政責任を取り消し、その上で四として、一九六〇年一月以後の国・県の行政責任については二審判決を追認したのである。

つまり、高裁判決は一九六〇年一月以降の排水規制に対する不作為の違法を認めたものであるから、それは確定するが、その前年末までに不知火海周辺地域を離れた美代子さんらには賠償責任は生じな

いのに高裁は誤って八名を認容したから取り消すというものであった。

またもや患者を分断する判決……

判決前の二〇〇四年七月五日に行われた最高裁の口頭弁論は何のためか図りかねていたが、実はこのためであったのかと思い知らされた。何と「あなたに対する国・県の責任は取り消します」と決めていた裁判官の前で、美代子さんは姉や家族と自分、そして仲間の患者たちがいかに水俣病で苦しめられてきたかを涙ながらに語り、国・県に対する怒りを訴えていたのである。何という酷い茶番劇を演じさせられたのかと、美代子さんがほぞをかんだであろうことは容易に推察できた。

高裁判決はたしかに一九六〇年一月以降についてのみ排水規制の不作為を違法としたが、高裁判決「主文」の後の「事実及び理由」の中には「一九五六年五月の公式発見以来、死亡者を含む多数の患者が発生していて、その被害拡大防止には一刻の猶予も許されないという、非常事態ともいうべき危機的であった」との明確な認識が示されており、行政の怠慢が積もり積もって被害の拡大を招いたことを、法的には一九六〇年一月以降について適用したものの、それ以前に移住した原告も行政の怠慢の被害者と認定したとみるべきであった。

さらに言えば、たとえ一九六〇年以前に移住した人でも故郷との縁は都会と違ってことのほか深く、お盆や年末年始、冠婚葬祭などだけでなく、両親やきょうだいの面倒を見にしょっちゅう帰郷していたことを忘れてはならない。水俣の魚を一九六〇年以後一匹も食べなかったという荒唐無稽な判断で美代子さんたちには行政の責任はないなどという詭弁が通るとでもいうのであろうか。

原告らが附帯上告で訴えた食品衛生法の適用に関する問題でも、最高裁判決は一顧だにしなかったが、高裁判決が取り上げなかった理由は食品衛生法の規制対象が商品として出回った魚介類に限られ、原告らの自家摂取による魚介類までは及ばないからという消極的な理由であった。しかし、商品の魚介類を規制すれば、当然、魚介類が危険ということを原告らも周知するところとなり、摂食を控えたであろうことは容易に推察されるはずである。最高裁がこの高裁判決の矛盾を解き、一九五七年二月の漁獲禁止が必要と結論した熊本大学研究班の報告や、同年八月の熊本県による食品衛生法適用の打診時までさかのぼれば、今回のような法適用時期による患者の分断を生むこともなかったはずである。

患者の分断ということから言えば、すでに大阪地裁での第一審判決で除斥期間が経過したとして一二人の請求を認めなかったことがあるばかりか、大阪高裁判決では第一審が認めた患者二名への賠償を取り消し全額返還を命じ、一三名については減額して返還を命じ、地裁でも高裁でも認められなかった六名にはついに敗訴を確定するなど、判決のたびに患者の間の分断が繰り返されてきた。

最高裁の判決は個々の患者に対する行政責任の有無でも、またもや原告患者の中に泣く患者を新たに生んだという一点で、許し難い判決であった。

「めでたしめでたし」でよいのか……

ファックスを読み終えた頃に新聞各社の記者から判決に対するコメントを求める電話がかかってき

たが、私が話した内容はおおよそ以上の通りである。記者は行政責任が確定したことへの評価も求めようとしたが、私は水俣病の行政責任なんて当たり前で、多くの原告が亡くなった今となっては遅きに失したといささか冷たい評価を返した。

なお、今回の判決で個々の患者の二審賠償額が変わるわけではない。国・県からの損害賠償を取り消された美代子さんについても、チッソが一審後にすでに仮執行で損害賠償金を払っていたので返還の必要はない。しかし、行政責任が認められたかどうかは、まさに夏義さんが言ったように、「ゼニカネの問題やない。長い間放ったらかしにした責任を問うてるんや」という大きな意味があったのである。

弁護士や支援者の中には賠償金の金額が変わるわけではないから泣かないでと言った人もいるそうだが、美代子さんの心を逆なでする不用意な発言であった。

翌日の新聞では短いながらも私のコメントは要領よくまとめられていた。

「行政の責任を認めたのは当然だが、排水規制という狭い不作為の認定にとどめたため、患者が分断された。新たに泣く患者を生んでしまった点で、つらく、許し難い判決だ」（『読売新聞』）

「公害裁判は患者救済が大きなテーマだが、判決は責任の期間を杓子定規に区切って患者を分断した。新たに泣く患者を生んだという点で、もろ手を挙げて喜べない。

水俣病事件を国側は教訓にして、早い段階で公害を認知するにはどうしたらいいのか、どの段階でどういう対策を取るべきかなど、公害を予防する立場で将来を見据える体制を確立すべきだ」(『毎日新聞』)

しかし、すべての報道が画期的な判決と賞賛し、川上敏行原告団長も「これ以上の喜びはない」と語り、例によって大阪からの記事(私のコメント)は箱根を越えなかったため、この判決で新たに泣く立場に追いやられた患者のことに思いをはせることのできた人はどれだけいただろうか。

最高裁判決に怒ったのは美代子さんと恵さんだけだった

最高裁判決の時には、すでに「友の会」は瓦解していた

ところで、「友の会」は高裁判決(二〇〇一年四月)後に勝訴原告からのカンパ問題で「患者の会」が分裂し、川上さん・美代子さん・恵さんらを中心に二〇〇二年二月に結成されたこと、しかし三カ月後に川上さんが弁護団や医師団の説得で元の会に戻って抜けたが、「友の会」はそれ以後も美代子さんや恵さんを中心に患者間の交流を活発に続けていたことは第三章で述べたとおりである。そして二〇〇四年七月に最高裁で口頭弁論が開かれた時には意見陳述をした美代子さんを筆頭に「友の会」メンバーも十数人が一緒に上京し、「患者の会」や弁護団や支える会とは列車も宿も別々に行動したくらいであった。ところが、その後、帰阪してからは集まるメンバーがなぜか急減し、三カ月後の最高裁判決に「友の会」としてどう行動するかを相談することもできなくなった。結局、上京できる原告は全員、弁護団や支える会のスケジュール通りに一緒に動くことになった。

この三カ月の間に一体何があったのかは恵さんにも定かではないらしいが、どうやら一つは最高裁判決時には原告団をまとめておきたいという弁護団からの強い働きかけが個別にあったらしいということと、もう一つは「友の会」の原告自身も裁判としては最高裁判決で終わりだから後始末は弁護士に任せるしかないと思ったからではないだろうか。「友の会」として最高裁判決後どうするかの話し合いができていなかったのであるから、当然かもしれない。

その結果、最高裁判決直後に川上団長と弁護団が「国・県の行政責任を認める！」との垂れ幕とともに勝訴宣言をしたのであるから、原告患者や支援者の大半はそれをうのみにし、大勢のマスコミの前で歓声を上げて喜んだ。

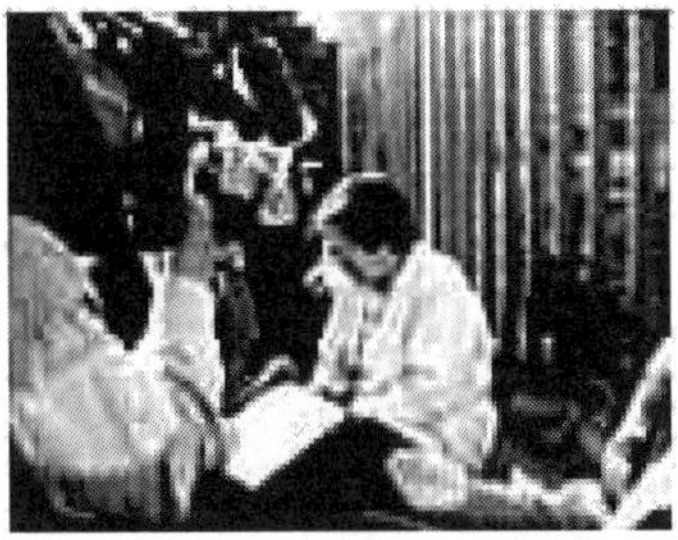

2004.10.15. 美代子さんは最高裁・南門付近で落胆してしゃがみ込んでしまった（Web「環っ波」）。

しかし、美代子さんと恵さんだけは「患者にとっては喜べない」と落胆の悔し涙を流したので、他の患者や弁護団・支援者との正反対の受け止め方に記者たちは驚いた様子であった。とくに美代子さんが二審で認められた行政責任を水俣から離れた時期が早かったからと取り消されたことに納得が行かないと訴えたことは周りにいたマスコミや支援者にとって衝撃だったようだ。

この後、原告団・弁護団・支援者らは環境省に向かい、小池

2004.10.15. 水俣を出た時期が行政責任前だとされて悔し泣きをする美代子さん（『熊本日日新聞』、同日付）

百合子環境大臣との面会を求めるが、その前に開いた記者会見の場には、美代子さんではなく恵さんが呼ばれたという。出席者を決めたのは弁護団であろうが、通常なら最終口頭弁論で意見陳述した川上さんと美代子さんが呼ばれるのが順当であろうが、なぜか美代子さんではなく恵さんが呼ばれたという。恵さんは当然、美代子さんや返還命令を受けた患者のことを訴えたが、すぐに次の人にマイクを回されてしまったという。

行政責任を外された最高裁の判決に美代子さんは悔し泣き

判決前日の私の授業にゲストとして美代子さんに来てもらったことは先に紹介したが、その後、判決のニュースが出てから学生や知人から行政責任確定ということでお祝いのメールが届き始めた。そこで、あわてて私の思いを伝えるメールを送ったら、それに対する一人の学生から次のような返信があった。

——さきほど学情（図書館）で新聞をチェックしてきました。坂本さんが悔し涙を流しているのに、まるでうれし涙を流しているというようなキャプションがついていた新聞（熊日ではない）もあって、なんともいえない気分になりました。

今回の判決の報道を見ていると「水俣病がこれでやっと解決した。行政責任も認められたし、めでたしめでたし」というような印象を受けます。これから水俣のことがどんどん見えなくなっていくような気がします。見ようとしなければ、薄っぺらい情報だけでわかったつもりになってしまうと思います。今回の報道でそのことを特に感じました。何をもって水俣病患者が救われたとするのか、司法の限界、マスコミ報道の限界などについて考えさせられました。

ただ一つ、水俣のことを学んでよかったと思ったのは、今回の判決についてのニュースが流れたとき、父も母も弟も関心を寄せてくれていたことです。行政責任なしとされた患者さんが八人もいて、その中には私がお世話になった患者さんもいたということを、母に伝えました。母は「勝ってよかったとしか思ってなかった。ニュースだけ見てるとそんなことわからんね」と言っていました。私は、二〇歳で出会った水俣病のこと、そこから学んだこと、出会った患者さんのことを一生忘れないと思います。そう思えることが、今私が感じているやりきれなさを少しは和らげてくれているように思います（文学部 四回生、〇〇那恵）。

2004.10.15. 最高裁判決後の環境省交渉。右が小池大臣ら環境省側、左が原告団（熊本日日新聞『報道写真集 水俣病 50 年』、2006.12.20 発行）

彼女が書いてるように、この日の美代子さんが流した涙についてはマスコミでさえ嬉し涙と勘違いしたくらいだ（後日、キャプションの訂正記事は出た）が、それくらいに判決主文一の行政責任一部取り消しは主文四の勝訴ムードの陰にかき消された。

判決後、小池大臣は謝罪したものの認定基準は変えないと強弁する環境省

判決後、原告団らは環境省で小池百合子環境相や環境省幹部らに面談した。川上団長が「判決を真摯に受け止め、水俣病問題の解決に活かすよう強く要望する」旨の要請文を手渡し、これまでの国の水俣病対策の誤りについての謝罪と一九七七年判断条件に基づく認定基準の見直し等を迫った。美代子さんは、裁判で水俣病と認められた私たち

を早く行政認定してほしいと迫った。

環境相は当初渋っていたが、原告団の再三の求めに、最後に頭を深々と下げ、「判決を厳粛に受け止め、真摯に反省したい。まことに申し訳ない気持ちでいっぱいです」と謝罪したが、滝澤秀次郎環境保健部長ら環境省幹部は「判決は公害健康被害補償法に基づく認定基準を否定したわけではない。大阪高裁が認めたメチル水銀中毒による健康被害と公健法による水俣病とは質的に違う」として、認定基準の見直しには頑として応じなかった。

2004.10.15.夏義さんの遺影を持って環境相に抗議する恵さんと美代子さん（Web「環っ波」より）

業を煮やした恵さんは、小池環境相が退席しようとすると、亡くなった一審原告団長だった父・夏義さんの遺影を示しながら、「父は悔しさの中で死んでいった。謝ってください」と訴えた。

他の原告からも「苦しんでいる患者全員に謝罪を」などの声が上がり緊迫、環境相は「本当に申し訳ないと思っている」と再度立ち上がって頭を下げ、ようやく会場を後にした

環境省部長の謝罪訪問で行政認定を求める

環境省部長が小笹家に謝罪訪問にやってきた

2004.12.12. 岩本家の仏壇に焼香し、恵さんに頭を下げる滝澤部長

一一月二四日の大阪での第二回環境省交渉で、勝訴患者の行政認定などについて具体的な回答を示さない態度に怒りを抑えきれなくなった恵さんは、「死んでいった人たちに線香の一本でもあげてほしい。家に来てください」と声をふり絞った。一〇年前に亡くなった両親の裁判の後を継いだときの気持ちが胸によみがえったからであった。

この訴えを契機に原告団から正式に死亡原告への謝罪訪問要請が出された結果、夏義さん・愛子さんの仏壇への謝罪訪問は一二月一二日に実現した。最高裁判決の後、環境省で小池環境相の横にいたあの滝澤環境保健部長が小笹家にやってきて、仏壇の前で手を合わせ、お焼香をして頭を下げた。

恵さんだけでなく、美代子さんはもちろん、仲の良い「友の会」の原告達も同席し、泣きながら口々に、語りかけた。

恵　もっと早く来てほしかった……

本来なら、こちらが提案しなくても、そちらから自発的に来るのが筋。亡くなった時から、ずっとお待ちしていました。

父はここから阪南中央病院に行くとき、すぐ近くなのに、あっちフラフラ、こっちフラフラ歩いていたから時間が掛かる。一緒に行くと怒るから、離れて付いて行った家族の気持ちを考えてみてほしい。

せっかく裁判が終わったのだから、これからは安らかな生活を送らせてほしい。死に損にならないように、死んだ人のことも忘れないで。

今日の謝罪が、これからの第一歩ですよ。

ここで、恵さんが部長に夏義さんの日記を渡して、「読んでみてください」と提訴四年目の頃の団長としての赤裸々な心情が述べてある部分を開けて見せた。字が乱れて読み難い部分でも部長は意外にきちんと読んでいた様子で、一緒に来た室長も部長の後ろから覗き込んでいたので、恵さんは満足気であったが、美代子さんは「医療費だけでは生活費に困るから、早く行政認定してください」と詰め寄った。患者にとっては、認定されればチッソから医療費だけでなく生活保障のための年金が出て、少しは安定した生活が過ごせるだけでなく、補償金欲しさのニセ患者というレッテルも剥がせるのだから、行政による患者認定だけは譲れないと切々と訴えたが、さすがに官僚は頭を下げるが言質は与えなかった。

三〇分間、恵さんと美代子さんから、これまで言いたかったことが滝のように次々とぶつけられたが、部長も室長もひたすら神妙に聞いているだけであった。交渉の場ではないから致し方なかったが、もう少し時間があればと聞いていて残念であった。

部長らは何日間かかけて、他の謝罪訪問を希望する患者宅も回ったらしいが、誰にも言質を与えなかったことは言うまでもない。

美代子さんが行政認定を求めるのはチッソとの補償協定のため

ところで、美代子さんは裁判で勝訴しても行政認定を求める理由としてあげた医療費と年金であるが、これらは一九七三年（昭和四八年）七月九日に患者とチッソが結んだ補償協定書のことである。これは美代子さんの両親も参加した熊本第一次訴訟原告団と川本輝夫さんらの自主交渉団が一緒になって判決後に「東京本社交渉団」としてチッソとの厳しい交渉の末に結んだ協定書を指している。

それ以後、熊本水俣病で行政認定された患者はこの「補償協定」に基づいて補償を受けてきたが、関西訴訟で水俣病と認められた患者はまだ誰一人行政からは認定されていなかったからである。

最高裁判決とこの環境省官僚の謝罪訪問以後、美代子さんの行政認定と補償協定遵守を求める闘いが始まるのであるが、その一番の根拠となった「七三年補償協定」の大事な個所をここで紹介しておく。

一九七三年（昭和四八年）七月九日の補償協定書 （本文要点のみ、傍線は著者）

一、チッソ株式会社は、以下の事項を確約する。

(1) 本協定の履行を通じ、全患者の過去、現在及び将来にわたる被害を償い続け、将来の健康と生

活を保障することにつき最善の努力を払う。 (2)略 (3)略

二、チッソ株式会社は、以上の確認にのっとり以下の協定内容について誠実に履行する。

三、本協定内容は、協定締結以降認定された患者についても希望する者には適用する。

四、略（協定内容の範囲外の事態が生起した場合） 五、略（本協定締結と同時にテント撤去等）

〈協定内容〉

チッソ株式会社は患者に対し、次の協定事項を実施する。

一、患者本人及び近親者の慰謝料

1 患者本人分には次の区分の額を支払う。

Aランク……一八〇〇万円 Bランク……一七〇〇万円 Cランク……一六〇〇万円

2 略（認定より支払日までの利子）

3 略（ランク付けの委員会）

4 近親者分はA、Bランクの患者の近親者を対象として支払う。

二、治療費

医療費及び医療手当に相当する額を支払う。

三、介護費

救済法に定める介護手当に相当する額を支払う。 （以下、略）

四、終身特別調整手当

1　次の手当の額を支払う。なお、このランク付けは一の3の委員会の定めるところによる。
Aランク　一月あたり六万円　Bランク　〃　三万円　Cランク　〃　二万円
㊟二〇二三年六月一日現在、Aランク一八・六万円、Bランク一〇万円、Cランク七・五万円
2　実施時朔は昭和四八年四月二七日を起点として毎月支払う。（以下。略）
3　手当の額の改定は、物価変動に応じて昭和四八年六月一日から起算して二年目ごとに改定する。ただし、その間、物価変勤が著しい場合にあっては一年目に改定する。（以下。略）

五、葬　祭　料

1　葬祭料の額は生存者死亡のとき相続人に対し、金二十万円を一時金として支払う。
2　葬祭料の額は物価変勤に応じ、昭和四八年六月一日から起算して二年目ごとに改定する。ただし、その間、物価変勤が著しい場合にあっては一年目に改定する。（以下、略）

六、ランク付けの変更

1　生存患者の症状に上位のランクに該当するような変化が生じたときは一の3の委員会にランク付けの変更の申請をすることができる。
2（略、ランクが変更された場合）
3（略、水俣病により死亡したときの差額）

七、患者医療生活保障基金の設定

チッソ株式会社は全患者を対象として患者の医療生活保障のための基金三億円を設定する。

1　基金の運営は熊本県知事、水俣市長、患者代表及びチッソ株式会社代表者で構成する運営委員会により行なう。同委員会の委員長は熊本県知事とする。

2　基金の管理は日本赤十字社に委託する。

3　基金の果実は次の賢用に充てる。

(1)おむつ手当　一人月一万円

(2)介添手当　一人月一万円

(3)患者死亡の場合の香典・十万円

(4)胎児性患者就学援助費、患者の健康維持のための温泉治療費、鍼灸治療費、マッサージ治療費、通院のための交通費

(5)その他必要な費用

4　患者の増加等により基金に不足を生じたときは、運営委員長の申出により基金を増額する、

以上の「協定書」が、水俣病患者東京本社交渉団・団長・田上義春と、チッソ株式会社・取締役社長・島田賢一、同・専務取締役・野口朗の間で取り交わされ、立会人として、衆議院議員・三木武夫（当時環境庁長官、後に首相）、衆議院議員・馬場昇、熊本県知事・沢田一精、水俣病市民会議会長・日吉フミコの四人も署名捺印した。

これ以後、行政認定された患者が望めば、チッソはこの協定書と同じ内容の協定を結んで補償してきた。協定の慰謝料と利子（認定申請日から年五分）だけ見ても、裁判で確定した損害賠償額と利子（認定申請日からではなく、訴訟送達の日の翌日から年五分）より大きいが、それだけでなく今後の治療や生活保障のための医療費や介護費・葬祭料などに加えて患者の医療生活保障のための継続補償が約束されており、しかも慰謝料以外は物価変動に応じて改定されるので、実質的には裁判の賠償額よりはるかに充実した補償内容である。第一次訴訟以後に認定された患者が全員、この協定による補償を選んだのは当然のことで、美代子さんらもそのために早期の行政認定を求めたのである。

認定を求める美代子さん、両親の失効に気付いた恵さん

美代子さん、勝訴者への医療費手帳も返還し早期認定を求める

ところで、原告団・弁護団らは最高裁判決後、翌年二月二二日に生存原告に対する療養費の支給などを求める要請書を環境省に提出した。これに対し環境省は「勝訴した原告に対し療養費などを支給する方向で検討している」と答え。国と県の負担割合が八対二と決まった後、六月から医療費支給事業の手帳（資格証明書）を配布した。

環境省はこの医療費手帳を最高裁判決後の水俣病新対策の第一弾とし、公害健康被害補償法では水俣病と認定されていないが、裁判で水俣病と認められた生存原告に交付するとした。対象は、関西訴

訟の三三人と熊本二次訴訟三人の計三六人で、医療費の自己負担分を全額支給するほか、はり・きゅう・マッサージ施術費などの他、家族らの介添えが必要な原告には介添手当も出すというもので、今回の手帳を受け取っても認定申請を取り下げる必要はないとされた。

　これらは補償協定書の中の治療費および医療生活保障に相当するもので、とりあえず医療費だけでも何とかしてほしいという患者たちの最低限の希望には添うものだった。しかし、美代子さんにとっては、肝心の公害認定がないままにこれを受け取れば、この手帳だけで終わってしまうのではないかとの危惧の方が強かった。

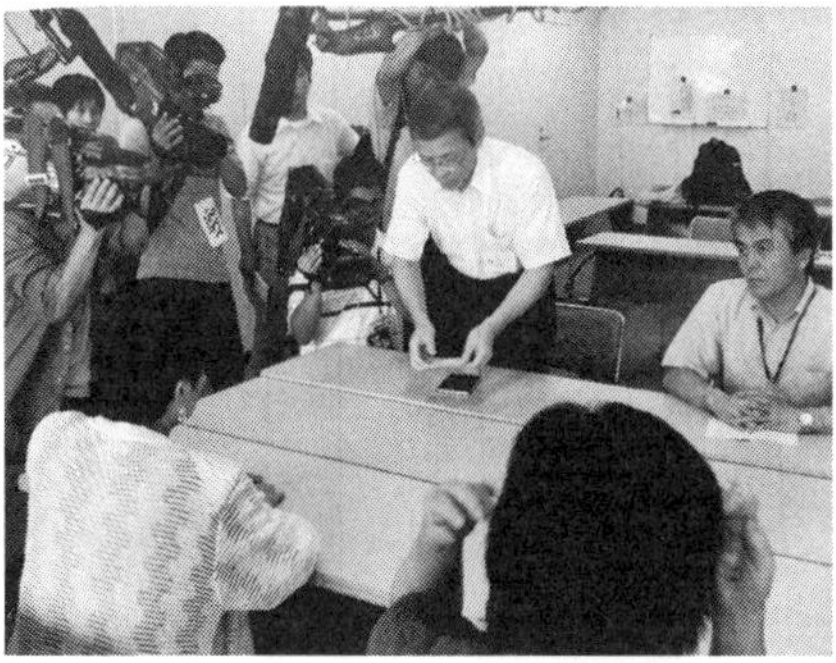

2005.6.21. 熊本県に医療費手帳を返却する美代子さん

　美代子さんが求めているのは、公害認定された人に対してチッソが補償協定に従って出すはずの慰謝料（Aランク＝一八〇〇、Bランク＝一七〇〇、Cランク＝一六〇〇万円）と裁判での賠償金（八五〇万円）の差額だけではなく、補償協定書に書かれた今後の生活保障のための終身特別調整手当（Aランク＝一八・六、Bランク＝一〇・〇、Cランク＝七・五万円／月）と亡くなった時の葬祭料（約六〇万円）であった。

　最高裁判決直後から美代子さんが強く求めていたのは水俣病のこの行政認定であり、それに続くチッソとの補償協定とその実行であった。美代子さんからすれば、この医療費手帳は何の意味もないばかりか、国・県が行政認定をしないで終えるための小細工のように見えたのは当然であった。代理人弁護士から手渡されて、こんなもの要らないと突っ返そうとしたが、弁護士に返しても仕方がないので、「じゃ、直接、私から返します」ということになった。

ということで、美代子さんは二〇〇五年六月二一日、恵さんと山中の付き添いで熊本県庁の水俣病対策課を訪れ、谷崎淳一課長に、「これ、お返しします」と、先月末に勝訴原告だけに渡されたオレンジ色の手帳を差し出した。「私は水俣病と認定してもらうために、裁判を二二年もやってきた。こんなことで誤魔化されません。あくまで認定を求めているから、お返しします」。

課長が拒むかと思ったが、「預かった手帳は環境省に届け、要望も伝えます。認定基準は環境省の所管だが、認定審査会の早期再始動に努めたい」と答えた。実は最高裁の後、熊本県の認定審査会は委員の任期更新時期だったが、最高裁の認容基準と環境省の認定基準の違いをめぐって再任を拒否する委員が多く、審査会が開けない事態が続いていた。早期再始動とはそれを指していた。

美代子さんは一安心し、その後は、課長らを相手に美代子さんの語り部コーナーのようになり、最後は、もし自分に万が一のことがあったら娘や息子が来るだろうけど、その時は私のように穏やかにはいきませんよと鬼気迫る美代子さんの語りに、室内がシーンと空気が張り詰めたようだったという。

この美代子さんの医療手帳返却に関し、小池百合子環境相は二四日の閣議後記者会見で「手帳交付は原告の皆さんからの要望が強かった医療費などを支給するものだが、（返却が）ご本人の意思ならば残念なこと。やむを得ない」と述べたらしい（六月二四日、熊日報道）。

さらに、小池環境相は「最高裁判決を踏まえ、今一番求められていることは、新対策を一つずつ真摯に進めていくこと。この円滑な実施が、ご理解をいただける方法ではないか」と強調したらしいが、この新対策とは行政認定をせずに医療費だけで乗り切ろうとするものであることをはからずも露呈した。ただ、「（坂本さん）ご本人が強い意思でお返しになったことは、重く受け止めたい」と語ったのことだが、認定基準のことがあるからか、熊本県のように認定作業を遅滞なく進めるとは言わなかった。

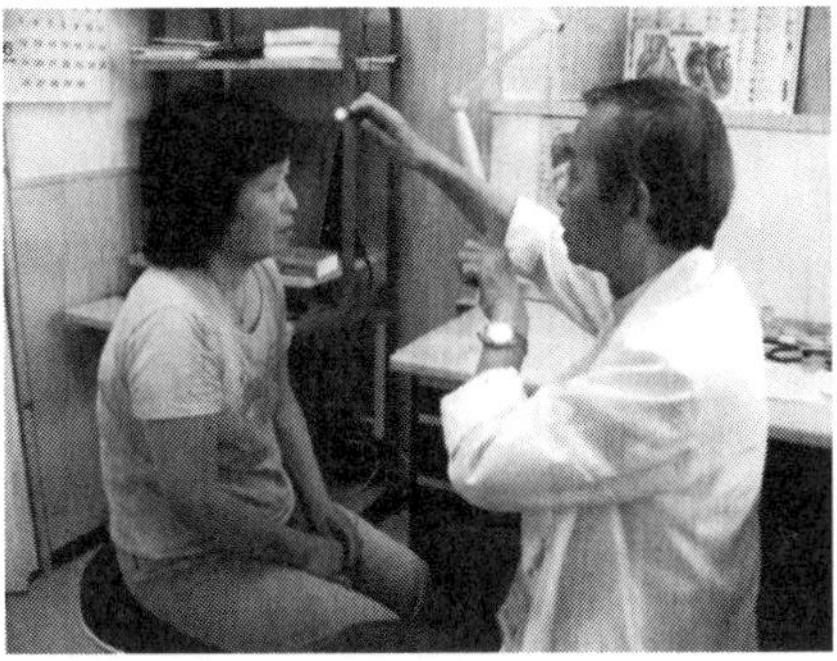
2005.6.20. 原田正純医師の診察を受ける恵さん

恵さん、原田正純医師の診察で認定申請を決意

美代子さんの医療手帳返却に同行した恵さんは、実はもう一つの目的を持っていた。それは父親を継いで遺族原告として関西訴訟の控訴審に付き合う内に、どうも自分も水俣病ではないかと思い始めていたのである。たとえば、パート先のスーパーで、天ぷらを作る際、油の中に手を突っ込んでも熱いと感じず、帰宅してから「あ、やけどしている、いつの間に～」と思うようなことが度々あったという。

恵さんの両親は最高裁で水俣病と認められたが、いまだに行政からは水俣病と行政認定されていない。最高裁後、「裁判に勝っても、亡くなった原告には何もない。なんとかしたい」と思っていたら、美代子さんが同じ思いで行政認定を求める闘いを始めたので、「友の会」がなくなってからも一緒に行動してきた。しかし、そのうち、同じ食事をした自分が認定されれば、両親も患者だと証明できるのではと思い、自分も水俣病の認定申請をしようかと考え始めていた。

ただ、申請のためには医師による水俣病との診断書が必要だが、阪南中央病院には患者の見舞いには行っていたが、自分が水俣病かどうかの診断は受けていなかった。そこで、ちょうど美代子さんが熊本県庁に行くのに付き添う機会ができたので、関西訴訟でお世話になっている原田正純医師に診てもらえないかなということになり、山中が取り次いで、県庁行きの前日の二〇日に診察してもらえることになった。

原田医師は当時、熊本学園大学の教授であったが、熊本県労働安全衛生センター秋津レークタウンクリニックの理事長もされていたので、その日の午後にそちらに伺い、診察を受けた。

「今日の検査で、違うと言われたら、うれしいけど、わざわざ熊本まで来て違うだなんて恥ずかしいわ。でも、同じものを家族で食べて、親しか水俣病にならないということはないし……」と言いながら、診察を受けたが、原田医師の診察結果は「小児性水俣病の疑いがあるので、精査の必要を認める」であった。原田医師からはその日のうちに診断書を書いてもらえたので、翌二一日、美代子さんの医療手帳返却に合わせて県庁に提出しに行くことになった。

事前にアポイントも入れていなかったので、いきなり「認定申請書を持ってきました」と言われた谷崎課長は驚いていたが、申請書は課長との交渉中に課員が執務室でチェックし、不備を指摘してもらえたので、その場で直して無事に提出することができた。

申請受理通知で気付いた両親の申請失効に抗議

六月二一日に熊本県庁を訪れて水俣病の認定申請をした恵さんに、七月下旬、無事に受理された旨の書類が届いた。

ところが、書類に目を通していると、「遺族」という単語が目に付いたので、「なになに……」と、よく見たところ、「亡くなった場合は半年以内に手続きしないと失効」という内容が書かれていて驚く。

翌日、熊本県の水俣病対策課に電話して「こんなん知らなかった。ウチの親はどうなってます?」と問い合わせたところ、調べてみますとのことだったが、その翌日、「失効してます。この規定、ご存じなかったのですか……」との返事。

「両親の後を継いで、一三年間、頑張って来た。父が亡くなった四カ月目から私は原告団の会議にも参加しているが、その二カ月後に失効してたなんて……。そんな決まりはおかしい! 泣き寝入りはしないよ!」と、激怒したという。

泣き寝入りしないと言った恵さんは、実際に九月二日、熊本まで知事に会いに出かけた。「夏義さんが一番苦労してたのに……。私も一言言いたい」と美代子さんも同行、付き添いの山中との三人で県庁に向かう。

知事は福岡に行って不在とのことで、六月のときと同じく水俣病対策課の谷崎課長が応対した。

一週間前に恵さんがファックスで「抗議文」を送り、電話もしておいたからか、課長の手許には夏義さん関係のファイルがあり、会議室も用意されていた。

恵さんが出した「抗議文」は次の通り。

熊本県知事　潮谷義子様

いつもお世話になっております。

この度、父・岩本夏義、母・岩本愛子の水俣病認定申請が、亡くなってから半年で効力を失っていることを知り、大変ショックを受けるとともに、大変怒りを覚えています。

そちらの方から、効力を失う前に遺族に何らかの連絡があって、こちらが放っておいたのならわかりますが。

だいたい、患者に責任を押しつけるのは筋違いです。

水俣病を長い間、何の対策も取らず、ほったらかしにしといて、その結果、父と母は申請してからもう三一年も経っています。申請受理書の後ろに、小さな字で、亡くなってから半年放っておいたら効力を失うと書いてあっても、三一年も前に出したんですから、覚えておく方が無理です。まして、遺族はもっとわかりません。

それを亡くなったら半年で効力を失うなんて、いつも患者が言っているように、死ぬのを待っていると言われても仕方ないですね。

父母がどんな思いで申請したか、わかりますか。それを死んだら終わりなんて、あまりにも非人道的です。患者は被害者です。国、県、チッソに殺されたんです。

私は絶対に引き下がりません。あまりにも、父、母、亡くなった人々が惨めです。貴女達は加害者です。せめて患者の人権を守ってください。

近いうちに、お話を伺いに参りますので、よろしくお願いします。

新聞一社、テレビ二社が見守る中、恵さんが二〇分ほど思いをぶつけた。


恵 両親が認定申請をしたのは今から三一年も前。それから一八年後に亡くなったけど、遺族は何も聞いていない。解剖してでも認定されることを望んでいたから、死後半年以内に遺族が県に届けないと失効すると本人が知っていたら、私らに教えたはず。

申請した本人が知らないことを、遺族は知りようがない。その規定を知ってから届ければ良いことにして欲しい。理屈はなんでもいいから、なんとか、審査会に掛けて欲しい。

申請者が亡くなったかどうかは、調べにくいかもしれないけれど、父の葬儀の時は、原告団長だったせいか全国紙に記事が載ったし、県や水俣市からも弔電をいただいている。父の死を知ったのなら、ひとこと失効について教えて欲しかった。

私は失効について、自分が認定申請して初めて知った。私は好奇心が旺盛だし、「遺族」という言葉に今は敏感だから、認定申請の受理通知の何枚目かにあった「遺族」という言葉に反応できた。気付かない人も多いと思う。もっと目立つように書くべきでしょ。

「国や県は患者が死ぬのを待っている」という言葉をよく聞きますが、今回私は本当にそうかもしれないと思いました。これでは死に損です。決まりは決まりかも知れませんが、どうにかしてください。私は泣き寝入りはしませんから……。

恵さんの話に対して美代子さんも、「私もそんな決まりは知らなかった。恵さんに言われて、二日がかりで古い書類を捜して、一九九二年に私に来た受理通知ハガキを見つけたけど、別にそんなことは書いてないですよ」と付け加えた。認定失効への抗議を約九〇分もぶつけられた課長は、

谷崎課長　お二人が亡くなられた当時の係員に尋ねたが、経緯は覚えていないとのことでした。

恵さんのお気持ちは分かります。でも法律的にはどうしようもありません。来週、環境省に行くので、必ず伝えます。

失効の注意書きについて、もっと見やすいよう工夫するようにします。

今まで、このことで苦情に来られた方はいません。小笹さんが初めてです。

今日のことはマスコミさんも来ておられることですし、報道していただけると、気が付く方もおられるかもしれません。

2005.6.21.熊本県庁での
恵さんと美代子さん

結局、認定申請失効の件は公健法第五条に則った事務手続きなので県ではどうしようもないけれど環境省には伝えておくということになったが、申請者に対する死後失効の注意書きが気付き難いのではという恵さんの訴えにはすぐに対応した。申請受理通知の中の注意書きを目立つようにと別紙に独立させ、さらに枠囲いまでつけて目立つようにしたそうだ。それは、恵さんの妹も恵さんのすぐ後で認定申請したので、翌月に届いた受理通知書を見て確認したという。これは恵さんの抗議のおかげで実現した副産物だが、これにより同じように申請失効するかもしれない人が少しでも少なくなることを願う。

美代子さんの認定と夏義夫婦の失効取消を求めて、環境省へ

本丸の環境省にも行きたいと、恵さんが自分で予約を取り付ける

最高裁判決後、美代子さんの早期公害認定と夏義・愛子夫婦の申請失効問題で熊本県と交渉してきた美代子さんと恵さんは、県だけでなく本丸の環境省にも言いに行きたいと言い出した。

「県からはなかなか返事が来ないのは環境省が動かないからやと思う。県より敷居が高いけど、環

境省にも行かなあかんのと違う?」と言い出した恵さんは、自分でその敷居の高い環境省との面会予約を申し込むとも言い出した。前年一二月に小笹家の仏壇にお参りに来た滝澤環境保健部長の名刺を探し出したら、ファックス番号があったのでファックスしようということになった。でも、「何て書いたら良いんやろ~。私、字が下手やし~」と悩んでいたが、関西訴訟の原告患者が会いたいっていうのが伝われば良いんじゃないということで、「一一月上旬に伺いたいのですが」とファックスを送ったという。

どうなることかと思っていたら、それから一週間後に恵さんから「環境省から返事が来たよ。一一日やって」ということで、「あとは時間やね」と言っていたら、「環境省から電話があって、二時から一時間ほどの予定で」とのことだった。環境省に患者本人が交渉を申し入れてアポを取ったなんて、多分前代未聞だろう。恵さんは「私にも出来たやん~」と大威張りしていた。

滝澤環境保健部長と二時間話したが……

こうして二〇〇五年一一月一一日、美代子さんと恵さんは山中の付き添いだけで、ついに環境省にやってきた。環境保健部長室に案内されると、あの最高裁判決後の会見で小池環境相と並んで座っていた滝澤部長と書記だけでなく、室長・課長らも勢ぞろい。周りは新聞・テレビの報道関係の人たち。

面会は一時間ほどという約束だったが、両親の失効問題で口火を切った恵さんが喋り続け、約四〇分間は独断場であった。六月に初申請した自身の水俣病認定申請の受理通知の中に、申請中に本人が死亡した時は六カ月以内に遺族が手続きをしないと申請自体が失効になると書かれていたので、熊本県に調べてもらったら両親とも失効していると言われたが、そんな規定を遺族は知らなかったので、失効を取り消してほしいと訴えた。

恵　両親は七四年に認定申請したが、母親は地裁判決の前の九三年、父親は地裁判決の直後の九四年に未処分のまま亡くなった。早く亡くなったのは、それだけ症状が重いからではないの？

2005.11.11 環境省での恵さん（中央）と美代子さん

私も頭痛がひどくなり、正座したら足がしびれるような感じの症状が右手にずっと出るようになった。思い切って認定申請してみたら受理通知が来たんやけど、そこで初めて死後失効の規定を知り、両親の申請が失効していることを知ったのよ。これは知らなかったわたしのせい？　熊本県に訴えに行ったら、最近、失効の規定説明が目立つような通知に変わっていたわ（笑）。

二〇〇四年の最高裁判決で両親ともメチル水銀中毒と確定したんだから、すぐに両親を審査会にかけて行政認定を出してほしい。私は諦めませんよ。

2005.11.11 夕方まで続いた環境省交渉

話を聞いていた滝澤部長は、「ご両親の失効は、小笹さんが悪いのではありません。何分法律で定められていることなので勝手に変えるわけにはいかないのです」の一点張り。納得できない恵さんは「両親は水俣病だったという名誉回復をしたいだけなんです。水俣病の件で非がある国が勝手につくった法律を盾に、患者をさらに足げにするのは許せない」と迫った。

これに対し、滝澤部長は、恵さんの両親の認定について「要するに、名誉回復ということですよねぇ。お気持ちは分かるのですが、法に反することはできませんので」と答えるのみだった。

その次は美代子さんの番で、恵さんに負けず劣らず、熱弁をふるった。

美代子　私の姉はちょうど結婚話が出た頃に劇症患者になり、村八分の中、やせ衰えて亡くなった。両親もきょうだいも認定患者です。私はいつも頭痛と耳鳴りがしています。朝起きたときに体が動くのを確認した時の喜びが分かりますか。水俣病を治す薬の研究を進めて欲しい。ボケてから認定されても遅いです。私には明日がないんです。いつ死ぬか分からんから。子供や孫に迷惑をかけたくないから、認定してほしいんです。

勝訴原告向けの医療手帳をもらったけど、私には必要ないから熊本県を通じて返しました。あんなのでごまかさないで、早く水俣病患者として認めて欲しい。七八年に熊本県に認定申請したが、現在まで結論が出ず処分保留中なので、早く水俣病と認めてほしい。

二二年間も裁判を闘ってきたんですよ。認定申請してからなら二八年にもなるけど、ずっとほったらかしで、国は私が死ぬのを待っているのかと思う。もう耐えられません。

私には、明日という言葉はないんです。棄却や保留という言葉はもう要りません。

これに対し、滝澤部長は「水俣病認定については、熊本県認定審査会の再開に一生懸命努力していますので」と弁明していたが、最高裁判決と認定基準の齟齬《そご》をめぐる問題や、最高裁後に急増した認定申請者数を言い訳にして、最高裁で認められた勝訴原告の認定を遅らせることは理由にならなかった。

なお、面会した環境保健部長室の本棚には著者らの前著『新・水俣まんだら』があり、黄色い付箋が二枚付いていたので、読んだことは間違いないようだったが、夏義さんの仏前に謝罪に訪れた時と同じように、部長も室長も患者の話を神妙に聞くだけで、実のある回答をすることは一切なかった。

結局、窓の外が暗くなってきたことに気付いて驚いた恵さんのおかげで、夕方四時半過ぎに、「私たちは諦めません」「認定しなかったら、坂本さんを救急車に乗せてでもやって来ますからね」と置き台詞を残して環境省を後にした。窓がない部屋だったら、それこそ体力の限界まで続いていたかもしれない。

第五章　行政認定出ても、チッソは補償協定を拒否

恵さんの説得で県の検診に応じた美代子さん

認定申請した恵さんに県職員が疫学調査にやってきた

二〇〇六年四月二五日、恵さんの疫学調査のため、県職員が二人、恵さん宅にやって来た。恵さんが前年六月に熊本県へ出した認定申請に基づく検診のための聞き取りと打ち合わせのためであった。連絡を受けて美代子さんと山中も同席した。

疫学調査とは、認定申請した人に対して「本人や家族の履歴・病歴」を聞き取りするもので、申請から一〇カ月がかりで順番が回ってきたのだった。

まず両親や兄弟姉妹の生年月日や現住所と健康状態の聞き取りに始まって、本人のその時々の身体の具合と通った病院の名前、さらに症状ごとにわけて「いつから始まったか」「今はどうでしょうか」というふうに続いた。疫学調査の所要時間は三時間。

恵　いつもこんなにかかるのですか。

県職員　普通は一時間くらいです。（普通より丁寧にやったらしい）

恵　水俣で受けられますか。

県職員　検診は、水俣と大阪、どちらで受けられますか。

恵　どのくらいの日数がかかるのですか？

県職員　多分二〜三回に分けて、三日ずつくらいは来ていただくことになるかも。

恵　え、いっぺんにはすまないのですか。

美代子　私の眼科の検診の時には、予約やのに何時間も待たされて疲れ果てて……。やっと順番になったら、二重に見えると言っているのに、そんな筈はないと信じてもらえなくて。その人の名前を聞いたんやけど答えないし……。だから、立会い人が欲しいんです。

山中　美代子さんの検診には弁護士か主治医の立ち会いが条件のはずですよね。

恵さんが美代子さんに「検診を受けないと審査会にもかからないよ」と説得

この日はこれで終わり、後日、県職員から恵さんに検診日程の打ち合わせの電話があった。検診は恵さんの希望を入れて熊本で二日間でやれるようにしますとのことだった。

恵さんは自分の検診はそれで了解したが、ついでに美代子さんの認定審査はどうなってますかと聞いてみた。すると予想通り、県の検診が終わっていないので審査会にはかけられないとの返事だった。そこで、今まで受けた検診だけでは認定できないのですかと突っ込むと、残ってるのはもう少しですし、受けてもらえれば確約はできませんが可能性はあるのでは……と口を濁しながらも「何とか受けてもらえるように恵さんからも言ってもらえませんかね」とすがるように頼まれた。その日は「話してはみますが」ということで電話を切った。

第三章ですでに書いたが、美代子さんは県から二〇〇三年一月に検診拒否者扱いされて保留処分のままであるが、美代子さんは追加の検診を拒否しているのではなく、以前の検診の時にひどい扱いを受けたので弁護士か主治医の立ち会いを求めたのだが、県はそれを認めず、さらに三年以上経っていた。その間に二〇〇四年一〇月に最高裁で美代子さんの司法認定は確定したが、県の検診が終了していないので、認定審査会にもかけられず、行政認定はたなざらし状態であった。

県職員から美代子さんに検診を受けるよう勧めてくれないかと言われてからしばらくして、恵さんは美代子さんに切り出した。

恵　県の検診を受けないとずっと審査会にはかけてもらえないそうよ。

美代子　私もそれで悩んでるの。主治医か弁護士の立ち会いを求めてきたけど、このままではずっとたなざらしだし……。せっかく裁判では認められたのに、このままでは死に切れんわ。

恵　美代子さんは裁判でも最高ランクで認められたんやから、この際、一か八かで受けてみてもよいんちゃう？　それでだめやったら不服審査請求もできるんやし……。県の職員の人らもあんだけ気を遣ってくれてるんやから、通る可能性もあるんちゃう？

美代子　そうやねえ。保留という中途半端な状態が続くのにはもう疲れたしねえ。（しばらく悩んだ末に）じゃ、思い切ってかけてみようか？　頼んでみてくれる？

恵　うん、私と一緒の日にするように私から頼んどくわ。

ただこの時点では、認定審査会は最高裁判決後から停止中で再開待ちであった。審査会委員が司法の認定基準と審査会の認定基準が違ったままでは審査できないと就任を拒否したからであるが、国も県も審査会の認定基準は変えないままでの再開を求めていた。再開がいつになるかは未定だったが、いずれ再開されるのは必至であるから、それまでに検診を済ませておくことが必要なことは美代子さんもよく分かっていた。

さらに恵さんは最高裁後の県とのやり取りの中で、関係職員の対応を見て、美代子さんに対する気遣いを感じ取ったようで、ひどい扱いをさせないように配慮してくれるのではと思ったようでもある。美代子さんは受診命令に対して立会人を求めた理由については譲らなかったが、恵さんと話すうちに、「裁判では最高裁で患者と認められ、確定したんだから、県が司法判断を尊重するかどうか、かけてみよう」と決断したのである。

恵さんが美代子さんの気持ちを県職員に伝えると、県職員は美代子さんが検診に応じてくれることを喜んだのはもちろんであるが、「検診の際のご心配も含めて私どもの方で配慮し、早速準備します」と答え、恵さんの検診と同じ日に設定することも約束した。

そして六月下旬になって、県職員から恵さんに電話があり、「小笹さんの検診ですが、八月の上旬になりそうです。美代子さんのも同じ日に設定します」と伝えた後、「検診の時は交通費も出ますから、その時に要請されていた知事とも会えるようにしたいと思うのですが」とのことだった。

美代子さんと恵さんの検診日程が八月一〇～一二日と決まったのは七月中旬だったが、なぜかその直前になって、県水俣病対策課の谷崎課長が「検診の前に、是非お伺いしたい」と言ってるとの連絡が入った。恵さん曰く、「なにしに来るんだろう?」「知事との面会の話をすると、はぐらかすねん」「知事とは会えないと、わざわざ断りに来るんやろうか?」

谷崎課長が恵さん宅に来たのは八月三日の午後だったが、美代子さんに促されて仏壇に焼香した後、案じた通り、「知事は九日は川辺川問題で上京しているので会えなくなりました」との話だった。そんなことなら電話で済むのに、わざわざ大阪まで出向いてきたのかと、恵さんも美代子さんもあきれ顔だったが、直接お伝えせねばという課長に、「さすがに課長を務めるだけあって、そつがない」と感心しつつも、「お気持ちはよくわかると言う割に、話はぜんぜん進まない」とぼやいた末に、今回は検診だけにして県庁には寄らないと決めた。

恵さんと美代子さんが県の検診を受けに一緒に水俣へ

水俣での検診は八月一〇日から市立総合医療センターで、午後一時からだったが、検診拒否者とされた美代子さんが受診するというせいか、玄関から県の職員が付きっ切りだった。検診の公開を求める美代子さんとテレビ局が県職員と交渉を続けてる間に、恵さんが先に眼科の検診に入った。

眼科と耳鼻科の検査で約一時間の予定で、恵さんが終わったら次に美代子さんという予定だったが、恵さんはなかなか出てこなかった。戻ってきた後は「気持ち悪い、フラフラする」といきなり待合室の長椅子に横になり、「人工的にめまいを起こすなんて、ひどい検査や〜」とぼやいていた。

そのうちに起きあがって長椅子に座り、「検査を隠す理由、わかったわ〜。水俣病以外の病気を探しているからやと思う」と言いながら、セデスを一服。検査室に入る前は、「私は初めてやし、心静かに検査を受けたいので」とマスコミから逃げていたのに、出てくると豹変し、マスコミ相手に不満をぶつけていた。

その恵さんは、「美代子さんは検査に入る前から疲れてはったやろ。私がこんだけ疲れるんやから、美代子さんならなおさらで、入院することになるんちゃうかな」と心配していた。案の定、美代子さんも戻ってくるなり、セデスを三服し、長椅子に横になったままだった。後で聞くと、「よく知ってる病院なら、そのまま入院してたと思う」という状態だったそうである。

翌一一日は、美代子さんのMRI検査。三年ほど前に阪南中央病院でMRI検査をした時は、「三浦先生から、小脳が萎縮していて、八〇〜九〇歳代の人みたいになっていると言われた」らしい。今回は、「MRIの写真のコピーがほしい」「もし進行していたら、治療をしたい」「歩けなくなったら、困る」と、何度も何度も県の職員に必死に言い続けたそうである。

本来は「審査会で処分が済んでからでないとダメ」ということだったそうだが、今回は撮影時に立ち会った医師に会い、直接コメントをもらうことが出来たという。

その医師は、「前日から（美代子さんのことは）目に付いていて、斜めに歩くのが気になる」と思っていたという。阪南の機械より簡単な機械で撮影したそうだが、「阪南での写真がないので比較できないが、見たところ異常はない」と言ってもらえたと、美代子さんはホッとした様子だった。

ところで、美代子さんと恵さんの検診にずっと付き添っていたのは、恵さんの疫学検査の時に恵さん宅に来て、課長の訪問時にも一緒に来た県職員であった。検診の日程調整では恵さんと美代子さんに何回も電話をかけ、検診当日は病院の玄関で待ち受け、院内ではずっと付き添い、最後に玄関で見送ってくれた職員である。県職員でありながら人間味のある対応に、怖い思いで勇気を奮って検診を受けに来た二人にとっては、地獄で仏に会った思いであったと言う。

当日、山中がその県職員に聞いたところでは、「しんどい検査は初日にして、帰る頃には回復しているだろうと考えて検査の順番を設定している」「検査は自分でも体験してみた」とのことで、検診に立ち合いを求めた美代子さんの思いに少しでも応えようとしたことがうかがえた。なお、二日目には課長も一緒に付き添っていたとのことであった。

一年振りで環境省へ行ったが、対応は変わらず

美代子さんと恵さんが水俣まで県の検診を受けに行って帰阪した後、埼玉県浦和市の高校から美代子さんと恵さんに語り部の依頼が舞い込んだ。そこで、浦和なら東京の近くだから、そのついでに環境省に寄って県が早く認定するように申し入れしとこうかということになった。

環境省への連絡役の恵さんによれば、電話をしたら水俣病担当の部長・課長・室長が全部交代した

とのことだった。それは仕方がないけど、高校へ行くのが一一月三〇日なので、その前日に行きたいと言ったら、部長・課長はちょうど開会中の国会に出席しなければならないので岩崎康孝特殊疾病対策室長だけになりますとのことだった。それは致し方ないが、こちらも日程を変えられないので、結局、二〇〇六年一一月二九日に美代子さんと恵さんと山中の三人で環境省を訪れることになった。

当日は、まず、美代子さんから、一九七八年に熊本県に認定申請したが、いまだに処分保留中であること、最高裁で司法認定が確定したので八月から県の検診を受けていることを説明した後、「県の検診が終わったら即時行政認定するよう潮谷義子知事に言ってほしい。認定審査会が開けないのなら、知事から認定してもらうしかない。このままなら、私が死ぬのを待っているとしか思えない」と迫った。室長は、「県の審査会なので約束できないが、出来るだけ早く審査会が開けるように努力します」と、前の滝澤部長と同じ答えしか言わなかった。

ついで恵さんが、亡くなってから半年以内に手続きをしなかったとして認定申請失効となった両親の失効取消と行政認定を改めて求めた。「母は父より一年半前に亡くなったが、父は何も手続きしなかったから、その規定を知らなかったはず。団長の父が知らないということは原告の誰も知らないということではないか」と迫った。これに対しても、室長は「心情は分かるが、失効は公健法の五条に基づくもので、法を無視することはできない」と、こちらも前部長と同じ返答を繰り返した。

前回と同じ答えに二人とも憤慨したが、らちが明かず、「加害者のルールで駄目だというのは納得できない。人権を考えているのなら結論を先延ばししないで」と憤り、実現するまで要求し続けると強調して退庁した。

美代子さんと恵さん、熊本県庁で座り込み　知事に早期認定を要請

県の新任課長が挨拶に来阪したが・・・

二〇〇七年五月一〇日、恵さんの自宅に、熊本県の田中課長と職員がやって来た。

「谷崎は保健課長になりまして、私は審査課長になった田中です。ぜひ、お話をお伺いしたいと思いまして……」

肝心の知事との面会については、

田中課長　同様のご希望は他の皆様からもありますし、処分者と被処分者という関係ですし……」

恵　（強い声で）処分って、何よ。私らが何か悪いことをしてるみたい。

田中課長　あ、申し訳ありません、行政用語でして、そういう意味では……

美代子・恵　処分てね、あのね～（怒りの様子）

田中課長　すいません、不注意で。（オロオロ）

恵　わざわざ来てくれはったので、期待してたのに……

二人が知事の面会を求めて二年くらいになるが、これまでは「知事の都合が付かない」ということで実現しなかったのに、今回は頭から「ＮＯ」の回答だった。これには二人とも納得できず、それなら今度はこちらから熊本県庁まで行き、県庁の前で座り込みをしてでも知事との面会を求め、早期の行政認定を求めようということになった。

熊本県庁前で知事交渉求めて座り込み開始、潮谷知事は急遽短時間面会に応じたが……

五月に恵さん宅に来た県の田中課長から知事交渉を拒否された美代子さんと恵さんは、それなら自分たちが県庁に行って座り込んででも実現させると言い出した。そこで、木野と山中はとりあえず、その時のためにと、長い布で横断幕を作った。

「関西訴訟原告より潮谷知事へ　坂本美代子・水俣病と認定して　小笹恵・両親の失効取消を」

美代子さんと恵さんは六月一一日午前九時過ぎから県庁を訪れ、この横断幕を地面に敷いて県庁前のベンチで座り込みを開始した。

すると、二人の行動に気付いた職員が潮谷義子知事に連絡し、二年前から知事に面会を求め続けたが先月になって拒否の返事が来たための行動であることを知らせると、急遽、潮谷知事との面会が実現することになった。しかし知事は……

2007.6.11. 潮谷義子知事（右）に水俣病認定を迫る美代子さん（中央）、左は恵さん（熊本日日新聞、同日付）

美代子　申請から三〇年近くほったらかし。命をもてあそんでいるとしか思えない。最高裁が認めてから二年半も経つのに、なぜ行政は認定できないのか。

潮谷知事　現在実施中の坂本さんの検診が終わり次第、早期に再開された認定審査会に諮り、その結論を待ちたい。

美代子　前のままの審査会では棄却されるだけだから、知事の職権で認定してほしい。

恵　私の両親の認定申請が死後半年で失効するなんて知らなかった。審査会にかけて速やかに行政認定してください。

潮谷知事　お二人のお気持ちは良く分かりますが、県は国のシステムの中でやるしかないのです。手順を踏まないと認定はできません。法律の壁もありますし……。というわけで、お二人の要求をただちに実現するのは難しいのです。

と言うのみで、司法と行政の認定は違う、公健法に従うしかないとの態度を崩さなかった。

この間、わずか一〇~一五分で、知事は予定があるのでと緊急の面談は短時間で時間切れとなった。

美代子さんは「時間も短く、返答にも失望した。被害者のことを理解しているのか」と怒り出し、恵さんも「最高裁で勝ったのに何も前進しない。国のシステムなんて、加害者側が勝手に作っただけで、私たちには関係ない」と怒りを隠せなかった。

二人は短時間の面談には納得せず、再度知事との交渉を要求し、庁舎前の同じ場所に戻って、横断幕を敷き、坐り込んだことは言うまでもない。

再度座り込み、副知事との交渉が実現したが……

潮谷知事との面会が短時間で、前向きな回答もなかったので、再交渉を求めた美代子さんと恵さんの座り込みが七時間に及んだ午後四時半過ぎになって、村田真一環境生活部長が、金澤和夫副知事との交渉を提案してきた。二人はこれを受け入れ、翌一二日に副知事と交渉することで座り込みを解いた。

翌一二日、金澤副知事との交渉は三時間半近くに及んだ。

金澤副知事　坂本さんと小笹さんに座り込みまでさせていることの責任は感じています。ただ私たち行政に携わる者としては、公健法の枠内で動くしかないのです。

美代子　私は最高裁から水俣病患者と認められた。それなのに、どうして行政は認定しないのですか。

金澤副知事　司法認定と行政認定は一体ではないのです。

美代子　以前と同じメンバーの審査会は信用できません。そもそも認定審査会はこれまで次々と患者を棄却してきたじゃないですか。死んだ後に認定審査の結果が届いても意味がないのです。

恵　何十年も苦しんだ末に亡くなった両親のことを思うと、たった六カ月のことで申請が失効していたなんて悔やんでも悔やみきれません。公健法は患者の痛みが分からない法律です。「お気持ちは分かります」といった言葉はもう何度も聞いたし、そのたびにむなしい思いになります。国や県は、被害者を救済しようということよりも、自分たちが責められるのを少しでも軽減しようとしているだけやないんですか。

金澤副知事　一人の人間としてはお気持ちは伝わってくるんですけれども、私たちは法律にがんじがらめで、そういう立場として、なかなか動くことができないのです。

二人から患者の思いをぶつけられた金澤副知事としてはこれが精いっぱいの答えだったのであろうが、患者の二人が納得するわけはなかった。美代子さんと恵さんは同じ県庁で行政に携わる人に患者の思いを分かってほしいと、この二日間、庁内の県職員にもビラを配っていた。

川上さん夫婦とFさんが認定義務付け訴訟を起こす

最高裁判決で認定審査会も休止状態に、その間に大半の原告は闘いの旗を降ろした

ここまでは、最高裁判決後に、美代子さんは自分自身の、恵さんは亡くなった両親の、ともに行政認定とチッソからの補償を求める行動を追ってきた。では、他の原告の人たちはどうしたのであろうか。

前章で書いたように、「友の会」のメンバーも含めて多くの原告は、裁判としては最高裁判決で終わりだから後始末は弁護士に任せるしかないと思っていたようである。高裁で減額された人たちの問題については、附帯上告はしたものの上告理由には該当しないとされたので、個々の原告の賠償金は高裁から変わらなかった。したがって、普通の損害賠償請求訴訟であれば、最高裁判決で終わりであった。

しかし、関西訴訟が起こされた当時はまだ行政義務付け訴訟ができなかったとはいえ、行政が水俣病と認定した患者とチッソとの間で補償協定が結ばれていたのであるから、裁判で水俣病と認められた患者について行政が速やかに認定を出せば補償協定による救済は可能であった。

とくに、高裁判決後に熊本県が起こした検診拒否者問題のとき、患者たちが強く反発したのは行政の検診のやり方に対する不信からであった。これに対して、最高裁は県の検診終了を待たずに水俣病

と認めたのであるから、本来ならすぐにでも行政も認定を出すのが筋であった。

もちろん原告側は最高裁判決直後から行政の認定基準の改正と勝訴原告の早期行政認定を求めたが、環境省は行政と司法は別との態度を崩さず、「判決は公健法に基づく認定基準を否定したわけではない」として国の認定基準を変えない考えを強調し、熊本県も国からの法定受託事務であるから勝手に変えることはできないとの態度を崩さなかった。

さらに、最高裁判決を受けて熊本県の認定審査会の委員が国と最高裁判決の基準が違う中での再任を拒み、二〇〇七年三月まで委員不在の状態が続いた。

審査会を再開させるため、潮谷知事は「現行の認定基準でやっていく」と言明して委員を再任したが、それまでに最高裁判決から二年五カ月が経っており、関西訴訟の勝訴原告が行政認定された場合の対策をチッソに考えさせる余裕を与えてしまったことが後で分かることになる。

恵さんと美代子さんだけでなく、川上さんも行政認定を諦めていなかった

著者らは前著の主人公の岩本夏義さんの思いを継ぐ恵さんと美代子さんに付き添ってきたので、本著では二人が主人公であるが、では二人以外の原告達はどうしたのであろうか。

最高裁での原告五八人(一審では五九人、内一人は棄却で控訴せず)のうち損害賠償が確定した勝訴原告は五一人である。もちろん全員が提訴までに認定申請済みであるが、その人たちの認定審査会の結果は、最高裁判決の時点で保留が七人、棄却が三七人、検診途中及び未検診の人が七人であった。ち

なみに、夏義さんは保留、愛子さんは棄却、川上さん夫婦は保留、美代子さんは検診途中であった。

提訴以後は原告の認定審査も検診も訴訟中ということでほとんど停まっていたが、最高裁で勝訴が確定した人たちは、当然のことだが行政認定の対象となるはずである。一方、、行政の義務付け訴訟（司法が認定すれば行政は認定することが義務付けられるという訴訟）が行政事件訴訟法の一部改正で可能になったのは二〇〇五年四月一日（施行）で、関西訴訟の最高裁判決から半年後である。

したがって、最高裁判決後に改めて義務付け訴訟を起こすことは可能ではあったが、再び長期にわたる裁判を起こそうという動きは原告団にも弁護団にもなかった。もちろん、すでに亡くなっている患者や高齢化と病状悪化でこれ以上の裁判に耐えられない患者が多かったことも事実であるが、最高裁で行政責任だけでなく多くの原告が賠償金を得られただけでも上出来とする弁護団の姿勢を見て、もう最高裁でお終いにするしかないと諦めた原告や承継遺族がほとんどだったことは言うまでもない。

しかし、裁判での賠償金だけでは満足せず、水俣病としての正式な公害認定を行政から得ることで名誉を回復し、チッソから損害賠償の一時金だけではなく、今後の生活を保障する手当（年金）や葬祭料などを得るために補償協定を求めるという強い意志を持った人は、美代子さんと恵さん以外に忘れてはならない人がもう一人いた。言うまでもないが、川上敏行さんである。

一審を副団長として夏義さんとともに闘い、二審から団長を引き継いだ川上さんも、父・義母・兄妹らが苦しんだ末に行政認定されており、「友の会」事件で恵さんや美代子さんとは袂を別つ関係にはなったが、関西訴訟だけでとても諦める気にはなれず、最高裁後も行政認定を求める道を模索していた。

他にも、この『水俣まんだら』を書くきっかけを与えてくれた患者の会会長だった下田幸雄さん(九二年没)や、初代会長だった西川末松さん(九九年没)、一審で役員を務めた川元幸子さん(〇一年没)、「友の会」で頑張った荒木多賀雄さん(〇五年没)、原告団副団長を務めた岩本章さん(〇六年没)なども、生きておられれば多分泣き寝入りしなかったのではと思われるが、この頃にはすでにもう亡くなられていたか、その寸前であり、残念ながら間に合わなかった。

弁護士を変えてまで認定義務付け訴訟に踏み切った川上さん

前述したように、最高裁判決から半年後には認定義務付けを求める提訴が可能となった。しかし、弁護団から勝訴原告に新たな提訴の呼びかけも打診もなかったので、ほとんどの原告は諦めた。

これに対し、美代子さんは裁判で患者の思いを伝えることはできないと行政認定を求めて県や国への直接交渉を始めていた。しかし、川上さんはこの義務付け訴訟を使って行政認定を取りたいと二度目の裁判を選んだ。原告は川上さん夫婦(当時。敏行さん八二歳、カズエさん八〇歳)だったが、なぜか川上さんは関西訴訟の弁護士ではなく、新たな弁護士(中島光孝弁護士他)を選任し、提訴も熊本地裁に行った。しかし、この次に紹介する原告のFさんは同様の認定義務付け訴訟をその二日前に大阪地裁に起こしており、代理人は関西訴訟の弁護士であった。

関西訴訟の最後まで原告団長を務めた川上さんがなぜ弁護士を変えたのかは語られていないが、関西訴訟は行政責任を認めさせただけで終わり、行政認定については当初から関西訴訟とは別だと冷淡だった弁護団への不満が高じたのではないかと思われる。

川上さん自身も、当初は、関西訴訟で国・県の行政責任を断罪したという自負心の方が大きかったようだが、次第に行政認定がないままでは負けと同じという美代子さんと同じ考えに達し、ちょうど認定義務付け訴訟が可能となったことも知ったので、もう一度裁判で闘う決心を固めたのであろう。ただ、関西訴訟では患者の思いを十分ぶつけられなかったので、今度は弁護団を変えて心機一転したかったということだったのではと思われる。

この川上さんのことについては前著に詳しく書いたが、本書が初めての方のために紹介しておこう。

川上敏行さんは一九二四年に水俣市梅戸の漁家で生まれ、岩本夏義さんより一歳下である。小さい頃から父と一緒に漁に出ていたが、一九四一年に海軍の徴用にかかり、その後、徴兵にもかかり、南方の戦地に派遣されたが、ラングーンの近くで終戦（一九四五年八月）を迎えた。その後、無人島で捕虜生活を過ごすが、幸いにも帰還命令が出て一九四六年五月に、水俣に戻ることができた。水俣に戻った敏行さんはもちろん漁師に戻ったが、両親の勧めで翌年一月にはカズエさんと結婚した。

そのカズエさんは夏義さんと同じ獅子島の漁師の娘で、実家は夏義さんの湯の口部落の隣の榎美河《えのみかわ》内《ち》部落だった。カズエさんの家も漁家だったので、カズエさんも小さい頃から漁に出ており、結婚後は敏行さんと二人で夫婦漁に出たという。しかし、結婚して一、二年は大漁だったそうだが、一九五〇年頃になると段々と獲れなくなり、生活が苦しくなり、お金が必要だったので漁業権を漁協に返したそうだ。それでも一本釣りとかは続けたらしいが、さらに生活が苦しくなったので、ついに一九五二年には陸に上がってチッソの下請けの扇興運輸に勤めることになった。

しかし、その頃から周りの自然や人の異変を目の当たりにするようになる。大量の魚が海に浮き上がったかと思うと、そのうちに近所の親しい人たちが次々とおかしくなっていった。そしてついに川上さんの家族からも、発病すると手が付けられないほど暴れまくる「水俣奇病」と言われた患者が出る。一九五六年五月八日発病とされる敏行さんの父の後妻の村野タマノさんは、後の医学文献や写真集、さらに石牟礼道子さんの「苦界浄土」にも紹介されている第三七号患者である。その川上さんの家族の中からはタマノさんだけでなく、その後、父も兄夫婦も二人の妹夫婦も認定されており、典型的な水俣病患者家族であったことがわかる。

川上さん夫婦が大阪に出てきたのは一九六八年で、カズエさんの方が先に親戚からの誘いで来阪し食堂を任されることになり、次いで三カ月後に敏行さんが大阪のセンコーに転勤した。しかし、そのうちに二人ともいろいろ症状が出てきて悩んでいたら、一九七二年に水俣の父や妹たちが認定されたという電話があり、あんたらも申請してみたらと言われた。最初は娘の結婚に差し支えてはと逡巡したが、相談した末に長男次男も含めて四人で申請に踏み切り、熊大病院で検査を受けて診断書をもらい、一九七三年の五月に申請したという。なお、この半年後くらいに申請情報を知った大阪・水俣告発の人が川上さんを訪ねてきたことがきっかけで、以後、川上さんは在阪患者の集まりに顔を出すようになる。

川上さん家族の検診は一九七四年で、七六年と七八年の二回の審査会にかかったが、夫婦はいずれも保留であった。長男次男の二人は二回目の検診で棄却になったので、もうややこしいからとそこでやめさせたが、夫婦の分は取下げなかった。

一九七五年に在阪患者の集まりで、旧知の夏義さんと再会し、お互いに申請していることや、ひどい検診だったこと、みんなが次々と保留や棄却になってることから、夏義さんから患者の会を作ろうという話になり、同年三月に「関西水俣病患者の会」(会長・西川、副会長・川上)が結成された。その後は、夏義さんと二人三脚で関西訴訟の提訴(八二年一〇月)直前まで一緒だったが、その年の四月頃に急に「もう患者の会の副会長も裁判も辞めます」と言い出すハプニングが起こる。

実は川上さんが裁判の準備で弁護士らと熊本に行って帰ってきた際に、帰ってきたら別件で松本弁護士事務所に来るように言われていたらしいが、もう疲れてしまったのでよろしくと松本弁護士に頼んでパスしたらしい。ところが裁判の事務局(支える会)の人から「どうして来んのか。あんたは副会長やのに、そんなんではつとまらんぞ」と言われたという。喧嘩早い川上さんはそれが引き金で提訴直前のハプニングにつながったのだが、言い出したらなかなか収まらない性格のため、提訴の第一陣には間に合わなかった。しかし、川上さんの性格をよく知ってる夏義さんは第一陣の患者に代わる代わる説得に行くよう頼んだ結果、八三年六月に復帰し、八四年六月の第二陣に加わり、副団長就任にも応じた。

その後、夏義さんが亡くなった後の原告団長を務めたが、ここでも高裁判決後のカンパ騒動の時に、

「患者の会」会長を辞めて「友の会」会長に就いたと思ったら、三浦医師の説得で元に戻るというハプニングを起こした。夏義さんが辞世の句に添えた「川上、あまり大きくは揺れぬが良し」は、この川上さんの性格を知ってるが故の友へのメッセージだったのであろう。

ともあれ、最高裁で確定した敏行さんの賠償金は八五〇万円で、カズエさんは六五〇万円であったが、両親や妹夫婦らが行政認定されて補償協定による補償を受けていることを考えると、とても矛を収める気にはなれなかったはずである。その結果、川上さんは県に水俣病と認定するよう義務付けるとともに、七三年五月の認定申請以来三四年間も放置してきた県の不作為違法確認を求める訴訟を二〇〇七年五月一八日、熊本地裁に起こした。

関西訴訟弁護団を代理人に認定義務付け訴訟を起こした勝訴患者のFさん

ところで、川上さんの認定義務付け訴訟のニュースとは別に、もう一人の勝訴原告が関西訴訟の弁護士らを代理人にして認定義務付け訴訟を起こすとのニュースも同じ頃に飛び込んできた。後にFさん訴訟と呼ばれたので、ここでもFさんで通すが、当時八一歳の女性原告であった。Fさんは関西訴訟の役員を務めたわけでもなく、高齢でもあり、特に目立つ人ではなかった。

訴状によれば、Fさんは一九二五年に鹿児島県との県境に近い山間部の水俣市湯出で生まれ、尋常高等小学校を卒業後は両親の農業を手伝っていたが、四三年に結婚して四五年まで水俣市茂道に居住していた。しかし、その後離婚し実家に戻ったり、いろいろあったようだが、五三年にF氏と結婚し、江添に住んで農業に従事していたという。その後、七一年に兵庫県尼崎市へ転居してきたのだそうである。

この間、チッソからのメチル水銀で汚染された魚介類を摂食したのは茂道で網子として漁に従事していた時期で、自ら漁獲した魚や網元からもらった魚を食べていたという。茂道以外の居住地では、行商人から買った魚や夫の釣った魚、自ら採取した貝類、知人からもらった魚等を食べていたという。家庭内認定患者としては、茂道にいた時の夫の母やその妹・弟らをはじめ、七人に上るそうである。

Fさんは高裁で六五〇万円の賠償金が認容された。高裁判決では、Fさんについて、「第一、メチル水銀暴露歴」と、「第二、症候」での個別の考察の後、「第三、判断」として次のように書かれている。

「本患者は、平成九年に行われた阪南中央病院の二点識別覚の検査を受けていないところ、以上検討したように、メチル水銀曝露歴が一応認められ、口周囲の感覚障害が認められる。

これは、本件診断準拠(3)に該当しており、本患者が、メチル水銀中毒症に罹患していると認められ、その症状の程度からすれば、慰謝料額としては六〇〇万円が相当である。そうすると、被告チッソの賠償額は、これと弁護士費用五〇万円との合計額六五〇万円である。また、被告国、県の賠償額は六〇〇万円の四分の一に当たる一五〇万円と弁護士費用五〇万円との合計額二〇〇万円となる。」

Fさんは一九七八年九月に認定申請したところ、県知事から棄却処分の通知を受けたため、同知事への異議申し立てを経て、一九八一年一〇月に国の公害健康被害補償不服審査会に審査請求していた。その直後の八二年一〇月に関西訴訟が起こされたのを知り、第六陣(八八年二月八日提訴)に加わった人である。その後、訴訟中は不服審査会の審査も停まっていたが、二〇〇四年一〇月の最高裁判決後の〇七年三月になって突然棄却の通知が来たので、弁護士と相談して提訴ということになったらしい。したがって、Fさん訴訟は国に裁決の取り消しを、県に棄却処分の取消しと認定の義務付けを求める訴訟となった。こちらは川上さんより二日早い〇七年五月一六日で、大阪地裁への提訴であった。

こうして奇しくも二つの行政義務付け訴訟が起こされ、関西訴訟の最高裁判決の診断準拠と国の七七年判断条件をめぐって、再び長い裁判が繰り返される気配となった。

しかし、美代子さんにとっては、再度の長期にわたる裁判は望むところではなかった。その理由の第一は結果が出るまで自分の命が持たないかもしれないこと、第二は裁判には相当なお金がかかるけどそんな余裕はないこと、第三は裁判というのは弁護士中心で患者の思うようにはならないからであった。

最高裁判決後、美代子さんは真っ先に県や国に行政認定を求めて自ら直接行動を始めてきたのだから、それを続けるとの意思は変わらなかった。そう言えば、夏義さんが一九九〇年一〇月一七日の弁護団通信の裏に次の自戒の句を書き残しているが、まるでそれを実行しているかのようであった。

驚きのニュース・・・「チッソ勝訴後認定患者に補償拒否」

あの県庁座り込みの二カ月後に勝訴原告初の認定者が出ていた？

ここまで書いてきたように、二〇〇四年の関西訴訟最高裁判決後は、直後から行政認定を求めて県と国に直接行動を起こしたのは美代子さんだけであったが、二〇〇七年五月にFさんと川上さんの認定義務付け訴訟が起こされ、六月には美代子さんらが県庁座り込みまでして知事や副知事に早期認定を要請したので注目されたが、その二カ月後の八月に美代子さん・川上さん夫婦・Fさん以外の勝訴原告が初の行政認定を得ていたことが、それから二年も経った二〇〇九年八月六日になって報道でわかる。

そのニュースは『熊本日日新聞』の朝刊に出たが、そこでは、関西訴訟で勝訴した男性(73)とあるだけだったが、後に苗字イニシャルからIさんと表記されたので、ここでもIさんと書く。勝訴後初の行政認定がなぜ、二年間も伏せられていたのかの前に、Iさんのことを先に紹介しておこう。

Iさんは一九三五年に水俣市の湯堂の漁家で生まれ、中学卒業と同時に漁師になったが、漁獲量が急激に減少していったため漁師を続けることができず、一九五八年に大阪に移住し、一九六七年に滋賀県に転居していた。

高裁での症状に関する判断では、「メチル水銀曝露が一応認められ、両手指先の二点識別覚に障害があるところ、これが頚椎狭窄による影響あるいは脳血管障害による影響からきているとは認め難い。また、本患者には四肢末端の感覚障害がみられるところ、両親が認定患者である」とされ、「メチル水銀中毒症に罹患していると認めて相当である」と認容された。

この結果、賠償額は六〇〇万円と弁護士費用五〇万円とされた。なお、Iさんは一審では除斥期間経過として棄却されていたが、二審でチッソに対しては取り消され、逆転勝訴となった人である。
また、高裁判決では審査会の検診は診査途中で結果は入手できていないと書かれているが、上告審中に県から受診命令が出た時に検診拒否者とされた中には入っていなかったので、検診は済んでいたものと思われる。

初認定が、なぜ、二年間も伏せられていたのか?

記事には、次のような見出しが付けられていた。

「水俣病関西訴訟勝訴後の認定患者　チッソ、補償拒否『高裁判決で決着済み』一時金求め提訴」

記事によれば、関西訴訟で勝訴した男性(73)が、その後、二〇〇七年八月に熊本県から公健法による水俣病患者と認定され、チッソとの補償協定に基づく補償を求めたのに対し、同社が「裁判で決着済み」として拒んでいたところ、Iさんはこの二〇〇九年七月末になって、同社に一時金支払いを求める訴訟を大阪地裁に起こしたという。

この記事を見て驚いたことがいくつもあるが、まず驚いたのは。Iさんが認定された時期が二〇〇七年八月とあり、この記事より二年も前だったことである。しかも美代子さんと恵さんが潮谷知事や副知事に直接会った時からわずか二カ月後のことだった。その時にもう少しすれば初の認定者が出そうだと教えてくれるか、少なくとも美代子さんが最後の検診に行った〇八年一一月に一人目の認定が出たことくらい教えてくれていれば、美代子さんも少しは安心したはずである。それなのに、なぜ今まで隠していたのか？　と首を傾げたが、記事の後半を読んで、県が公けにしなかった理由がわかった。

熊日記事にはIさんが行政認定されたということに続けて、驚いたことに、チッソがIさんに対して補償協定の締結を拒否したということが書かれていた。

熊日の記事によれば、チッソは「『裁判で決着済み』として拒んでいる」とか、「男性には、『大阪高裁判決で認められた範囲で既に賠償金を支払っている』と説明した」そうだが、補償協定は第一次訴訟の勝訴原告を含む患者とチッソとの間で結ばれたものであるから、その補償内容の中には裁判で決まった慰謝料も含まれている。したがって、関西訴訟の勝訴原告に対しても、一審または二審後に仮執行で支払われた分は、補償協定の慰謝料から差し引かれるのは当然としても、その余については当然協定通り実行されるものと患者たちは思っていた。

一九七三年に患者とチッソの間で結ばれた補償協定書の前文には「三、本協定内容は、協定締結以降認定された患者についても希望する者には適用する」とあり、チッソはこの「認定」を行政認定のこととしてきたのであるから、今回なぜ拒否したのかがすぐには分からなかった。

最高裁判決直後に原告団から勝訴原告の早期行政認定を国・県に申し入れたのも、行政認定後にチッソに補償協定による補償を求めるためであり、そのことは国も県も交渉の中で十分分かっていたたはずである。当然のことだが、チッソも勝訴原告が行政認定されれば、補償協定の実行を求めてやってくることは想定していたはずである。

しかし、今から思うと、最高裁判決から二年七カ月も認定審査会が停止して審査が進まないという状況の中で、チッソは裁判の賠償金だけで終わりとする対策を考え出したのであろう。一方、国・県は最高裁後、審査の早期再開には同意したものの、七七年判断条件に基づく認定審査や県の検診の受診にこだわったので、美代子さんや川上さんらは検診拒否者として保留のままであった。

この間にチッソが考え出した対策が、民事の決着を裁判所の判決によるか、両者で結んだ補償協定によるかは二者択一という主張で、それによれば関西訴訟の勝訴患者に対する損害賠償はすでに一審および二審の判決で決着済みという論法であった。裁判か協定かの二者択一論で、「仮執行金を受け取ったなら、補償協定は結べない」と門前払いにする主張には驚くほかなかった。

しかし、患者たちに言わせれば、「それなら、仮執行の時に言っといてよ」ということになる。ましてや、専門家である代理人弁護士でさえ仮執行の際にそんな可能性があることを全く気付かなかったのであるから、原告たちにとっては思いもよらない奇策であった。

チッソの補償協定拒否がすぐに公表されていれば……

この勝訴原告初の認定とチッソの補償協定拒否という重大なニュースは、なんと二〇〇九年八月六日の熊日新聞記事まで、二年間もの間、当事者以外には伏せられていたのである。県としては誰が認定されたかは個人情報だからと言うであろうが、関西訴訟の勝訴原告がまだ行政認定されていないという問題はすでに社会問題として周知されていたのであるから、審査会再開後に初認定が出たということぐらいはむしろ率先して発表してもよさそうであった。しかし、その直後にチッソが補償協定締結を拒否したということがわかったので、初認定の情報は一転してマル秘扱いに変わったのであろう。チッソの拒否に驚いた県は環境省に問い合わせたらしいが、民と民の問題だからと言われて動けなかったということは後の県や環境省との交渉で明らかとなる。

このときのチッソの対応については、八月六日の熊日の30面の記事に次のように書かれていた。

チッソによると、裁判で勝訴した原告が公害健康被害補償法に基づく行政認定を受けたケースは初めて。

同社は二〇〇七年の県による認定後に男性と接触。男性は補償協定に基づく補償を受ける意思を示したが、チッソ側は「判決に基づき、既に賠償金を支払っている」として拒否。認定から約二年がたった現在も補償協定は交わされていない。

チッソは「補償協定はあくまで当事者同士が合意の上で、任意で結んでいるもの」と強調。提訴について「私どもの話に納得していただけなかったのは残念」と話している。

この記事にあるように、Ｉさんは認定後すぐにチッソに補償協定による補償を請求したようだが、チッソが拒否し続けたようで、どうにもならなくなった末に、関西訴訟の弁護士に相談して訴訟ということになったようである。しかし、県の認定から提訴まで二年もあるので、なぜその間、Iさんないしは相談を受けた弁護士の方からすぐに公表して世論に訴えなかったのだろうか。

Iさんの認定は二〇〇七年八月で、チッソはすぐに補償協定を拒否したそうだが、その頃、水俣病問題は大きな転換期の最中であった。

次頁の表に示すように、関西訴訟の最高裁判決で行政責任を認められた国と熊本県は、未認定患者の救済を迫られるが、国は七七年判断条件に基づく認定基準に固執したため、一九九五年の政治和解を主導した全国連は再びノーモア・ミナマタ訴訟と名付けた集団訴訟を二〇〇五年から起こし始めていた。

一方、最高裁判決以後、行政の認定基準と最高裁の認容基準が異なることを理由に熊本県の認定審査会が開けなくなっていたが、国が行政の認定基準は変えないと明言したので二〇〇七年三月から再開され、八月に県の検診が終っていたIさんが関西訴訟勝訴原告初の認定となった。しかし、その認定直後に想定外のチッソからの補償協定拒否に遭い、一人で悶々としていたIさんは、チッソの態度が変わらないので関西訴訟の弁護士に相談した結果、補償金訴訟を起こすことになったというわけである。

Iさんの行政認定から二年間、これらの事実はIさんだけでなく関係者（熊本県、環境省、関西訴訟の弁護士）からも公表されなかったが、Iさんの提訴前後は第二の政治和解と言われる時期の真っ最中であった。さらにIさんの提訴は、関西訴訟の最高裁判決後に起ったノーモア・ミナマタの集団訴訟を第二の政治決着で収めるために「水俣病特別措置法」を成立させたまさに直後であった。二〇〇九年のIさん提訴の報道直後に補償協定の立会人三人がチッソの拒否を批判する声明を出したくらいであるから、もしチッソから拒否された二〇〇七年に公表していれば、チッソの強引な態度は第二の

Iさん補償金訴訟提訴前後の略年表

2004.10. 1	関西訴訟最高裁判決
2005.10. 3	ノーモア・ミナマタ熊本訴訟第1陣提訴。以後、追加提訴や大阪・東京でも提訴あり、最終的には原告数は3000名以上に上る
2007. 3.10	最高裁判決後止まっていた熊本県認定審査会が再開
2007. 5.16	関西訴訟勝訴原告F、認定義務付け訴訟提訴
2007. 5.18	関西訴訟勝訴原告K、認定義務付け訴訟提訴
2007. 8.15	関西訴訟勝訴原告Iを熊本県が行政認定。チッソは補償協定を拒否
2009. 7. 8	水俣病特別措置法、成立
2009. 7.29	I、補償金訴訟を大阪地裁に提訴
2009.10.24	協定立会人、チッソ拒否を批判
2010. 3.15	熊本地裁、一時金210万円などを柱とする和解所見を提示
2010. 3.18	鳩山首相、所見受け入れを表明
2010. 3.24	蒲島県知事、所見受け入れ表明
2010. 3.26	チッソ、所見受け入れ表明
2010. 3.28	ノーモアミナマタ原告団、所見受け入れを決定
2010. 4.16	特措法に基づく救済措置方針を閣議決定。申請期限は2012.年7月末まで。熊本水俣病の一時金対象者は30,433人

政治和解を進める上でも障害となるだろうから、もっと多くのチッソ批判が高まり、チッソに翻意を迫る動きも期待できたかもしれない。絶好の機会を活かせなかったのは返す返すも残念なことであった。

Iさんの記事から一カ月後にやっと美代子さんに県から認定の電話

あの記事から一カ月後に、県職員がやってきた

その熊日報道から一カ月後の二〇〇九年九月七日、県から美代子さん宅に三人の職員がやってきた。特に用件があるというわけではなく、お話を伺いたいとのことだったが、なぜか熊本県民テレビが付いて来ていた。この日の美代子さんの話を二日後のニュース特集の中で「申請から三〇年余り、認定を待ち続けるある女性被害者の思い」という内容で紹介したそうだから、美代子さんの認定が近いことを知っていたようである。

同席した恵さんによると、美代子さんの語りをひとしきり聞いた後、先に認定されたIさんがチッソに補償協定を拒否され、裁判を始めることも話題になったそうだ。

美代子さんが「そんなんやったら、もし認定されても意味がない。なんのために今まで頑張ってきたのか分からない。悔しい～」と嘆いたら、県の人たちも「私たちも一生懸命に作業をして認定を出しても、無視されるのなら、とても悔しい。でも、法律的には、どうしようもない」と、お互いに悔

しがっていたそうである。しかし、恵さんは「一生懸命に仕事して、よ〜く考えて認定をしたのなら、最後まで責任を持って面倒みてほしい」と、まるで今後を予感させるような注文を付けたという。

やっと美代子さんが水俣病として公害認定されたが……

そして予想通り、県職員が来てから一カ月後に、やっと蒲島郁夫知事が二〇〇九年一〇月六日付で美代子さんを水俣病患者として行政認定したという記事が翌七日の『熊本日日新聞』に出た。もちろん、その日の午前一一時頃に美代子さんには直接電話があった。

その記事によれば、美代子さんは七月の審査会にかけられ、九月二八日に「認定相当」との答申が出されたという。熊本県による水俣病認定者としては一七七九人目であった。記事には、蒲島知事が「これまでの大変なご苦労に対して、知事として心からおわび申し上げたい」と述べたという定番のコメントしか載っておらず、認定後のことには何も触れていなかった。

この記事が出た後、マスコミから美代子さんにコメントを求める電話が殺到するのは目に見えていたので、山中は美代子さんの意を受けて各社に次のメールを流した。

「今日の朝一一時頃、認定の電話を受けました。いのちのたらい回しをされています。今は、そっとしておいてください」。

各社とも了解し、これを美代子さんのコメントとして紹介してくれた。また、熊日の記者からは、チッソに「どうするのですか?」と質問したが、チッソはつれない返事をしているようですと教えてくれた。

美代子　チッソがなにをえらそうな。中途半端なお金（判決の仮執行金のこと）しか払ってないのに。チッソが裁判をした原告を補償協定の対象にしないつもりだと知ってたら、私は裁判なんかしなかった。

それに、そんな余計なこと、聞きに行ってくれんでも。（チッソにどうするのですかなんていうことは聞いてほしくなかったという意味。もしかしたら……と抱いていたかすかな期待が打ち砕かれたということ）

県には最後まで責任を持ってほしい。検診はしました、認定もしました、お金は向こうで貰って下さいなんて、命のたらい回しはやめてほしい。私には命は一つしかない。いい加減にしてと言いたい。

チッソがこんなに大きな態度を取れるのは、国と県が後ろ盾になっているからだと思う。そうでないのなら、補償協定を認めるよう、チッソに言ってほしい。

今後のことは、まだ県から、正式な通知が来ていないからねぇ。それを待ってから。

恵さんも曰く、

恵　裁判したら補償協定が適用されないなんて、どこに書いてある？　そんなことを知っていたら、最初から誰も裁判なんか、しないわ。

補償協定通りのお金をくれたら、裁判で貰ったお金は、その場で返すんやから。県の認定も、美代子さんにとっては、このままでは不渡り手形。中身がある認定になるよう、県は最後の最後まで、責任を持ってほしいわ。

チッソ、美代子さんにも補償協定を拒否する

この翌日の二〇〇九年一〇月八日の新聞には、美代子さんが嫌がっていた前日のチッソ取材の話が熊日の紙面に載った。以下はその熊日の記事からである。

患者補償　チッソ再び拒否姿勢　新たに認定の女性にも

水俣病関西訴訟で勝訴後、熊本県から水俣病と認定された原告に対する補償を、原因企業チッソが「裁判で賠償責任は果たした」と拒否している問題で同社は七日、新たに認定された女性原告にも同様の姿勢で臨む意向を明らかにした。

女性は、水俣市出身で関西訴訟で勝訴が確定した坂本美代子さん(74)。県は六日、認定審査会の答申に基づいて坂本さんを患者と認定。結果を坂本さんとチッソに口頭で連絡した。

これに対し、チッソの堀尾俊也総務部長は七日、「県から正式な連絡がなく、コメントしよう

がない」とした上で、「確定判決が出ている方に関しては、損害の補てんは結論がつけられている。その考えは変わっていない」と説明。今後、チッソと患者団体との間で交わされた補償協定に基づく補償を坂本さんが求めても、同社は拒否する構え。

関西訴訟の勝訴原告をめぐっては、県が二〇〇七年八月、関西在住の男性（74）を認定。裁判の勝訴原告が行政認定される初のケースとなったが、チッソが補償を拒み、環境省や県もこれを黙認。男性は〇九年七月、「裁判で受け取った賠償金との差額だけでも受ける権利がある」として、大阪地裁に訴えを起こしている。

また、国の公害健康被害補償不服審査会は一日、芦北郡の勝訴原告の男性＝死亡当時（92）＝に対する県の認定棄却処分取り消しを裁決。男性は県から逆転認定される可能性が高まっている。

チッソの対応について、熊本学園大の富樫貞夫教授（環境法）は「損害賠償を求める裁判と補償協定に基づく補償は別個の紛争とみるべき。片方の紛争が決着したから、すべて解決したというチッソの主張は通らない」と話している。

チッソの補償協定拒否に熊本県・国はどうする？

美代子さんに認定書を手渡しに来た県は、チッソの補償協定拒否にどうする？

美代子さんの認定については、電話と報道の方が先行したが、県からはまだ正式に認定書は届いていなかった。美代子さんにとっては、認定は一里塚で、チッソが今回も補償協定拒否とのニュースがすでに流れていたので、認定後の方が問題であった。

二〇〇九年一〇月六日認定のニュースから、正式に認定書をもって県職員がやってきたのは、八日後の一五日になってからであるが、チッソが拒否するつもりであることは美代子さんには前述のようにすでに伝わっていた。

当日の様子は翌一六日の熊日に二つに分かれて記事が出ていた。一つは一五日に県の課長が美代子さん宅を訪れ、正式に認定通知をしたことを伝える記事である。

県が認定通知、謝罪　関西訴訟原告の坂本さん

県は一五日、水俣病関西訴訟の勝訴原告で、蒲島郁夫知事が新たに水俣病患者と認定した坂本美代子さん(74)＝大阪市＝に対し、認定を正式通知した。坂本さんは、認定を受けた勝訴原告に対する原因企業チッソの補償拒否を黙認する県の姿勢について「県は認定後の補償まで責任を持つべきだ」と批判した。

寺島俊夫・県水俣病審査課長らが坂本さん方を訪れ、申請から認定まで三一年かかったことについて「長らくご心労をおかけしたことを心からおわび申し上げます」と謝罪。患者認定を正式に知らせる「指令書」を渡した。

チッソが「裁判で決着済み」と補償を拒んでいることに関し、坂本さんが「国や県が動かない

と、チッソも動かない」と県の働きかけを求めたのに対し、寺島課長は「県の仕事は認定までで、あとは民事の話」として、仲介する意思がないことを伝えた。

坂本さんは「チッソと話し合いをする際、せめて同席だけでもしてほしい」とも求めたが、寺島課長は「要望は知事に伝えたい」と述べるにとどまった。

坂本さんは水俣市出身で、一九七八年に認定申請。八二年に参加した関西訴訟で勝訴した後も、行政認定を求めて県庁での座り込みなどを続け、今月六日に認定された。

もう一つの記事は、チッソが美代子さんにも補償協定を拒否していることと、それを国・県が黙認していることを伝えていた。

チッソ拒否、国・県は黙認　補償なく心晴れず

「心からおわび申し上げます」。三一年かかった水俣病の「認定」を伝えに来た県の担当者に頭を下げられても、心は晴れなかった。一五日、大阪市の自宅で通知を受けた坂本美代子さん(74)。関西訴訟で勝訴した坂本さんらに対し、チッソは「裁判で決着済み」として補償を拒み、国や熊本県は黙認。終わりの見えない闘いに坂本さんは「命をもてあそび、たらい回しにし、最後はもぎ取ろうというのか」と訴えた。

関西訴訟の原告にとって、一〇月一五日は、五年前に水俣病の発生・拡大について国と県の賠

2009.10.15. 水俣病の行政認定を知らせる「指令書」を県職員から受け取る美代子さん（左）。（熊本日日新聞、同日付）

償責任を確定させた最高裁判決を勝ち取った記念日。今回の認定に補償も伴えば「最高に幸せな日」のはずだったが、届いたのは認定を知らせる「指令書」一枚。

居間のテーブルを挟み寺島俊夫水俣病審査課長が差し出した指令書を手にした坂本さんは「私の命はこんなに薄っぺらいものだったのか」とつぶやいた。

坂本さんはその場でチッソに電話をかけて認定を伝え、補償の内容を尋ねた。しかし、回答は「裁判で賠償は済んだ」。予想はされたものの、電話を切った坂本さんはうなだれるようにテーブルに顔をうずめた。

この日は、孫二人が様子を見に来ていた。穏やかな表情に戻った坂本さんが「あの子たちに、ばあちゃんは頑張って（補償を）勝ち取ったよと伝えたいんです」と話すと、寺島課長が目に手をやる場面も。しかし、「チッソにきちんと補償させるため県も動いてほしい」という坂本さんの要望には明確な返事が返ってこなかった。

この記事には「チッソに坂本さんはその場で電話をかけて……電話を切った」とあるが、美代子さんによれば、その堀尾俊也チッソ総務部長との電話の終わり際に「じゃあ、伺わせて頂きますから。私は諦めませんから」と啖呵を切ったそうである。

ところで、問題は認定を出した県知事はチッソの補償協定拒否にどうしてくれるのかであった。

県知事の本心はどこ？

美代子さんの疑念は、認定を出した県は補償協定を拒否するチッソにどうしてくれるのかという疑念であったが、美代子さんの認定直後の二〇〇九年一〇月九日の定例会見で、蒲島知事（二〇〇八年四月より潮谷知事から引き継ぐ）は、Ｉさんが七月にチッソを相手に提訴した後、県は環境省に見解を照会したが、同省は「裁判確定による損害賠償を受けた被害者は原則、その損害がすべて補てんされている」旨を回答してきたという。したがって県も環境省にならってチッソの対応を黙認する考えをあらためて示したと一〇月一〇日の熊日は報じていた。

その記事では、美代子さんの認定に対するチッソの対応を、県も環境省にならってチッソの対応を黙認すると書かれているが、実は最初のＩさんの認定の時にも「チッソが事前に環境省と県に補償拒否を伝え、両者とも黙認していた」（〇九年八月八日、熊日）と報じられていたから、またかと思わざるを得なかった。その記事では、さらに続けて、知事はこの見解を踏まえ、「個人的には割り切れない複雑な気持ちだが、県の認定業務は国からの法定受託事務で、環境省と同様の判断をせざるを得ない」と強調。「今のところ、県が乗り出してこうすべきという状況ではない。同省と今後協議することも考えていない」と語ったという。

その時は、予想通りの何とも煮え切らない対応だと思っていたが、四日後の一四日の熊日には、なんと知事が環境相に「どうにかならないか」と相談を持ち掛けていたという記事が出た、

2009.10.9. 行政認定された関西訴訟勝訴原告への補償を拒むチッソの対応を黙認する考えを示す蒲島郁夫知事（熊本日日新聞、翌日付）

チッソの補償拒否　「どうにかならないか」
蒲島知事が環境相に相談

水俣病関西訴訟で勝訴した後に県から水俣病と認定された患者に対し、原因企業チッソが「裁判で決着済み」として補償を拒んでいる問題で、蒲島郁夫知事が小沢鋭仁環境相に「どうにかならないか」と相談を持ち掛けていたことが一三日、分かった。小沢環境相が閣議後会見で明かした。

蒲島知事は、六日に環境省で小沢環境相と面会し、水俣病問題をめぐり意見交換。知事によるとその際、チッソの対応について「行政の長としてではなく、県民の味方である政治家として割り切れない」との思いを小沢大臣に伝え、「どうにかならないだろうか」と問い掛けたという。知事からの相談について、小沢環境相は一三日の会見で「確約はできないが、いろいろ検討してみると申し上げた」と語った。しかし具体的な検討内容は「何ができるか、何もできないかも含めて検討中」と述べるにとどまった。

この問題で、蒲島知事は九日の定例会見で「個人的には割り切れない複雑な気持ち」としつつ、チッソの対応を黙認する意向を示した。環境省とも「取り立てて協議はしていない」として、環境相に相談を持ち掛けたことは明らかにしていなかった。

記事の最後にあるように、蒲島知事は九日の定例会見では、環境省とも「取り立てて協議はしていない」として、環境相に相談を持ち掛けたことは明らかにしていなかったので、一体知事の本心はどこにあるのか、美代子さんも測りかねていた。

ただ、この記事は寺島課長が美代子さん宅を辞した後で知ったので、来訪時に直接確かめることはできなかった。そこで、美代子さんはもし知事が動いてくれればとのかすかな望みにかけて、すぐに寺島課長にファックスを送った。

寺島課長殿
本日、認定の通知を持ってきていただき、ありがとうございました。

せっかくの認定ですが、チッソは補償協定を拒否しています。報道によると、県知事さんは、環境大臣に「勝訴原告に対するチッソの補償拒否」のことを言って下さったと聞きました。今度、大臣とお話をする際には私を連れて行ってください。段取りをつけていただけるよう、お願いします。

最高裁判決で、国と熊本県はチッソと同じ加害者になりました。勝訴したら、補償協定が適用されないことを知っていたら、私は裁判を降りています。私にとって認定と補償協定はセットです。補償協定が無ければ、私は生活していけません。認定を中身のあるものにするのが、県の責任だと思います。認定されるまで、三二年もかかりました。

県知事さんが上京して環境大臣に会う時は、私が同行できるよう、段取りをして下さい。大阪から東京に行く交通費は、自分でなんとか工面いたしますので、よろしくお願いします。

二〇〇九年一〇月一五日　関西訴訟最高裁判決から五年目の日　坂本美代子

これに対し。翌一六日に寺島課長から帰ってきた返信は、「一五日にお伺いしました際は、大変お世話になりました。今後も、いろいろとやりとりをさせていただきますので、よろしくお願い致します。お体くれぐれもご自愛ください。寺島」という儀礼的なファックスで、お願いの儀は体よくあしらわれた。

チッソの補償協定拒否に抗議する動きが水俣からも、協定立会人からも出たが……

関西訴訟の勝訴原告が認定されてもチッソから補償協定を拒否されているというニュースがIさん、美代子さんと相次いだのを受けて、一六日、水俣現地の水俣病被害者団体からチッソに補償を実行するよう申し入れが行われた。最高裁後の関西訴訟勝訴原告の闘いへの共感が広がっている証拠であったが、肝心の関西訴訟原告団は解散し、美代子さんは自主交渉を、Iさんは補償金訴訟と別々の道を歩んでいたので、関西訴訟の原告抜きの交渉には限界があった。

申し入れたのは水俣病被害者互助会と水俣病互助会で、東京のチッソ本社へ、すみやかに補償協定に基づく補償をするよう申し入れたそうだが、チッソの堀尾部長は「水俣病による損害は裁判の結論に基づいて支払い、すべて補てんされている」との主張を繰り返したという。また環境省も訪れ、チッソに補償金支払いを働き掛けるようよう要望したが、白石順一総合環境政策局長は補償問題への対応は明言を避けたという。

しかし、もっと力強い支援の動きは、補償協定の当時の立会人らが補償協定締結を拒むチッソとそれを黙認する国・県を批判したことである。以下はそれを報じる一〇月二五日の熊日の記事である。

協定立会人が批判　補償拒むチッソ、行政黙認

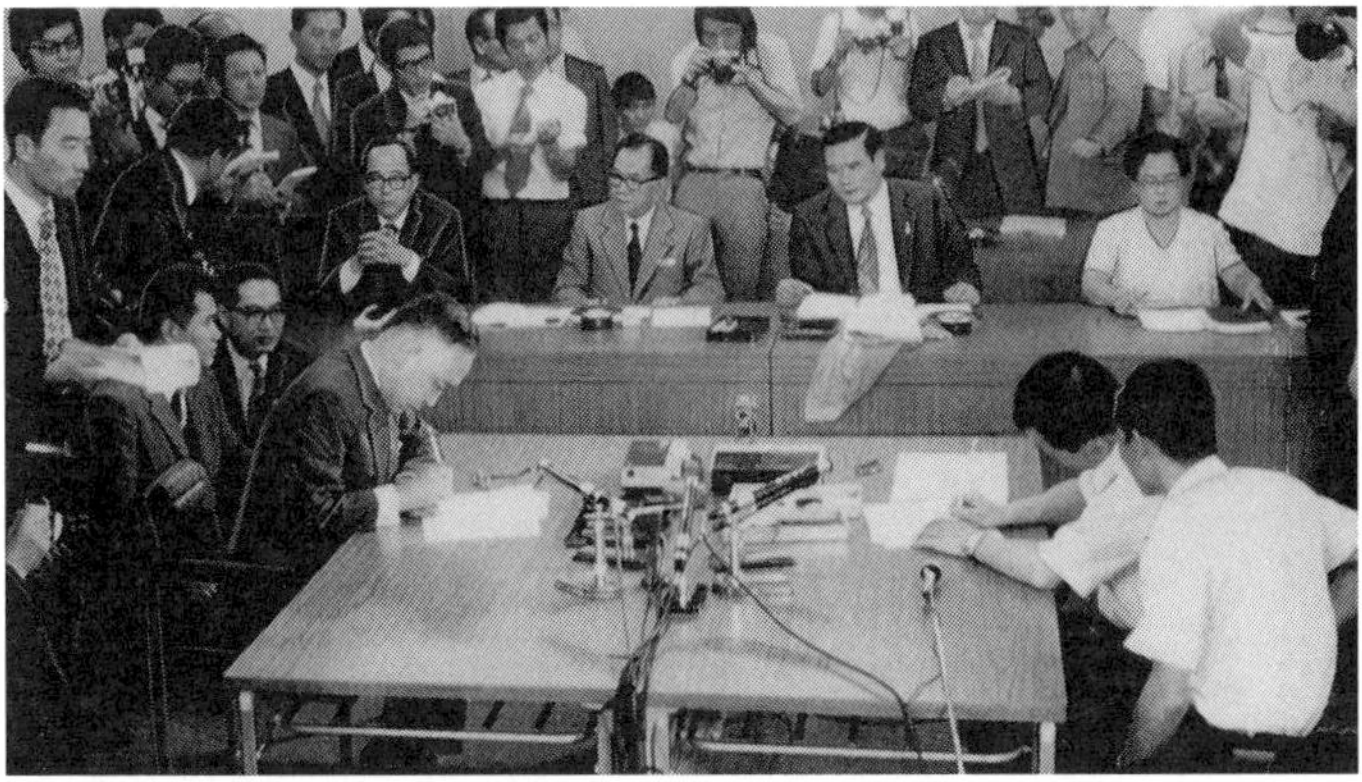

1973.7.9. 環境庁で補償協定の調印式を見守る４人の立会人。奥左から沢田一精知事、三木武夫環境庁長官、馬場昇衆院議員、日吉フミコ水俣病市民会議会長（熊本日日新聞、2009.10.25 付に再掲載）

水俣病関西訴訟で勝訴後、県の認定を受けた患者への補償を原因企業のチッソが拒んでいる問題で、補償の根拠となる補償協定締結に立ち会った四人のうち、既に亡くなった三木武夫元首相を除く三人全員が、二四日までの熊本日日新聞の取材に応じ、勝訴原告を除外するチッソや、それを黙認する国・県を批判した。

補償協定は、一九七三年の水俣病一次訴訟に勝訴した原告と自主交渉派の患者で結成した東京交渉団が、同年七月、チッソとの交渉の末に交わした。調印には、当時環境庁長官だった三木元首相と馬場昇衆院議員(83)、沢田一精知事(88)、日吉フミコ水俣病市民会議会長(98)の四人が立会人となった。

チッソはこれまで補償協定に基づいて認定患者に補償を履行。しかし、勝訴原告の患者たちには「裁判で賠償責任は果たした」との理由で拒んでいる。

同社の対応について馬場元議員は「そもそも勝訴原告が当事者となって交わした補償協定。今ごろになって例外扱いするのは通用しない」と指摘。「協定の運用を患者や立会人に相談もせず、加害者が勝手に変えることは許されない」と憤る。

一次訴訟から患者側に立って活動してきた日吉会長は「協定は患者が座り込みや長い交渉を経て苦労して勝ち取った大切なもの。それを守らないチッソはおかしい」と話した。

沢田元知事は協定締結時、「県知事として立ち会った」と強調。「今の知事や国会議員が仲介に乗り出す必要がある」と指摘している。

補償協定は患者の病状などに応じた一時金や医療費、年金などの支給を規定。協定締結時の患者だけでなく、その後行政認定を受けた患者にも「希望する者には適用する」との項目が盛り込まれている。

亡三木元首相（当時。環境庁長官）以外の三人の立会人が全員「勝訴原告を除外すべきではない」としてチッソを批判したこと、さらに沢田元知事が「今の知事や国会議員が仲介に乗り出す必要がある」と指摘したことは画期的なことだったが、チッソはもとより、県知事も環境大臣もこれを無視した。

最終的に行政認定を得た関西訴訟の勝訴原告は六人

上告審中に棄却され、不服審査請求していたMさんは、死後、三人目の認定に

前述した一〇月八日の熊日記事の最後の方に書かれていた芦北郡の勝訴原告とはMさんのことで、この後、記事の予想通り、一〇月一六日に勝訴原告の三人目として美代子さんから一〇日後に県から行政認定された。

Mさんは一九一五年に芦北郡津奈木町赤崎で生まれ、尋常高等小学校を卒業後、網元をしていた父のもとで網子として漁業に従事していたが、一九六三年に同じ原告の妻と結婚し、その頃から魚が獲れなくなったので同年に横浜に移住し、さらに翌年大阪に移り、工員などの仕事をしていた。しかし、次第に手足にしびれ感や視覚障害などの症状が出てきたので、一九七七年に熊本県に認定申請を出したが、一九八〇年に「保留」とされたため、一九八二年の関西訴訟原告となった。Mさんの家庭内認定患者としては兄・姉・従兄弟・従姉妹が認められている。

ところが、上告審中にもかかわらず、二〇〇三年になって県から突然「棄却」処分とされたため、同年、担当の弁護士から不服審査請求を出してもらっていた。その審理は最高裁判決後も続いていたが、Mさんは二〇〇七年に亡くなったため、養女が引き継いだ。そして二年後にやっと請求が認められ、県から認定されたが、申請から三二年と美代子さんよりさらに一年長かった。なお、Mさんの妻もMさんと一緒に申請、保留、提訴、棄却と続き、不服審査請求をしていたが、棄却は覆らなかった。

このMさんの逆転認定で関西訴訟の勝訴原告から三人の行政認定が出たことになるが、チッソはMさんについても裁判で決着済みとの態度を崩さなかった。しかし、すでに最初の勝訴認定患者Iさんの補償金訴訟が同じ関西訴訟の弁護士から起こされていたので、養女はその成り行きを見ることになった。

最高裁判決後、県に行政認定を求めた人は何人くらい？

ここまででIさん・美代子さん・Mさんの三人の勝訴原告が最高裁判決後に県から行政認定を得たことになるが、Iさんと Mさんは提訴時の審査会状況は「保留」で、美代子さんは「未検診」であった。保留と未検診は審査途中ということなので、訴訟中は審査が止まっていたが、裁判終了後は検診と審査が再開されることとなる。しかし、提訴までに「棄却」処分を受けていると、行政不服審査請求を出さない限り打ち切りとなる。関西訴訟の勝訴原告から行政認定を求めた人はいったい何人くらいだろうか。

関西訴訟の原告は全員、提訴までに水俣病の認定申請は終えていたが、長引く審査と相次ぐ棄却に納得できないために司法認定を求めて提訴したので、県は提訴と同時に訴訟中ということで認定審査をその時点で止めていた。しかし、高裁判決後に県は未認定者を減らそうと急に受診命令を出して審理を再開しようとしたことがあり、Mさんはその被害者であるが、ほとんどの原告は「未認定」であった。

勝訴原告五一人の提訴時の審査会での状況は、「棄却」三七人、「保留」七人、「未検診」七人である。「棄却」とされていた人が七割以上に上るが、「棄却」は審査会では処分済みなので、先に書いたように不服審査請求をしない限り、裁判が終わっても審査会にかかることはない。

一方、「保留」の七人と「未検診」の七人は審査途中ということなので、当然、最高裁後の審査会の対象になる。しかし、裁判中に亡くなった場合は死後半年以内に遺族が継承していないと認定申請自体が失効となる。このことは公健法に定められているが、関西訴訟では弁護士も支える会も気が付かなかったようで、後に恵さんが両親の申請が失効していることを知って初めて明らかになった。最高裁後に再開された審査会（二〇〇七・三・一〇）までに亡くなった人は夏義さんを含め少なくとも七人に上るが、夏義さんでさえ手続きをしていなかったのであるから他の人も同様であろう。

これらからわかることは、最高裁後の審査会にかかる原告はごくわずかであるということと、「棄却」とされた原告には行政不服審査請求という厚い壁があることである。

ここまでに審査会を経て行政認定までたどり着いた勝訴原告は、Iさん・美代子さん・Mさんの三人まで書いてきたが、認定義務付け訴訟の川上さん夫婦とFさんはどうなったのであろうか。

川上さん夫婦は義務付け訴訟を取り下げて、認定後、公健法障害補償費請求訴訟へ

川上さん夫婦は関西訴訟の最高裁後、二〇〇七年五月に認定義務付け訴訟を熊本地裁に起こしていたが、その後、二〇一〇年一二月の進行協議で、県は川上さん夫婦に二回目の受診勧告を行い、受診

に応じなくても認定審査会の処分を決める意向を表明した。川上さんは二〇〇三年の受診勧告の時と同様に主治医または弁護士の立ち会いを求めていたが、翌二〇一一年になって美代子さんと同じように県職員の勧めに応じてやむなく県の再検診を受診した。さらに、義務付け訴訟では認定だけでなく、「保留」が長く続いたことの違法確認の他、認定基準の誤りも訴えてきたが、高齢なので認定を先に確定させるための決断だったのであろうが、あわせて訴訟自体も取り下げた。

その結果、県は同年七月に川上さん夫婦をやっと認定した。敏行さん（八六歳）もカズエさん（八四歳）も、申請から実に三八年と原告中最も長くかかった末の認定で、勝訴原告では四人目、五人目の認定であった。この川上さん夫婦の認定報道を受けたチッソは「まだ協定締結の申し出はないが、仮にあっても応じられない」と早々と拒否のコメントを出していた。

これに対し、川上さんの弁護団は「公害健康被害補償法による補償給付の申請を検討している」と表明し、実際に二〇一二年三月になって、公健法に基づく補償給付を県に請求した。

これまで水俣病の行政認定を受けた患者はすべてチッソとの補償協定を選んできたが、公健法への請求を選んだのは川上さんが初めてであった。公健法による給付は補償協定とは違って一時金はなく障害補償費や療養手当などが出るものの協定ほど手厚くはないと思われてきたが、前例はなかった。川上さんの弁護団は公健法を選んだ理由として「認定基準を硬直的に運用し、申請から認定まで三八年もかけた県に責任を償ってもらうため」と説明したが、チッソに補償協定を求めない理由は説明しなかった。

川上さんがチッソに補償協定の締結を求めなかった理由は不明だが、先行している美代子さんの自主交渉やIさんの補償金訴訟に後から与することは川上さんにはできなかったようだ。

さらに、川上さんは認定義務付け訴訟の時から、なぜか関西訴訟の弁護士ではなく熊本の弁護士に依頼していた。行政責任を認めさせたのだから、賠償金を得ただけでも良しとし、行政認定は関西訴訟とは別の問題としていた関西訴訟弁護団の態度に不信を抱いたからではと思われる。その結果、認定義務付け訴訟を別の弁護士に依頼しただけでなく、行政認定後もチッソへの補償金訴訟ではなく、県への障害補償費請求訴訟ということになったのであろう。

Fさんは棄却処分の取消し訴訟中に亡くなったが、良心の証言で認定へ

川上さん夫婦とほぼ同じ頃に関西訴訟弁護団の方から認定義務付け訴訟を起こしてもらったFさんの方は、提訴時「棄却」だったので、当然ながら県の棄却処分の取消しも同時に求めていた。このため、審査会の水俣病認定基準である国の七七年判断条件（複数症状の組み合わせ）と最高裁のメチル水銀中毒の認定基準の違いが争点となったが、二〇一〇年、大阪地裁は「組み合わせ論には医学的正当性がない」として認定を命じた。しかし控訴審で大阪高裁は一転して二〇一二年、「医学的見解からも（棄却は）妥当」として逆転敗訴の判決を出した。その翌年、上告審中の三月三日にFさんは亡くなったが、上告審は長女が引き継いだ。

そのFさんが亡くなる直前、この話を関西訴訟に心を寄せていたある研究者が国立精神・神経セン

ター国府台病院名誉院長の佐藤猛医師（八〇歳）に話したところ、佐藤医師は驚いて関西訴訟の弁護士に連絡を入れた。実は、佐藤医師は二審で環境省から被告側証人として審査会の判断を「妥当だった」と証言するよう要請されたそうだが、自分は水俣病だと認める意見書を提出したためか、証人としての出廷自体が立ち消えになったということだった。この佐藤医師の証言と意見書が決定的だったようで、二〇一三年四月の上告審判決では二審判決を破棄し、大阪高裁に審理が差し戻された。

なお、この時の最高裁第三小法廷はFさんの件だけでなく、水俣市の故溝口チエさんの件も水俣病と認めた福岡高裁判決を支持し、県の上告を棄却したことでも注目を浴びた。

この高裁差し戻し判決の後、蒲島郁夫知事は訴訟継続を断念し、五月に死後ではあるがFさんを認定した。関西訴訟勝訴原告の六人目の認定患者である。

裁判で勝訴していても提訴前に「棄却」とされている患者を認定義務付けに持って行くのは国が認定基準を死守している以上難しいと思われたが、Fさんの件では偶然にも佐藤医師の良心による訴えが功を奏した。しかし、そのFさんに対してもチッソは補償協定を拒否したのは言うまでもない。

行政認定を得た勝訴原告は六人？　でもみんな補償協定を拒否された

こうして行政認定を得た関西訴訟勝訴原告六人が出揃ったが、苦難の末に患者たちが得たものは認定通知書だけであった。行政認定が出れば、チッソから補償協定に基づき裁判での賠償金以外の生活保障等が受けられると思っていた六人は「紙切れ一枚」の認定通知書だけで納得するはずがなかった。

しかし、最初に行政認定されたIさんがチッソから補償協定を拒否されたことを伏せたまま、二年後にチッソへの補償金訴訟を起こしたことが、後に続く認定者に苦難の道を強いることになった。関西訴訟弁護団に頼ってきたIさん・Mさん・Fさんは補償金訴訟の道を歩むが、二人目の美代子さんは患者の思うようにならない裁判ではなくチッソ・県・国との自主交渉の道を、川上さん夫婦は関西訴訟とは違う弁護団から熊本県への公健法障害補償費請求訴訟という三者三様の道に分かれた。

なお、二〇一七年五月一九日の熊日新聞では「関西訴訟で勝訴後に認定された患者は六人とあるのは少なくとも八人」との訂正記事が出たが、六人以外の人が認定後に何か行動したという報道はない。

また、美代子さんの自主交渉に同行することを決意した恵さんは、自分も水俣病だと気付き、二〇〇六年六月に熊本県に認定申請を出していた。しかし、第二の政治決着の水俣病特措法（二〇〇九年七月）の救済措置に未認定患者（公健法の認定申請からの切り替え者を含む）のほとんどが申請する中、二〇一〇年に離婚（終章で後述）した直後の恵さんは生活費にも困り、また申請期間内に公健法の結果が出ることは不可能だし、認定申請しないで棄却されたら何も貰えなくなるからとやむなく水俣病特措法に乗ったが、美代子さんの闘いは関西訴訟の最後の闘いだからと、それ以後も同行することに迷いはなかった。

第六章　補償金訴訟を起こした人は敗訴

行政認定を得た美代子さん　早速チッソと環境省へ

美代子さんにやっと認定通知書が手交されたが……

前章で書いたように、美代子さんは最高裁判決以後、熊本県や環境省に早期行政認定を求めて自主交渉を続けてきた末に、やっと五年がかりで二〇〇九年一〇月六日に水俣病の行政認定を勝ち取った。その認定通知書を県の寺島課長から自宅で手渡された一〇月一五日はちょうどあの最高裁判決から五年目の日でもあり、美代子さんにとってはあの「うれしくない日」が「うれしい日」に変わるはずでもあった。

しかし、その直前の八月六日の熊日新聞で、二年も前の二〇〇七年八月に初の勝訴認定者が出ていたことだけでなく、そのIさんに対しチッソが補償協定の締結を拒否していたことが報じられていたので、「空手形」の認定通知書交付は、美代子さんに再びいばらの道を歩ませる出発日になった。

なお、同日午前には、Iさんが起こしたチッソ補償拒否訴訟の一回目が大阪地裁であったので、山中が傍聴に行ったが、Iさんの弁護団席には関西訴訟の弁護士ら五人が出廷していたのに、傍聴席には記者二人の他には知らない人が二人いただけで、意外にも支える会の人もいなかった。

チッソの代理人は裁判長の問いかけに、「補償協定は本件では確定判決を受けているので結ぶ必要がないと考えます」「罹患したことによる損害は裁判で補填され、もう済んでいます」と木で鼻をくくった回答の一点張りだった。

すぐにチッソと環境省に行く機会が出来た

この日の午後は、県から寺島課長が美代子さん宅へ認定通知書を持ってくる日だったので、課長が帰った後で山中が二人に傍聴の様子を報告した。

美代子　―さんは？
山中　いませんでしたよ。
美代子　なんで？　自分のことやのに？
山中　弁護士に任せてるのでしょ？
美代子　なんで認定されてから二年も黙ってたの？
山中　県に言ったのが今年の二月って、さっき課長が言ってたし、弁護士に話したのが今年四月らしいですよ。それまでは、一人でチッソと電話で交渉してたのでは？
美代子　はあ？　もし負けたら、私も巻き込まれる。早く交渉しないとあかんわ。

この後、美代子さんはすぐに寺島課長にファックスで知事が動くように要請したが、県も環境省も動こうとはしなかった。そのうちにチッソが行政認定された二人の関西訴訟勝訴患者に補償協定締結を拒否しているニュースが知れ渡り、協定の立会人三人がチッソを批判し、国・県が仲介に乗り出すべきと指摘した記事（二〇〇九年一〇月二五日付、熊日）が出ても変わらなかった。

それを知った東京のNPO「水俣フォーラム」から、美代子さんと恵さんに緊急セミナーをしたいので来てほしいとの申し出があり、美代子さんらはチッソや環境省に行ける良い機会だからと喜んで応じることにした。緊急セミナーは「私たちは、なぜチッソに行くのか」と題して一〇月二九日の夕方に決まったので、恵さんが早速電話でその前日の二八日にチッソ、翌日の二九日に環境省へ行くとアポイントメントを取った。

チッソとの交渉は三時間半も堂々巡り……

こうして、二〇〇九年一〇月二八日に美代子さん・恵さんと付き添いの山中の三人で東京・大手町のチッソ本社を訪問したが、対応したのは一五日に寺島県課長がいる場で電話した時に出てきたあの堀尾俊也総務部長であった。

美代子さんは、県の認定通知書を示し、「私は三一年待たされた末に、命懸けでこれ（認定）を勝ち取ったんですよ。私の命の補償をしてほしい」と要求し、恵さんも「やっと認定されたのに空手形ではしょうがないじゃないですか」と詰め寄った。

美代子　法律に基づいて認定されたのですよ。いのちの補償をしてください。

2009.10.28. チッソの堀尾俊也総務部長（左）に補償協定に基づく補償を求める坂本美代子さん（右）＝東京・大手町のチッソ本社（熊本日日新聞、同日付）

裁判でお金を受け取ったら、補償協定の対象外になるなんて、私は知りませんでした。もし、知ってたら、（仮執行の）お金を受け取っていませんよ。裁判も止めましたよ。

いのちのたらい回しは、やめてほしい。裁判をしているＩさんは、私とは関係ありません。私は裁判ではなく、補償協定に従って補償してくださいと言ってるのです。私は明日の命も分からないのですよ。もう待てないのです。

私の命を、もぎ取るつもりですか？
私の命は、八五〇万円ですか？
恵さんも曰く

恵　坂本さんがしている一日一〇〇〇円の生活の大変さがわかる？　ネギを買ったら、明日のパンが買えないのよ。一度、坂本さんの家に来て、生活実態を見てください。私の父と母には、国と県は仏壇に参って謝りに来てくれたけど、おたくは、まだでしょ。

法律がどうのこうのって、加害者の言う話なの？

二人から発言を要請されて山中も曰く、

山中 ――さんの判決が確定するまで何年掛かかります？　一〇年？　そんなに待たせるつもりですか？

坂本さんは、来年から後期高齢者ですよ。そんな人を、これ以上、待たせるのですか？

立会人も、認定患者団体も、認定された勝訴患者との補償協定に賛成しているのに、なぜですか？

補償協定の立会人は結婚式で言えば仲人でしょ。その仲人に相談しないのは、なぜですか？

裁判をしたのは、一矢報いたかったからで、裁判中も、行政認定を求めると言っていたでしょ。

裁判をしたら補償協定の対象外になるなんて知っていた原告は、どこにいますか？

これらに対しチッソの堀尾俊也総務部長は、美代子さんが認定されたことについて「これまでご苦労をかけたことはお詫びします」と謝罪したが、美代子さんの補償要求については頑として応じなかった。

堀尾部長　部長になったのは今年の七月ですが、一〇年以上、この仕事をしています。

当社は会社の総力をあげ、誠意を持って、患者補償に努めています。

認定された坂本さんに連絡しなかったのは、補償協定の対象じゃないからです。

救済は、行政認定による補償協定によるものと、裁判による賠償の二つがあります。

勝訴原告Ｉさんの認定を知り、第三者に相談して、追加の要求には応じられないと、会社として決めました。

補償協定の立会人に相談しないのは、その必要がないと考えているからです。

損害は、裁判で決まった額を払ったことで、全て補填されています。

補償協定の中身と、裁判の賠償金との間には、差があることは承知しております。

しかし、裁判で決着したら、紛争は終わる。裁判とは、そういうものでしょ？

原告の方々は、判決が確定した後は、（行政認定の）申請もしていないと思っていました。

県からは、認定や棄却の数字を聞いているだけです。

一次訴訟の原告さんたちは、認定された人ばかりです。

その一次訴訟の後、補償協定を結んだのは、当時補償体系が整っていなかったからだと理解しています。

結局、堀尾部長は「水俣病問題に誠意を持って」と言う割に、中身のない話を繰り返すだけで、美代子さんにはゼロ回答を押し通した。最後になって、美代子さんは、怒りのあまり、お茶の入ったペットボトルを投げつけようとしたが、恵さんが何とか止めてひと騒動になるのを防いだ。

午後二時二〇分から夕方五時五〇分まで、延々と堂々巡りの末、今度は一一月下旬に美代子さん宅に生活実態の見学を兼ねて、堀尾部長が来るということになった。

環境省交渉 「補償金訴訟」を理由に逃げるとは……

翌日の二九日は環境省に行く日だったが、その前に主な環境関係の議員の部屋にチラシを持って回ろうということになり、第二議員会館の議員十数人の部屋を回ってから午後二時頃に環境省の入っている中央合同庁舎五号館に着いた。

環境省では授業の合間を縫って駆け付けた木野も合流し、四人となり、環境保健部の部長室に案内された。前回の二〇〇五年一一月の時と同じ部屋で、書棚には『新・水俣まんだら』がまだあった。前回は部長・課長・室長の三人だったが、今回は最初椎葉茂樹・特殊疾病対策室長だけで、途中から課長も現れた。

室長 一般論としましては、裁判の方を歩まれたので、全損填補《ぜんそんてんぽ》です。今は確定判決後に最初に認定

2009.10.29. 環境省の椎葉茂樹特殊疾病対策室長（左）に、チッソへの働き掛けを求める坂本美代子さん＝東京・霞が関の環境省（熊本日日新聞、同日付）

された方が裁判中なので、推移を見守らしていただきたいと……

美代子　裁判は何年、続く？　待てと言うのは、酷ですよ。

室長　お気持ちは……

美代子　いつ終わるのですか？　分からないのでしょ？　私は、明日、コロッと逝くかも。国が未認定患者のことでチッソに話に行く時に、これも一緒に話を持って行って下さい。

恵　この前に来た時、司法の判断と行政の判断は違うと言われたのを覚えてますよ。

木野　今度のIさんの裁判で訴えられたのはチッソだけですよ。あの補償協定の立会人に、国が入っていることは大きいですよ。

室長　何もしないのではなく、推移を見守りたいと。

木野　補償協定に立ち会ったという経緯があるのだから、指導をするべきでしょう。
美代子　裁判しているのはーさんで、私ではありません。患者に対する補償のために環境省があるんでしょ？　最高裁で、国も県も負けているんだから、指導するくらいは……。
室長　最高裁で額を確定したことは重いのです。全損填補で……。
美代子　裁判の後も、申請を取り下げてませんでしたよ。それに県は検診を誘ってきました。補償協定があると思うから、検診も頑張って受けました。それが今頃になって、そんなこと言われても非人間的じゃないですか。裁判で確定した人に、なぜ県は検診を勧めたのですか。
室長　勧めているかどうかは、私はいなかったので、知りません。
美代子　しつこく勧めましたよ。
室長　知りません。確認します。
美代子　しつこかったですよ。
恵　私も県の職員から、美代子さんの認定までもうすぐだからと説得を頼まれましたよ。
課長　機械的に勧めちゃったのでしょうね。
木野　行政認定に関わった者の一員として、一言くらい、チッソに考えろと言う責任があるのでは？
恵　審査会を軽視しているのではありませんか？
美代子　何十年も待ったのに……
山中　勝訴原告は補償協定の対象外だと、なぜ教えてくれなかったのですか？　前回（二〇〇五年）に来た時も、そんな話は無かったですよ。

課長　申請を断ることは出来ないという話になりまして……。

室長　すいませんが、国会に呼ばれていますので行かなければなりません。もっと早く連絡して下さったら時間はお取りしますので……

予定の三〇分を一五分ほどオーバーして、やむを得ず終了。同じ階にある記者会見室のようなところで美代子さんが取材を受けた後、一階へ。環境省と厚生労働省が入っている五号館の玄関先には「薬害根絶・誓いの碑」があるので、しばらく見物。ここに歴代の薬害被害者が勢ぞろいして、大臣が碑の前で薬害根絶を誓うという儀式が、薬害エイズの和解の後、毎年八月に行われているそうだ。水俣病では公式確認の五月一日に同様の儀式が水俣市で行われているが、関西の患者が呼ばれたことはない。

2009.10.29. 水俣フォーラムの緊急セミナーで語る美代子さん＝新宿消費生活センター分館（熊本日日新聞、翌日付）

ここで木野は帰阪の途へ着き、美代子・恵・山中は高田馬場で設けられた水俣フォーラムの緊急セミナーに参加した。

美代子さんは清子姉さんのことを語り、自分も最高裁で勝訴して行政認定まで取ったのにチッソから補償協定を拒否されていること、さらにそれを県も国も黙認していることへの怒りを語った。

恵さんは父が第一審の原告団長だったが亡くなったので、その思いを継いで美代子さんを応援していると話し、支援を呼びかけた。

美代子さん宅へ来たチッソ部長に四者会談を提案したが……

チッソの部長が美代子さん宅へ来たが、言いたい放題なので……


一〇月二八日のチッソ本社での交渉の最後に、堀尾部長は「次は大阪の坂本さん宅に伺う」と約束したが、すぐには連絡がなかったので、美代子さんは「こっちが頼んだのじゃなく、向こうから言い出したことやのに」と不満を募らせていた。

それでも一一月二四日になって、堀尾部長から電話はあったそうだが、電話でのやりとりが美代子さんの癇に障ったようで、訪問日の相談には到らなかったという。

山中からどんな話をしたのかと聞くと、おおよそ次の通りだったという。

美代子　私は補償協定の補償ランク（A＝千八百万円、B＝千七百万円、C＝千六百万円）を付けてくれないと生きていけませんと言うたら、裁判で認容額が出てるからそれ以上は払えません。弁護士に相談して、社長も入れて決めたのやって言うんや。それにＩさんの裁判が始まっているからって言う一点張り。裁判って、何年も掛かるものだから、私は待てないって言ってるのに……

それじゃ私に自殺を迫るようなもんやけど、私は自殺をようせんから、おたくの手で殺していただけませんかと頼んだら、それは〜って言うてたから、じゃ一月にまたそちらに行きます言うて、電話切ってん。

私が無知やったからねえ。裁判に勝っても（行政）認定ではないということが分かったのが、高裁の判決が出てからやったからねえ。裁判の賠償金受け取ったら補償協定結べないなんて知ってたら、地裁での仮執行のお金は受け取らなかったよ。

山中　補償協定の補償ランクの額と裁判の認容額の差額は返すって、言ってるのにねぇ。

美代子　私も言ってんで。ランクをつけてくれたら、裁判でのお金は返すからって。でも、それはできないって……。だから、今度行く時は、社長か副社長を席に座らせて下さいって言ってん。そしたら、僕が責任を持っていますからって言うから、その時はあなたも同席してはったら構いませんよと言ったら、少し黙った。ムッとしたのかも。

ということで、また東京行きかもという話だったが、堀尾部長から再度電話があり、約束通り、美代子さん宅を訪問したいということになったという。

山中　結局、来はるんですか？

美代子　うん。でもな、期待できへんで。弁護士とも話した結果、補償協定を結ばなくて良いという結論になったらしいねん。

山中　え、結論がもう決まってるのですか？

美代子　私、その弁護士を連れて来てって言ってん。私に分かるように説明して欲しいからって。でも、ウンとは言わなかったから、たぶんアカンと思うけど。

この結果、一二月七日に堀尾部長が書記の職員を連れて美代子さん宅を訪れた。ちゃぶ台に、美代子・恵・山中とチッソの二人が対峙して坐った。

堀尾部長　（深く一礼して）つまらないものですが……（手提げの紙袋を差し出す）

美代子　ランクづけのお土産は、ないのですか？

堀尾部長　いきなり、その話ですか……。坂本さんが認定されたのは、その通りです。しかし、これまでは、認定された方にお邪魔して、補償協定書を結ばれますか？と伺うのですが、今回は裁判の判決が出て、お支払いが終わっていて、損害賠償は確定判決で終わったという結論が、社内で、弁護士も交えて出ておりまして、今回も改めて結論が出た次第です。

美代子　初めからそう言ってくれていたら、納得は出来へんけど、最高裁判決後に（行政認定を求めて）熊本や東京を行ったり来たりしたのは無意味やったんやね。先にそれを言ってくれなかったのは、そちらの落ち度ではないの？

堀尾部長　裁判で全損として三〇〇〇万円を請求されて、判決が出たわけです。国にも相談しています。

美代子　私は、判決後も、認定を求めて、東京や熊本に行っていたんですよ。

堀尾部長　判決後も申請をしている人がいるとは、知らなかったのです。Iさんのケースで初めて知りました。どなたが申請されているかは、私たちは知らないのです。

美代子　認定申請してるのは裁判で初めから言ってるでしょ。それを知らないなんて（怒りの表情）、許せないわ。患者の生命をどう考えているの？　知らなかったでは済まないですよ。（怒）

山中　さきほどの三〇〇〇万円の話ですが、裁判の判決は過去の損害分でしょ。判決確定後、水銀が坂本さんの体から抜けたわけではないのですよ。損害は持続していて、いちいち裁判するのは大変だから、補償協定で終身年金という制度を考えたのではないのですか？　それがチッソの誠意だったのだと思いますが……

堀尾部長　損害賠償については裁判での判決が確定しているわけですから……。Iさんが裁判を起こされましたが、それも公平な第三者である裁判所の判決が出たらですね……。

美代子　私は、もう裁判なんて、無理。待ってられない。

山中　Iさんと坂本さんは七四歳。来年は後期高齢者です。もう一人、三人目の認定者のMさんは、もうお亡くなりになっていますよ。

堀尾部長　年齢のことを言われると、辛いのですが……

この辺りで、美代子さんの長女智恵子さんが顔を出した。

智恵子　娘です。水俣病に詳しいのですか？　ネコの使いじゃないのですから、精通していないと困りますよ。どなたですか？

堀尾部長　チッソの担当者です。（水俣病について）勉強はしています（ちょっとひるんだ様子）

美代子　この子も手帳を持っているのですよ。（言い終わってから、ちゃぶ台に突っ伏す）

堀尾部長　手帳というのは、新保健手帳ですか？

美代子　（顔を上げて）そう……。私だけでなく、この子も巻き込んだことが、悔しいの……。

智恵子さん、仕事のため、退出。

恵　私らは、今まで認定を求めて県庁や環境省を回ってきた。そしたら今度はチッソが裁判で補償は終ってると言う。どこも好き勝手なことを言っているけど、一度、同じテーブルに着いて、私らが分かるように説明して欲しい。

堀尾部長　上と相談してですが、国と県が出席されるなら、その方向で……。

恵　県には私が電話します。断る理由はないはずです。来月前半の方でいいですか？　開けといてください よ。

ということで、次回は二〇一〇年一月前半に、熊本で、国・県・チッソ・坂本の四者会談を行なうことで終わった。堀尾部長は「お体を大切にしてください」と挨拶して美代子さん宅を退出したが、玄関から五メートルほど離れたところで、取材に来ていた記者たちに質問されていた。

堀尾部長が退出するや、恵さんは県の担当職員に早速電話をかけた。

恵　チッソは国・県が同席するなら美代子さんとの四者会談に応じると言ってるから、国に同席してくれるように県から言ってちょうだい。県にはチッソ同席のもとで会いたいというのは、前々から言って来たでしょ。

これに対し、県の職員もチッソが同意しているならということで、検討を約束した。

四者会談は国の拒否で実現せず

国・県同席の上でのチッソと美代子さん側の会談（四者会談）の提案を受けて、県は環境省に同席の意向を問い合わせるところまではしたようだが、環境省が同意せず、暗礁に乗り上げたというニュースが翌二〇一〇年一月六日の熊本日日新聞で報道された。

認定患者の坂本さん　国、県、チッソとの「4者会談」が暗礁

水俣病関西訴訟で勝訴後、熊本県の患者認定を受けた大阪市の坂本美代子さん（74）に対する補償を原因企業チッソが「裁判で決着済み」として拒んでいる問題で、坂本さん側が求める国と県、同社との「四者会談」が暗礁に乗り上げている。

会談は昨年一二月、チッソ幹部の訪問を受けた坂本さん側が提案。「個別に交渉しても、それぞれ責任転嫁して話が進まない」と要求したのに対し、同社側は「国と県が参加するなら検討する」としていた。

坂本さん側の提案を受けた県が昨年一二月、環境省に意向を確認したが、同省は同じ理由で補償を拒まれている関西在住の男性（74）がチッソ相手に起こした裁判の結論を待ちたいとして拒否した。

同省特殊疾病対策室は「裁判の結論が出ていない以上、話し合っても同じことの繰り返しになる」と説明。これを受け、チッソ総務部は「一者でも欠けた会談では意味がない。条件が整えば前向きに考える」と話す。

県は「会談実現の努力は続ける」と説明はするものの「県の役割は認定まで。チッソに直接的

な働きかけはできない」（県水俣病審査課）との立場は変えておらず、三者による「たらい回し」（坂本さん）の状態が続いている。

坂本さんは「年齢も重ねており、これ以上待てない」と訴えている。

この記事にあるように、恵さんの発案で具体化した国・県・チッソ・坂本の四者会談は結局破談となった。

美代子　県のやり方は、あまりにも汚い。腹黒さが、よく分かった。だって、最終的に返事が来たのは二八日よ。二回も催促の電話したのに。

恵　二八日に、県から二人、東京に行って、環境省とチッソを周ったらしい。電話では埒が明かないから、直接、言いに行ったんやって。でも、国は、Ｉさんの裁判の結果を待ちたいと言うらしい。

山中　結果が出るのは何年後ですかね？　よっぽど会いたくないみたいですね。

恵　チッソは、公健法（公害健康被害の補償等に関する法律）のおおもとである国がテーブルに着かないのなら、着かないと言ってるらしい。あの時は、来るって約束したのに。

山中　国と県が揃うならって、言ってはったからねえ。で、県自身は、どう言ってはるのですか？

恵　私らがチッソを説得したら、国なしでも、県はどこへでも行くらしい。それこそ、坂本さんの体を考えて、大阪でも良いらしい。

山中　県はなんか良い子っぽく聞こえますけど、チッソは国が来ないと来ないのだから、国が来なけりゃ、どこも来ないのを見越してるようですね。

恵　私、県の人に尋ねたの。空手形の認定を、去年の一〇月に、なぜ出したのかって。Ｉさんの裁判が終わってからでも良いのにって。

山中　Ｉさんが裁判を起こしてて、認定しても補償協定がついてこないことは、県も知ってたはずですものね。

恵　県は〝お金はチッソの話〟て言うけど、これも非人間的な話やと思う！　県は坂本さんのことを〝ほっとけないけど、チッソにお金を出せとか、テーブルにつけとか、言えない〟ねんて。

美代子　私も、県に〝もう一度、国に電話して〟と言ったら、〝出来ないのです〟と言われた。

四者会談は、国・県・チッソがお互いに他者のせいにして勝訴認定患者に対する補償協定の実行を逃げ回っている状況を打破する名案であったが、国だけがＩさんの補償金訴訟の結果が出るまで応じないと言うとは思わなかったので、美代子さんも恵さんも怒り心頭に達する心境であったが、この国のやり方はこれ以後、最後まで続く。

環境省との交渉に、七カ月ぶりに東京へ　しかし最後は「補償金訴訟を見守りたい」と……

前述のように、二〇一〇年一月にチッソ・国・県同席の四者会談が破談になったので、美代子さんは再度、チッソ東京本社と環境省に行きたいと言い出し、五月二四日に環境省へ、二五日にチッソ東京本社へ行くことになった。ただ今回は山中が動けないため、二四日の環境省交渉のみ、木野が日帰りで付き添いを務めた。

環境省では最初、田島一成副大臣との交渉を求めたが、副大臣は所用とのことで環境保健部の弥元伸也企画課長が対応することになった。

課長が冒頭から水俣病に対する行政の償いのために水俣病患者の福祉や施設の充実に努力していますとか言ったのを受けて、恵さんは、施設の前に、まずは人を救ってと、美代子さんの認定に対するチッソの補償拒否を何とかするように求めた。

それに対し、課長は「私らは、まじめにやり過ぎたのです」と切り出した。その発端は、関西訴訟の高裁判決の後、チッソが上告しなかったので、県から「認定審査を続けるべきでしょうか?」という質問が環境省にあったそうである。そこで、環境省が法務局に聞いたら、法的には打ち切りできないと言われたので、県にそう伝えたという。なんと県はチッソの損害賠償が高裁で確定したので、行政認定をする必要がなくなったのではと本当に思ったのだろうか。行政認定された人がチッソに補償協定を求めることができることを失念していたとは思わないが、「まじめにやり過ぎた」とはどういうことか?

美代子さんが、「まじめに認定したと言うけれど、補償協定が適用されないんなら、なんでそれを先に言ってくれなかったのか?」と追及すると、課長は頭を下げるだけで、最後には「補償協定に関

2010.5.25. チッソの堀尾俊也総務部長(手前)に補償協定に基づく補償を求める美代子さん(右)と恵さん＝チッソ東京本社（熊本日日新聞、同日付）

してはチッソの弁護士が説明するべきでしょうね」と開き直った。

美代子さんは県からもらった認定通知書を示し、「補償対象にするよう交渉してほしい」と求めたが、課長は美代子さんの前に認定されて美代子さんと同じように補償拒否されているIさんが提訴中であることを理由に、その裁判を見守りたいとの考えをあらためて示した。美代子さんは納得せず、責任者である田島副大臣に会える場を設けるよう強く求めた結果、「副大臣と相談する」と答えさせたが、どうなることやら。

翌日はチッソへ　こちらも同じ

続けて、翌二五日午後にチッソとの交渉だったが、帰阪の新幹線の時間の都合で今回は九〇分くらいだった。

いつもの堀尾俊也総務部長が「大阪地裁での裁判がもうすぐ終わりそうだから、判決まで待ってほしい。裁判所の判断を見た上で同じ対応をするので」と答えたが、美代子さんは「七五歳の私に『待て』というのは酷。加害者は被害者に対し責任を果たしてほしい」と訴え、国や県も同席の上で近日中に再度話し合いに応じるよう要請したが、堀尾部長は「状況を見て、またご相談したい」と答えるのみだった。

補償金訴訟の一審判決はチッソの言うがまま

Iさんの補償金訴訟はなんと一審全面敗訴

ところで、チッソや国・県が「待ってほしい」いうIさんの補償金請求訴訟では、大阪地裁の小林久起裁判長が六月一七日の口頭弁論の日に和解の可能性を探るようチッソに提案したので、ひょっとしたらという期待が膨らんだが、チッソ側は「検討する」と答えたものの、この日の準備書面では「新たに一時金を求めるのは紛争の蒸し返しにほかならない」と主張していたので期待はできなかった。

このIさんの補償金訴訟は美代子さんより先に認定されていたIさんが起こしたものであるが、そのIさんの認定のことはおろか、チッソの補償協定拒否という驚くべき事実も、ましてやそれを裁判にまでしたことを、美代子さんは自分が認定される直前まで全く知らなかった。

そのため、本来ならもらって喜ぶべき認定通知書は「空手形」同然となり、チッソはもとより、それを黙認している国・県に対して、この一年間、抗議の交渉をしていたが、チッソ・国・県ともに「Iさんの裁判の結果を待ちたい」と言うばかりだった。

美代子さんとしては、自分は裁判ではなく話し合いで解決したいと主張してきたので、Iさんの裁判について当初は無関心であったが、裁判長から和解という提案があったということを知り、急に関心を持ち、一縷の望みを抱いて傍聴に行くようになっていた。

しかし、九月三〇日の判決日、チッソの言い分をそのまま認めるような裁判長の判決読み上げ中に怒りがこみ上げ、「ばかにすんな。差別や、こんなん……」とブツブツ言ったところ、裁判所の職員から「静かにして下さい」と怒られた。この日の傍聴席は四〇席ほどのうち三〇席ほど埋まっていたが、思わぬ判決に対しどよめきが上がるかと思いきや、美代子さん以外に声をあげた人はいなかった。

判決後、美代子さんと一緒に傍聴した恵さんと山中が裁判所の喫茶室で交わした会話。

美代子　補償協定が付いてこないのなら、認定されても意味がない

山中　それを知ってたら、どうしてました？

美代子　認定を求めても意味がないやん。座り込みもしてないよ

恵　県はあれだけ検診を勧めといて、挙句の果てにチッソが補償協定拒否やなんて……

美代子　県は、何のために認定したんやろう？

恵　そうや、後で県に抗議文出そう！（と言ったとたん何か書き始める）
山中　裁判でお金を受け取った時、貰ったら補償協定がダメになるって、知ってました？
美代子　そんなん聞いてたら、仮執行のお金は貰ってないし、裁判もやめてるで
山中　そらそうでしょうね。弁護士さんは、どう言ってはるんですか？
美代子　知らなかったって……。でも裁判始める時から夏義さんと、よく言ってたんやでえ。裁判で勝って、認定してもらって、補償協定もらおうなって……
山中　認定されて、補償協定をもらうのが、ゴールですよねぇ
美代子　「行政認定」の四文字だけなんて、ありえない。中身がないと！
恵　抗議文出来たよ。はい、見て……

恵さんの書いた下書きをみんなで修正して出したのが次の県への抗議文である。

熊本県知事　蒲島郁夫様
私、坂本美代子は、今度の判決を聞いて、国・県・チッソ、特に県に対し、強く抗議をします。県は私に対し、関西訴訟の判決の後、強く検診をすすめました。私はひとすじの光を求めて、辛い体を押して、水俣まで二回、検診に行きました。やっとの思いで、認定されたのです。私にとって、行政認定と補償協定はセットです。でも、県は補償協定を拒否するチッソに対し

て、知らん顔をしています。言葉では気の毒にと。他人事のようにしています。私は、認定だけして、あとはほったらかしの県の態度に、言葉では言い表せない精神的苦痛を受けました。よって、県に、強く謝罪を要求します。

いったい、何のために行政認定したのですか?

なぜ、検診をすすめたのですか?

意味が分かりません。


平成二二(二〇一〇)年九月三〇日　坂本美代子

チッソの主張をまさに丸呑みした補償金訴訟の地裁判決

二〇一〇年九月三〇日の大阪地裁の補償金訴訟判決がチッソの主張を全面的に認めたことは前述したとおりであるが、この地裁判決がIさんと美代子さんだけでなく、その後に行政認定されたMさん・川上さん夫婦・Fさんを合わせて勝訴後認定患者の六人全員を苦しめることになるので、どんな論法でチッソの補償協定拒否を認めたのかを判決文から紹介しておこう。

この訴訟でのIさん側の請求は、補償協定に基づく補償給付を受ける権利を有する地位確認と、協定に定める患者本人の慰謝料一六〇〇万円(最低ランクのCランクとして)と利子(年五分)の支払を求めるものであったが、協定書の中にある終身特別調整手当(いわゆる年金)や葬祭料・医療生活保障はなぜか省かれていた。このため、裁判では確定判決による損害賠償執行の後に再度協定の慰謝料を求めることが可能かどうかという法解釈論に歪曲され、そもそも関西訴訟の行政認定患者がなぜ補償協定の対象者にならないのかという根本的な問題に迫れなかった。

それに対し、チッソ側は、補償協定は損害賠償請求訴訟で損害額が確定して支払い済みの患者まで想定して締結したものではないと主張し、紛争の蒸し返しとまで主張した。

これに対し、判決では「裁判所の判断」と題して、「本件協定は、協定締結後に認定された水俣病患者についても希望する者には適用されるものであるが、確定判決により認定前に確定していたときは、その後に認定を受けた水俣病患者に適用することまで予定しているものではないと判断する」として、チッソの主張を是としたのである。

さらに、「認定前に確定判決により損害賠償請求権が確定した者については、司法による紛争解決の結果、被告との間の紛争を協定によって解決する必要性がなくなっているから、協定の適用対象である『協定締結以降認定された患者』から当然に除かれる趣旨で協定が締結されたものと解するのが相当である」とか、「少なくとも既に認定されていた患者との間で補償協定を結ぶ趣旨には、損害賠償請求訴訟をやめることが含まれていると認められる」とまで言い切っている。

そのような解釈は。患者本人はもちろんであるが、患者の代理人弁護士ですら思いもしなかったのであるから、事情を知らない裁判官の偏見以外の何物でもない。

挙句の果ては、「司法解決がされれば水俣病をめぐる紛争が解決され、本件協定による紛争解決の必要がなくなる。したがって、本件協定において紛争解決の基準とされた認定の有無は、紛争解決の必要がなくなる以上、もはや問題とする必要がなくなるはずである」とまで述べ、「このように考えると、司法解決の有無を問わず、認定患者となれば、だれでも協定の適用を受けられるものと協定締結当事者が想定していたとは、到底考えられないのである」と断言した。

しかし、さすがに前章で紹介した協定締結時の立会人三人が二〇〇九年一二月一八日に出した「協定書締結立会人の声明」を無視することはできなかったようで、それについては触れているが、声明の内容については全く聞く耳を持たなかった。声明には「将来の患者・家族を補償で差別しないために、協定書本文第三項に『協定締結以降に認定された患者について、希望するものには適用する』と協定した。この文言の意味するところは明確であるから、今日、チッソが裁判で結着ずみとして、協定書の適用を拒否していることは、協定の解釈を誤り、協定に違反するものである」とあったが、判決は裁判官の意見のみを強調し、立会人の声明には全く聞く耳を持たなかった。

曰く、「第一次訴訟で勝訴した患者らが協定に加わっているとしても、判決は協定締結前の事情にすぎない。既に判決が確定した第一次訴訟の原告が当事者となっているからといって、協定締結後に判決が確定した者も協定の対象とすることが合意されたと解する根拠にはならない」と。しかし、この判決後にコメントを求められた澤田一精元熊本県知事は「補償拒否が協定違反という考え方は今も変わらない」（判決翌日の熊日新聞）とあらためてチッソを批判している。

美代子さんにとっては、損害賠償がどこで完了しているかというような法解釈ではなく、協定立会人が言うように、行政認定された患者は一次訴訟や自主交渉団の親の世代が開いてくれた補償協定を結べるものと思っていたのであるから、寝耳に水の話であった。地裁後に仮執行でもらった賠償金が手切れ金だったと知っていたなら、いくら喉から手が出るほど欲しくても、我慢して受け取らなかったはずである。

裁判長らはそういう美代子さんらの思いや状況を一切くみ取らずに杓子定規に法解釈だけで判断を下したのである。しかし、美代子さんは裁判では患者の思いなど容易に通じないことを関西訴訟で痛いほど感じていたので、裁判を起こさずに自主交渉を通じてチッソの翻意を促す道を選んだのである。

しかし、同じ関西訴訟で勝訴して認定されたIさんが裁判を起こしたことで、チッソはもちろんだが、国・県との交渉も「裁判中」ということで全く進まなくなった。しかし、結果はともかく、補償金訴訟では一審が終わったので、美代子さんは早速、チッソと県に交渉を申し入れた。

県はチッソの補償協定拒否後に、なぜ認定したのか？

判決から半月後に、県の次長が美代子さん宅にやってきた

判決の翌日、美代子さんは先にチッソに電話を入れたそうだが、チッソは一〇月一七日まで動けないので一八日に連絡するとの返事であった。そこで、今度は県に電話を入れ、知事に会いたいと申し入れた。理由は、熊本県はIさんの件でチッソが補償協定書の適用を拒否しているのを知りながら美代子さんに検診をしつこく勧めたのはなぜかを聞きたいということであった。もちろん県は即答できないので検討しますとのことだったが、返事はすぐに一〇月七日にあった。それによれば、とりあえずチッソよりも前に美代子さんの話を直接伺いたいので、そちらに伺いますということで、一四日に決まった。

その約束の一〇月一四日の午後、美代子さん宅にやってきたのは、県・環境生活部次長の内田安弘氏で、課長補佐を伴って現れた。なお、美代子さんと同席したのは恵さんと木野で、途中までは美代子さんの長女の智恵子さんもいた。

まず美代子さんが、そちらから話したいことがあるとのことだったが、どういうことかと切り出したところ、上司からともかく美代子さんの話を十分聞いてくるようにと言われたとの返事だけで、何のお土産（良い話）もなさそうであった。

そこで美代子さんが九月三〇日の判決直後に書いた知事宛の抗議文を見たかと切り出したが、県側は知りませんとのつれない返事に一同唖然とする。そういえば、マスコミに見せただけで県には直接送っていなかったのだが、美代子さんはマスコミに知らせれば伝わるものと思い込んでいたようだ。しかし、翌日電話した時に同じ趣旨の話をしていたので、内容は伝わっていた。

チッソの拒否は、Iさんから提訴の半年前に初めて知らされた？

美代子さんが最も疑問に思っているのは、県はチッソが補償協定を拒否するのを知りながら検診を勧めたのかということである。しかもIさんの補償金訴訟が起こってチッソの補償協定拒否が明るみに出た後に美代子さんを認定しながら、チッソに対して何も言えないとはどういうことかという怒りであった。

まず、県はチッソの補償協定拒否をいつ知ったのかが問題となったが、県の二人によればIさんの提訴（二〇〇九年七月二九日）の半年くらい前（〇九年二月頃）にIさんから電話で知らされたとのことであった。Iさんの認定は〇七年八月一五日であるから、それから一年半も経ってからということになる。半信半疑ではあったが、これ以上は確かめようもないので、この時点では、県は〇九年二月までチッソの補償協定拒否を思いもしなかったということにしたが、後にIさんから認定直後に知らされていたことが判明する。

次いで、Iさんの補償金訴訟一審判決前の五月二四日に環境省の環境保健部・弥元伸也企画課長から聞いた話（本章二四一頁で既述）を県に確かめることになった。それは行政認定が空手形（チッソの損害賠償が裁判で終わってるならその後からの認定は空手形ではないかとの意味）のようになるのなら、なぜ国や県は認定審査を続けてきたのかという問に対して、弥元課長が「まじめにやりすぎたのかなあ」とため息をついた件である。関西訴訟の高裁判決でチッソの損害賠償が確定したが、その直後に県から「民事訴訟での損害賠償が確定しても公健法による行政認定業務は続けるのか」という問い合わせがあったので。法務局に問い合わせたら、公健法による認定申請を受け付けた以上、取り下げがない限り続けなければならないとの回答があったので、県にそのように回答したということであった。

内田次長らは環境省でのその話は事実であり、高裁判決後も公健法による認定審査を続けるようにとの指導が環境省からあったことを認めた。しかし、内田次長は、これまで公健法による行政認定を受けた患者の補償協定による補償と損害賠償請求訴訟の判決による補償との関係についてははっきりしていなかったが、今回の判決で法律上の判断が出たので、行政側としてはこの問題についてはどうしようもなくなったと述べた。

これに対し、最高裁判決後、県が美代子さんにしつこく検診を勧めたのは、行政認定が出ればチッソとの補償協定で判決より充実した補償を受けられるからとの善意の行動ではなかったのかと問い詰めたところ、当時はこういうことになるとは誰も思わなかったことを認めた。

ということは、Iさんからの電話があった二〇〇九年二月まで、県も認定患者が補償協定を適用されるものと思っていたということであり、チッソの補償協定拒否は認定した県にとっても寝耳に水の事件であり、第三者を決め込むのではなく、美代子さんを認定した当事者としてこの件の解決に向け行政としてできることを検討する責任があるのではないかということになった。とくに美代子さんはこの件を裁判で争っているわけではなく、一貫して補償協定の適用をチッソと国・県の行政に求めているのだから、認定した当事者として県は逃げるべきではないと強く迫った。

恵さんの「認定を品質期限の切れた商品みたいにしないで」という名台詞もあって、県の二人は、二〇〇一年の高裁判決以後も認定審査を続けてきた経緯と県が検診を強く勧めた末にやっと認定された美代子さんの思いをきちんと知事に伝え、県として行政の立場から何ができるかを検討することを約束した。

その結果がどうなるかはわからないが、検討したことは美代子さんに連絡することも約束した。

最後に、美代子さんは二人が熊本に戻ってから知事と相談するのは結構だが、今日手渡した知事への抗議文に対する返事をもらいに知事に会いに行きたいと強く迫り、それも含めて後に連絡するということになった。

なお、この日、Iさんは控訴したそうで、変な判決が確定しなくて少しはホッとしたが、美代子さんにとっては迷惑以外の何物でもなかった。

補償金訴訟の判決を盾に居直るチッソと交渉

いきなり、補償協定と裁判は二者択一だから美代子さんには補償済みとの主張を繰り返す

美代子さんが判決後に真っ先に電話で申し入れていたチッソとの交渉は、県次長が美代子さん宅に来た一〇月一四日から半月後の二八日にチッソ総務部大阪事務所で実現した。美代子さんが行政認定されてから四回目の交渉で、チッソ側は堀尾俊也総務部長と次席の三瓶昭彦氏、こちらは美代子さんと付き添いの恵さんと木野だった。

これまでの交渉で、チッソは頑なにIさんが起こした補償金訴訟の成り行きを見てからと引き延ばしてきたが、その一審判決がともかく済んだので、美代子さんが電話して実現したものである。

しかし、Iさんの一審判決が原告の請求棄却という大方の予想を裏切る判決だったので、今回は、

その判決を錦の御旗にけんもほろろの対応を覚悟していた。しかし、さすが堀尾部長も訴外の美代子さんに対してはいきなりそういうわけにもいかないと思ったのか、一審判決に対する社の見解説明から話を始めた。

堀尾部長　裁判に立ち会われたということで、中身についてはもう既にご承知のことと思います。で、その結果として、従来坂本さんにお話してきた通り、会社の立場としては、大阪高裁判決でお支払いしたものが損害賠償という意味に変わりないということで、端的に申し上げまして、ちょっとこれ以上のご要請にはお答えしかねるということは申し上げざるを得ないと、こういう結論です。

判決まで待っていただいたのは、会社の弁護士とも相談した上での見解なんですけども、裁判と言う公正な場で判断をいただく機会がありましたので、それを待って結論にしたいと思っておりましたからです。したがって、関西訴訟での認容額以上のご要請にはお答えできないと申し上げざるを得ません。

そもそも損害賠償の補填のやり方については、認定申請の結果に基づいて補償協定でやられる場合と、裁判でやられる場合と、そのどちらかというふうに思っております。

補償協定による補償も水俣病にかかった損害についての補填という意味ですから、裁判での損害賠償と同じ趣旨であると解釈しています。

美代子　あんた方はやり方が汚いよ。私の身も心もズタズタにして、挙句の果ては蛇の生殺しみたいな立場に追い込んで。

私は、昭和五七（一九八二）年の一〇月二七日に裁判をやった時から、岩本団長と一緒に、あくまでも行政認定を勝ち取ろうねと言い続けて、ずっとそれで来てるんです。最高裁判決の後で小池大臣にも言いましたよ。あくまでも行政認定を望みますと。私、どうしたらいいんですか。

堀尾部長　どうしたらと言われても困るんですけど……、その行政認定を求めて今は認定されましたが、その前に、その結論を待たずに裁判の方に移られていたという状況だと思うんですね。

ですから、そのどちらを選択されるかはもう個人の考え方ですので、ちょっと会社から申し上げられる立場にないと思うんですけど。その結論に私どもとしては従ったということでしかないんですけど。

木野　行政認定待たずにって、それは違うでしょ。行政認定を求めてあの裁判を起こしたわけですよ。

堀尾部長　でも、裁判で損害賠償を求められたんですよね。認定を求めた裁判じゃないですよね。

木野　あの当時は認定を義務付ける裁判は出来なかったから、それしか方法がなかったんですよ。

ここで予想通り、補償金訴訟でのチッソの主張を繰り返し、それを一審判決も認めたことを錦の御旗にする姿勢が明らかになった。

それに対して美代子さんたちは、関西訴訟を起こした当時は認定を義務付ける裁判はまだ出来なかったこと、したがって損害賠償の民事訴訟に訴えるしかなかったので、まず裁判で水俣病と認定してもらってから行政認定を求め、行政認定が出ればチッソに補償協定（一九七三年締結）に基づく補償をしてもらうという手順を取ったことを懇々と説明した。

さらに、裁判で水俣病と認められれば、損害賠償の民事訴訟であるから裁判所は損害賠償の認容額を加害者に命じるが、それは補償協定のなかの「一、慰謝料」に過ぎず、「二、治療費」「三、介護費」「四、終身調整特別手当」「五、葬祭料」「七、患者医療生活保障」は訴状の請求にもないのだから含まれていないことを説明し、裁判で支払われた認容額は協定の「一、慰謝料」と相殺すれば済むことも念のために説明した。

裁判での認容額をもらったら終わりなんて、何で言ってくれなかったの？

これらに対し、堀尾部長は協定が結ばれて以後の行政認定審査の混乱の中で司法認定を先に求める動きが出てきた事情を無視して、次のような主張を繰り返した。

堀尾部長　その当時のことは知ってますよ。確かにおっしゃる通りの状況でした。

で、その協定を結んで、もうこれにしましょうと、今後認定されたらこれでやりましょうというルールができたのは確かにそうです。

でも、あの時点では、将来、今回みたいに裁判が終わってから認定されるというようなケースは、

2010.10.28. チッソとの第４回交渉であらためて補償を求める坂本美代子さん（左）＝チッソ大阪事務所（熊本日日新聞、同日付）

想定されなかったと思うんですよ。裁判の確定判決が出てから行政認定されたっていうのは今回が初めてでしょ。

木野　そんなの考え出したんだったらその時点で言うべきでしょう。今頃になって言う話じゃないでしょうが。

堀尾部長　行政認定に基づく補償か裁判の認容額による補償か、どちらかですよということを、あらかじめ私どもからちゃんと言っときなさいと言われてもですね、会社としてはそこまではできません。

美代子　関西訴訟の地裁判決の後、仮執行の認容額が私の手に渡るのに六カ月かかってますよね。その六カ月の間に一言でもいいから、その認容額を渡したら補償協定による補償は出せませんよって、私らに言ってくれてたら、私もここまでズタズタにされんかったよ。

木野　その時の関西訴訟の弁護団も知らなかったんですよ。県も国も知らないと言ってますよ。

堀尾部長　でも、私どもの弁護士に聞いたらですね、一回判決が出て、その判決で補填されたら、もうそれでいいと。それはもう普通の一般的なルールだって……

木野　あなた方のルールっちゅうのは、世間一般のルールじゃないじゃないですか。県も知らないし、患者さんも知らないんですよ。そんなん、ルールじゃなしに、自分勝手な論理だけじゃないですか。

堀尾部長　そうじゃないということで今度判決が出たんじゃないんですか。

美代子　それじゃ、何のための行政認定？　検診まで行って、やっともらった行政認定やのに、それを捨てろ言うの？　命を捨てろというのと一緒やねんで。

私は裁判もしてません、被害者個人で来てます。あくまでも裁判の認容額は一時金です。補償協定による補償を死ぬまでしてください。

木野　坂本さんが求めておられるのは、お父さんやお母さんやお姉さんと同じように、行政認定に基づく補償協定にしたがって補償をしてほしいということで、そのために長い間裁判までやってこられたのです。裁判は最終目標じゃなく、一里塚なんですよ。

美代子　行政認定をもらって補償協定を勝ち取らんことには、私の半世紀は何やったの？　何のため生きてきたんか？　今日もこう足を引きずりながら出て来ました。娘はできたらついて行きたい言いましたけど、仕事せな食べていかれへんからと……。でも、おたくの顔は忘れんって言ってましたよ。

信じ難い堀尾発言　裁判後も申請継続とは知らなんだ？　補償拒否は県にすぐ伝えた？

この美代子さんの発言に対して、堀尾部長は耳を疑うような発言で返した。

堀尾部長　いや、私どもは、最高裁の判決が出てからも認定申請を続けられてたっていうのは一切わかってないんですよ。坂本さんや他の原告の方々が申請を継続されてるってことはどこでわかるんですかね。

木野　少なくとも坂本さんのことは、何回もあちこちに報道されましたよ。

堀尾部長　判決までです。

木野　いやいや、最高裁判決の後もずっとですよ。あれだけ行政認定を求めてやってたのを知らなかったなんて？（驚く）

なんと堀尾氏は美代子さんが最高裁判決後も認定申請を続けていたとは知らなかったと言い出したのには三人とも唖然とするほかなかった。堀尾氏が見てるという熊日には何回も記事が出てるが、下記の大見出しの記事にも気が付かなかったとは信じられなかった。

二〇〇五年一一月一二日「早く認定を」関西訴訟の坂本さんと小笹さん、環境省に要請」

二〇〇六年一一月三〇日「環境省に水俣病認定求める　坂本さん・小笹さん」

二〇〇七年六月一一日（夕）「関西訴訟の原告が県庁前で座り込み　潮谷知事と面会後に」

続けて、ではIさんが行政認定（〇七年八月一五日）された後、チッソが補償協定を拒否したことはいつ県に伝えたのかと問うたが、この時の答えも全く信じがたい話であった。

堀尾部長　県から認定の連絡を頂きまして、私の方でも調べましたら、関西訴訟の原告であられたということが分かりましたんで、その時点でどうするかという対応を会社で調べ、検討しました。

実はもう協定結ぼうと思ってたんですが、原告ということがわかったので、ちょっと待ってくださいっていうことで、関西訴訟の原告さんでしたら、もう補償できませんとお話したんで、その時に県にも電話でお話して……。

木野　それ、県は補償金訴訟が起こる直前まで知らんかったって言ってましたよ。

堀尾部長　なぜそんなことおっしゃるのかわかりません。

美代子　でも、おかしいやん。県は最高裁の後も私に検診を受けろってうるさかったよ。私は県の審査会が止まって審査ないんやからやっても一緒やって、断り続けてきたんよ。それでも、県の人が受けといた方がいいよって言うし、この恵さんもそう言うから、そうやな、認定がどうなるかわからんけど、生きてるうちに受けてみようかということで、私、受けたんですよ。

木野　その時、県がチッソのそういう考えを知ってて美代子さんに検診を勧めたとしたら、県は患者さんに対してえげつない不信行為をしたことになるけど、そうじゃないと思います。どう考えたって県の職員はなんとかしてあげたいという一心で検診を勧めたんだと思うんです。けっして、今こんなことになるということを知ってて勧めたわけではないと思いますよ。

勝訴後に最初に行政認定されたIさんについて、堀尾部長は県から認定を知らされた直後に関西訴訟の原告とわかったので、すぐに補償協定締結は拒否することを県に伝えたという。しかし、Iさんの認定は二〇〇七年八月で補償金訴訟の提訴は二〇〇九年八月であるから、二年も経ってからということになり、堀尾部長の話とどっちが正しいのかということになったが、堀尾氏は譲らず、私から県に話をしてどっちが正しいのかはっきりさせると言い切った。

ここで、美代子さんが県の職員から審査会の残りの検診を終えるように熱心に勧められて受けたのは二〇〇六年八月で、最後の神経内科の検診は二〇〇八年一一月だったけど、この間にIさんの認定とチッソの協定拒否事件があったことなど何も知らされなかったと言い、チッソと県のどちらの言うことが正しいのかは片方ずつ聞いてもらちがあかないので、私らの前で両方の話を聞きたいと三者（チッソ・県・美代子さんら）会談を要求した。

これに対し、堀尾部長は前回の交渉時にはチッソだけが自分勝手な言い分を主張していると思われたので四者会談（美代子さん・チッソ・県・国）にも出ると言ったが、今回は判決でチッソの言い分が認められたことでもあり、三者会談をやっても意味がないと思うと拒否した。

美代子さんの怒りの語りにも動じず、一歩も引かぬチッソ

チッソはなぜ謝罪に来ない？

ここまでチッソの勝手な言い分をめぐる話ばかりで、チッソが損害賠償については高裁で確定したと強調するので、では、チッソが本当に確定したと思ったのなら、なぜその後に行政認定された患者に謝罪にすら来なかったのかと話を切り替えた。

木野　ちょっと不思議なのはね、昔の記録なんか見ると、水俣病として認定された患者さんに対しては、ちゃんと謝罪に回られてますよね。

堀尾部長　お手紙をお持ちして……

木野　うん。そうですよね。今回、坂本さんにはなんかされましたか？

恵さん　補償してないんやから、なんもしてないよ。

木野　謝罪は補償と関係ないでしょ。

堀尾部長　それは最初来られた時に申し上げたんですけども、高裁の判決が出た時に一応お詫びは十分申し上げてるということで。最高裁では国・県に対しても一応決着したということですから、私どもは控えさせていただきました。

美代子　それは納得してません。娘が今もえらい怒ってますよ。こないだ自宅に来ていただきました

が、謝罪の言葉もなかったと。もう悔しさでいっぱいで、なんであんな高飛車に出てこないかんねんと……。私、今日行って張り倒したろかと思ったて……

堀尾部長　私、お伺いしたとき、そんな高飛車でしたかねえ。

木野　ちゃんとした形で気持ちが通じてないと思うんですよね、まだ。

恵　私かて、そうやねん。父や母は裁判中に亡くなりましけど、最高裁が終わった後に国や県には謝りに来ていただきましたよ。でも、おたくのチッソからはずっと何のご挨拶もなかったでしょ。両親は死後手続きの期限切れということで行政認定の審査もされませんでしたけど……

木野　チッソが言われるルールで言えば、裁判で一定の決着がついたと思ってはるわけでしょ。そしたら、その時点でまず飛んで来なあかんはずやないですか。

恵　来てないですよ。県にも国にも、家に来ていただいて、頭を下げていただきましたけど。その時、ずっと思ってましたよ。なんでチッソは来ないんやろ。国や県にも腹立つけど、一番悪いのはチッソやのに。そのチッソが……

木野　裁判の確定判決で終わりやと言うんやったら、もうその時にすぐ飛んできて仏壇にお参りするかなんかね、ちゃんとすべきでしょ。おかしいやないの。ルール、ルールって言いながらね。

美代子　母が亡くなった時はチッソから、五〇万円の香典包んでお見えになりました。手を合わせてお帰りになりました。姉は死後認定でしたけど、後からお参りにみえましたよ。

木野　ルール言うんなら、やってるはずやね。やってないということは、今回のチッソのやり方がルールやなくて、今頃になってルールと言い出したということになる。

この話になると、堀尾氏はそれまでと違って急におとなしくなった。社としてお詫びのコメントを出しただけで、これまでは行政認定された患者には個別に謝罪に回っていたのに、関西訴訟では誰にも何もしていないことを突かれて返す言葉もなかったようだ。

堀尾氏は半年前に美代子さん宅を訪れているが、行政認定された患者への謝罪訪問ではなく、美代子さんに一度来てほしいと言われて話し合いの続きをしただけであった。

恵さんは認定申請の死後手続きを知らなかったために両親の申請は失効になってしまったことを悔やんでいたが、もし失効していなかったら美代子さんと同じように行政認定を得ていたであろう。国も県も最高裁判決後に仏壇にお参りに来てくれたのに、チッソはいまだに知らん顔してるのが許せなかった。

美代子さんの語り

ここまでチッソが補償金訴訟の判決を盾に一歩も引く気がないことを悟った美代子さんは、ついに堪忍袋の緒が切れたように、堀尾氏に向かって語り始めた。

私、家族九人のうち五人が認定されました。姉は三年七カ月もの間、蛇の生殺しのような状態で亡くなっていったんですよ。

チッソは絶対許さん。どんな思いしたか分かりますか。

人から石をぶつけられ、電気一つ点けられず、そんな生活させられたんですよ。チッソという会社に。

谷底に突き落とされた生活させられて、また私まで谷底に突き落とすんですか？

チッソって平気なんよね。そういうこと。

私、まだ幸せやと思ってるんですよ。姉と違って子供二人も持てたから。

本当に姉こそ蛇の生殺しやったわ。二八歳の若さで。いっそ、早く殺してくれたらよかったのに。

そう、私は自分の手でやろうとしたけど、できんかった。

私もその十字架を背負ってこの年まで来たんです。死ぬまでその十字架を離すことができへん。

だから私もどうしてもその補償ランクを取りたい。取らんことには、私の人生はただ生まれて苦しむだけで、何にもない。痛みと苦しみだけで私は死なないかんの？

たった一日でも二日でもいい、胸張って私生きたい。それが本音。

そやから足引きずってでもこうして来てるんです。何も欲張ったこと言うてませんやん。

患者を出したのはチッソでしょ。補償するのが当たり前ですやん。

会社潰してでも補償するのが当たり前でしょ。命っていうもん、そんな軽いもんじゃない。尊くって重たいもんでしょ。

部長って肩書持っとっても命は一緒ですやん。社長も一緒やと思いますよ。命って、尊いもんでしょ。

私も父親にそう教わってきました。

自分に負けるな、己に負けたらおしまいだ。それは父の言葉でしたから。私は負けません。負けたらお終いですもん。

どうやったらわかってもらえるんですか。どうしたらいいんですか。教えてください。

私はもう七五歳で、先がありません。正直言って明日があってないようなもの。

私のこの立場を子供に持って行かせたくないんです。

こんな辛いことは子供にはやらせたくない。もう自分でケリをつけて、私は目をつぶりたい。

だから東京にも行くんです。今回は大阪に来てもらったからよかったけど。

認定通知の活字だけで私に生きていけて、それは無理です。裁判打ったときから、岩本団長と、裁判で過ちを認めさせたら行政認定取りにいくぞと、それを心の支えにして二一年間裁判で闘ってきたんですから。二二年って長いですよ。

四七歳で裁判を打って、もう七五歳。これから先、どないしてこの年でいけるんか。

申しわけないと詫びながらも、県を入れた三者会談を渋るチッソ

堀尾氏は美代子さんの語りを神妙に聞いていたが、それでも最後まで行政認定と補償協定に関する

チッソの言い分を繰り返すのみであった。

堀尾部長　今お伺いした通り、私どもがやってきたことっていうのは本当取り返しのつかないことだと思いますし、それに対しては本当に申し訳ないと。軽い言葉ですが、今となってはそれしか言えないいんですけど。

同時に、我々もこれまで精一杯いろんなことをやらしてきていただいたつもりです。それこそ、もう倒産してまでと今おっしゃいましたけども、倒産するよりも厳しい道をチッソは選んで、今こう相当大きな借金抱えながら、ま、利益も上げてますけれども、その一方で、大きな借金抱えながら補償も継続してやらせていただいている状況です。

でも、ご理解いただけませんけれども、会社としては、やっぱりそういう中で、どうしてもお話したようなことしか今の時点でやらせていただけないということしか申し上げられないいんですね。

木野　一番のボタンのかけ違いはね、行政認定と補償協定についてこれだけチッソと患者の間で認識の違いがあるんだったら、なんでそれをここまで引っ張らずに早く患者に説明してこなかったのかという点ですよね。

坂本さんが言われる全ての根拠は、水俣病の行政認定という、そこから出発してるわけですよね。裁判もそのためにやってきたんだし、だから最高裁判決後も認定審査を受けてきたんですよ。

美代子　行政認定っていうのは県が出してるんやから、行政認定のことについては県と話し合いしてください。そこでの両方の話を、私は聞きたい。

木野　共通の争点は、要するに行政認定についての考え方ですよ。認定を出した県本人と、申請した患者本人と、認定を知らされたチッソ本人と、この三者の考え方を付き合わせることしかないですよ。

堀尾部長　我々としてはもう今の時点では、その三者の話し合いで前向きに動くという可能性はちょっと考えられないのです。前に国も入れた四者会談と言われていた時と今の時点では違いますから。

恵　私は実現してほしい。もうそうしないと納得できないから。何が本当かが私たちに伝わってこない。

堀尾部長　それで話が進めばいいですけど、そういうふうにならないと思いますんで、今の時点では。

美代子　何がルールか知らんけども、ほんまに身勝手なルールを回して……

あんたがやってることは、患者から見たら、加害者が勝手にルール作って、ルールを回してるだけで、被害者はとんでもないとこ飛ばされて……

木野　今は行政認定についての考え方を、認定を出した県を呼んで話し合いましょうと言うことですよ。

堀尾部長　今おっしゃってるのは、行政認定をしたことの意義が何になるかっていうことですね。確認するとおっしゃってますけども、それに対して私どもがこうすべきだったなんていう立場にないですもん。

美代子　行政が認定してくれれば補償するのは当然でしょ。それがあんたたちの任務でしょ。

堀尾部長　ですから、それは前提として、まだ紛争を解決しない方の場合ということで……

坂本さんが聞いていただくのはそれでいいかもしれませんけど、私どもに認定された意味について意見聞かれても、それは答えられないですもん。

美代子　行政認定に基づいて補償をしてくださいと言ってるだけです。そこから裁判でもらった認容額を引きはったらよろしいって。私、言ってること無茶ですか。

堀尾部長　その考え方については、ちょっと坂本さんと会社の間に開きが……

恵　だから、埋まってないから埋めましょうって言ってんだから。なんとかするために……

木野　そういう場で公害認定の経緯などをはっきりさせてからじゃないと、次進まないじゃないですか。

今はとりあえず三者の間で食い違いがある問題をはっきりさせましょうと……

堀尾部長　お考えはよくわかりましたけれども、ちょっとまだ溝があるってことも事実なんで、よく……

美代子　その溝を埋めていくように、堀尾さんがもう頑張るしかないでしょう、担当者ですから。

検討して、その結果、連絡をいただけませんか。私とこに。

堀尾部長　わかりました。

美代子　おたくらの都合を聞いてから県の方には電話入れます。

堀尾部長　今日はちょっとなかなかご理解いただけなかったんで、残念です。今日のお話は会社にも一応報告しますが、本当になんですが、理解していただけないでしょうね。

木野　自分たちの決めた勝手なルールだけで突っぱねられたら、これは納得できないですよ。患者さんに理解してもらおうと思ったら、どうすればいいかってのは、もう普通の常識で考えてほしい。

美代子　自分たちはもう加害者で、被害者じゃないっていうことを念頭に置いといてほしい。あなた方は有罪なんですよ、

堀尾部長　それは、おっしゃる通りで、われわれが原因者というのは……

この第四回チッソ交渉によって、チッソが自ら翻意して補償協定に応じる気は毛頭ないことが明白となったので、今後は行政認定を出した県と環境省にその経緯を質し、補償協定締結をチッソに促すよう求める方針に切り替えることになった。

第七章　勝訴後認定者には協定補償なし

県はチッソの補償協定拒否をなぜ教えてくれなかった？

県はどこまで知っていたのか？　チッソへの働きかけを求めて県交渉へ

美代子さんは自分の認定（二〇〇九年一〇月一五日）の二カ月前まで、Ｉさんの認定（〇七年八月一五日）とチッソが直後に補償協定を拒否したことを全く知らなかった。それは当然で、チッソはもちろんだが、Ｉさん本人やＩさんから相談を受けた弁護士も外部に語らなかったからだが、認定を出した熊本県からも何も知らされなかったからである。

それが熊日新聞の記事（〇九年八月六日）によって美代子さんも知ることになったが、おかげでやっとたどり着いた行政認定の日はお祝いどころか、再び落胆と怒りの出発日となった。

その認定通知書を届けにきた県の課長に美代子さんがチッソへの働きかけを求めたが、課長は「民と民の間のことですし、環境省からの指示もあるので、何もできないのです」と言うばかりでらちが明かなかった。

そこで美代子さんはすぐにチッソ東京本社へ出かけ、補償協定に基づく補償を求めたが、Ｉさんから起こされている補償金訴訟の結果を待ちたいと言うばかりであった（〇九年一〇月二八日）。

その補償金訴訟の一審判決（一〇年九月三〇日）で予想外の勝訴を得たチッソに対し、美代子さんは裁判を起こしていないのだからと直接交渉を求めたが、チッソは関西訴訟で損害賠償は済んでいるという社の主張が判決でも認められたことを盾に一歩も譲らなかった（一〇年一〇月二八日）。

そこで、美代子さんは、県がいつ、どこまで知っていたのか、チッソの補償拒否にどう対応してきたのかを問い、県としてのチッソへの働きかけを求めるべく、県知事との交渉を求めた。

副知事と会見、真相を糾す

この時の知事は蒲島郁夫氏であったが、前任の潮谷知事が〇七年八月にIさんに行政認定を出した後、チッソが補償協定を拒否していたことが〇九年八月の熊日報道で明らかになり、さらに〇九年一〇月に樺島知事（〇八年四月就任）が認定した二人目の美代子さんにも拒否したことで問題が広がったが、第五章で書いたように、樺島知事はその時、小沢鋭仁環境大臣にも相談したらしい。しかし環境省は動こうとしなかったので、それ以後、樺島知事も事実上黙認を決め込んでいたようである。

しかし、美代子さんからの知事会見の要請を受けて、水俣病の認定業務を行う県の環境生活部は審査会検診から認定審査を経て行政認定を決めるまでの当該部局なので、要請を断るわけにはいかず、副知事との会見を設定した。

二〇一一年三月一六日午後三時半からの県庁での会見冒頭、村田信一副知事は美代子さんのことをよく知っていると切り出した。

村田副知事　実は坂本さんとお会いするのは二度目で、二〇〇七年に潮谷知事に認定を求めて来られ

2011.3.16 チッソへの働きかけを村田信一副知事（手前）に訴える美代子さん＝県庁（熊本日日新聞、同日付）

た時にお話を伺っております。当時は認定審査会の再開と認定の促進に向けて動いていた最中でした。

そういえば、二〇〇七年八月一一日、美代子さんが早期認定を、恵さんが両親の申請失効取消を、それぞれ求めて、当時の潮谷義子知事に直談判を求めて県庁前で座り込んだとき、潮谷知事が短時間の会見にしか応じなかったので再び座り込んだが、その時、当時の金澤和夫副知事との会見を設定したのが当時環境生活部長の村田氏だったそうである。これまでの経緯と美代子さんのことをよく知っているというので、少し安心したが、副知事となると行政の立場を固持する姿勢も早々に明らかとなった。

村田副知事　損害賠償の最終担保は裁判だという考え方を第一審が示しましたが、それが第二審でどうなるかが非常に大きく影響してくると思います。

美代子　裁判の判決はあくまでもＩさんに対しての答えで、私は裁判打ってませんよ。

村田副知事　われわれは法の執行者ですから、その法に対する考え方の中でやるしかありません。補償というのは、チッソと認定された方の民民のやり方になります。

チッソは、民法上の損害賠償請求額については、その裁判の場で決められたものが最終であって、全てがもうそれで補填されてるものだという考え方を主張してるわけですね。私たち県の役割は認定することまでですから、Ｉさんの裁判を見守るしかない状況にあるわけです。

美代子　認定されても、補償協定がないのなら、空手形。私も先は長くない。このままやったら、子供や孫が引き継いで、ここに来ることになりますよ。私は、子供や孫に、そんな辛いことさせたくない。私の生きているうちに、ケリをつけたい。片づけてから、目を閉じたい。

村田副知事　坂本さんのお気持ちは分かりますが、県としては……

県はＩさんがチッソから拒否されたことを知りながら、美代子さんの検診を続けた？

県がＩさんの裁判を理由に今は何もできないと逃げることは想定内だったが、問題はチッソに認定を知らせた後、いつチッソが補償を拒否してきたのかであった。Ｉさんの裁判提訴は認定から二年も経ってからであるから、その間、県は何も知らなかったのか、それとも知っていながら何もしなかったのかで県の責任は違ってくる。

木野　ちょっと、この録音を聞いてください。あとで説明します。（三分ほどの録音を流す）
これは、今年一月の水俣病事件研究交流集会（於：熊本学園大学）でIさんの弁護士がIさん訴訟の報告をされた時の一部です。Iさんは認定通知書を滋賀県の自宅まで持ってきてくれた県の人から、裁判との差額はチッソからもらってくださいねと言われたそうです。それでその後、チッソに電話したら、関西訴訟の原告さんなら補償協定はできませんと断わられたそうです。そこで、県や国にも電話したそうですが、どうにもならないと言われて一人悩んでいたそうです。
村田副知事　Iさんから、チッソが拒否しているというのは聞いていました。
木野　Iさんの認定時期（〇七年八月一五日）からすると、坂本さんに勧めた追加検診の二回目（〇八年一一月二八日）にはもう知っていたのでは？
村田副知事　はい。
美代子　え？　なんで、教えてくれなかったの？　知ってたら、私、検診なんか受けてない。補償協定と認定は、セットやから！
恵　そんなん知ってたら、私、坂本さんに検診を勧めてないよ。認定されたら、補償協定はついてくるものと思ってたから。
村田副知事　チッソが拒否し続けるとは決まっていませんでしたし、坂本さんには酷な話ですし……
美代子　教えてくれた方が良かった。
木野　チッソにこの件で、話をしたことは？

村田副知事　この件のことだけで、チッソと話をしたことはありません。
恵　Ｉさんの裁判は、県と関係ないでしょ。
村田副知事　県としては見守るしかありませんが、高裁で逆転するかもしれませんし、最高裁もありますし。
美代子　先にＩさんのことを教えてくれていたら、こんな活字だけの認定のための検診なんて受けへんかったのに……
村田副知事　……
木野　県が認定のために頑張ってくれたことは、よく分かっているので、責める気はないのです。何ができるか、一緒に考えていきましょう。
村田副知事　私たちも坂本さんの気持ちをよくわかっているつもりですが、残念ながらチッソの態度は……
木野　坂本さんの気持ちがわかっているなら、それを知事やチッソにきちんと伝えてほしい。
村田副知事　今日の話は、もちろん知事にも環境省にも伝えます。今の状態ではそれが精一杯ですが、われわれには表面上の行為と水面下の行為といろいろありますので、いろんな形を使って……
美代子　せめて、一緒にチッソに行って、県からもチッソに補償協定を守れと言ってほしい。
村田副知事　……

村田副知事は「坂本さんの気持ちはよくわかります」とか、「知事にも環境省にも伝えます」「いろんな形を使って」などとリップサービスを頻発したが、美代子さんの「一緒にチッソに行って、チッソに言ってほしい」とのお願いには口をつぐんだ。認定を出すまでが県の務めとはいえ、その認定が反故にされているのに何も言えないとは、患者の救済が使命のはずの行政の任務放棄ではないか。うなだれる副知事を前に、美代子さんが思いのたけをぶつけた。

美代子　蛇の生殺しの状態におかれた私の気持ち、わかりますか。

なんでこういうもん、私の手元によこしたん？　法に基づくって、ただ活字だけ持ってきて。それは死ねって言うてんのと一緒やないの。だったら、殺してくださいって、私言ってるんです。

家族にどんな思いをさせて生きてるか、わかりますか。いつも娘が私の手を持って歩くんですよ。

こんな体にしたのはチッソやけど、それを許してたのは熊本県なんですよ。

この月初めには何にもわからんとベッドから落ちました。怖くなって入院しましたが、いつまでも病院におられんし、家に帰ってますけど、その怖さでまた入院と……。その連続なんです。

この頭の痛みさえとってくれたら、私の体から有機水銀抜いてくれたら、そしたら何も言うことないんです。

それが、早く検診せえ検診せえって言われたあげくに、結果がこうです。それ知ってたら、私、ほんまに検診受けてなかったと思う。

今は日々の生殺し状態に置かれて、もう後ろにも下がられへんし、前も行かれへん。こんな悲しいことありますか。

もう危ない、あっち危ない、こっち危ないって怒られながら歩く。それ辛いですよ。

本当に、家族にどんな思いをさせてと思うと……。私も、激しく暴れまわった姉を見て、いっそ殺してあげようかとまで思ったことがあるけど……

多分、息子もね、それはあると思う。子供が手を汚す前におたくの手で殺してほしい。私、何も抵抗もしないから。

村田副知事　今の生のお言葉も含めてですね、チッソと環境省に改めて私の方からお伝えはします。

今の状況下での私の正直な印象では、チッソの今の考え方が変わるとは思えません。

しかしながら、今日のお話あたりを、私ども、あらためてお気持ちが伝わるような形でですね、向こうに伝えたいと思います。

美代子さんの怒りはおさまらなかったが、当初三〇分だけと言っていたのを五〇分余り応じたので、副知事も少しは動いてくれることを期待するほかなかった。

環境生活部の職員は上司と患者の間で板挟み状態

村田副知事が退席した後は、環境生活部の次長・課長ら認定業務部門の職員がその後五〇分余り事情説明に応じた。さすがに美代子さんと何回も会っているので、副知事よりも苦渋の様子であったが、県の姿勢は上層部で決まっているため、それから踏み出すことができないもどかしさは感じ取れた。

木野　事実関係なんですけどね。Ｉさんは認定を受けた後、チッソに拒否されたので、すぐ県に連絡したと言ってるらしいんですが、二〇〇九年一〇月一四日に美代子さん宅に来られた内田安弘環境生活部次長は、県は提訴直前まで知らなかったと言われたんですけど、これどっちなんですか。

県職員　私どもはＩさんを認定した時に、こういう事態になるなんて全く思ってなかったですから、これまで通り、認定通知書を差し上げたところで一応県の手続きは終わりですと、後はチッソとの交渉になりますと申し上げました。

もともと裁判の認容者を県が認定するのは初めてのことでしたので、その方々の認定手続きをする必要があるのかを環境省に聞きました。環境省の中でも色々議論があったそうですが、内閣法制局に確認したところ、行政処分自体はやるべしということでしたのでやったという次第です。ただ、その後ですね、順調に行ってないっていう情報は入ってました。それが裁判での認容者の初めての事例なので、検討するということなのか、法廷闘争をやってでも払わないということなのかはわかりませんでした。

普通でしたら、チッソにこういう方を認定しましたというお知らせをしますと順調に行くんですけど、今回はチッソがしばらく保留してるっていうことで、文字通り保留なのか、拒否なのかは、はっきり分かりませんでした。チッソもなかなか言ってくれなかったと私は理解しています。最終的にチッソが、顧問弁護士も使って社内の法務担当で検討したのだと思いますが、法廷闘争をやってでもこの支払いには応じないという意思を固めたのを県としてはっきり聞いたのは、二カ月ほど経ってからだと思います。それまで全く知らなかったのかと言うと、そうではありません。

県はそれを知ってたのに、坂本さんに知らせずに検診を続けたのかと言われればその通りなんですが、もしそれを知って検診を受ける気持ちが変わられると、絶対認定はできなくなります。そうするとまた数年前の、自分は検診なしで認定してほしいという話に戻り、知事の特例処分で認定ということになりますが、それはもう県としては絶対できないことですので……

ただ、それが今となって無駄なことをさせたと言われるとですね、そうかもしれませんが、一さんの訴訟が高裁や最高裁で別の判断が出れば、この通知は絶対値打ちがあるんです。

美代子　気持ちはわかるけど、今となっては紙切れと一緒やん。

県職員　今現在は確かにそうなんですが……。

あの突然の座り込みに短時間とはいえ、急遽知事会見に応じてくれたときは潮谷知事の手腕に期待したが、県は国の受託機関なのでと弁解がましい答えしかなかったことについては失望した。さらに、その後、初の関西訴訟勝訴原告を県が認定したことも明かさず、しかも、あろうことかチッソから補償協定拒否の意思が伝えられたことも隠し続け、翌〇八年四月の知事退任に際しても明かさなかったことは、返す返すも残念としか言いようがない。

補償金訴訟は二審も敗訴したが、美代子さんは認定責任を求めて県へ

高裁判決もチッソの主張を認めたが、美代子さんは認定の責任を問いに県交渉へ

二〇一〇年九月三〇日の地裁でけんもほろろの敗訴判決を受けたIさんの補償金訴訟は控訴されたが、口頭弁論は二回で打ち切られ、Iさん側が申請した証人申請（本人と補償協定立会人）すら認めず、一審判決から五カ月余りで結審し、二〇一一年五月三一日に判決が出された。

Iさん側は、裁判確定が先行したのは患者認定まで二三年かかった認定制度の不備が原因だと主張したらしいが、判決は「男性は裁判で紛争が解決して請求権が消滅しており、適用を受けるべき『患者』に当たらない」とし、「男性に不利な運用があったのは否めないが、裁判で解決した以上、あらためて協定による補償を求める根拠とはなりえない」と退けた（一一年六月一日、熊日新聞より）。

もともと第一次訴訟の判決後に民と民の間で結ばれた補償協定に対する当事者間での問題を一旦司法の場に出せば、損害賠償の法律解釈が優先し、加害被害の実態に基づく当事者間の協定に戻ることが困難になることが懸念されたので、美代子さんと恵さんは当事者間の自主交渉の道を選んだのだが、このIさんの補償金訴訟により、美代子さんらの自主交渉でもチッソ・県・国は裁判進行中を盾にして引き延ばしを続けてきた。

民事訴訟では事実審は一審と二審までで、上告審は法律審とされているので、この補償金訴訟に関してはこの二審でほとんど敗訴が決まったに等しかった。実際、Iさん側は上告したが二年後の二〇一三年七月二九日に最高裁で棄却された。

美代子さんはこの控訴審判決の傍聴にも行ったが、判決後に傍聴席で「死の宣告と一緒やないか」と声をあげ、「いつまで生きられるか分からないのに、『認定』の活字だけで終わっては、私の人生は何だったのか。あまりにむごい」と語り、判決によって自分の交渉は厳しさを増すと予想されるが、「自分の手で補償を勝ち取る。へこたれていられない」と前を見据えた（一一年六月一日、熊日新聞より）。

有言実行の美代子さんは、補償金訴訟二審判決から半年後の二〇一一年一一月一六日、熊本県庁で県との自主交渉に臨んだ。下記はその一週間前に県に送った会見要請書である。

熊本県知事殿

私は関西水俣病原告の坂本美代子です。二年前に認定を受けまし

2011.5.31. 水俣病補償金請求訴訟の控訴審判決に「死刑宣告も同然だ」と話す美代子さん＝大阪高裁前（熊本日日新聞、6月1日付）

たが、チッソから補償を拒否されました。そのことで、そちらに再三お邪魔しましたが、何の進展もなく、県の役人の薄ぺらな弁解と、私への同情のような言葉だけ。その後も懲りずに、私と同じ立場の人を出しました。ただただ呆れるばかりです。貴方達は、いったい、どちらの味方ですか。チッソの為に動いているようにしか、私にはみえません。こんな中身のない認定を出して、患者にまだ重い荷物を背負わせるのですか。

もう少し、人に寄り添って下さい。患者には、何の非もないですよ。それは、まぎれもない事実ですよ。

今度一一月一六日午後に、再度お伺いします。今度はもっと濃い話をしましょう。オギァーと生まれた赤ちゃんでも、二年もたてば、歩いたり言葉も話すようになります。

どうぞ、認定もらっても何ひとつ変わらない私の心を察して下さい。その時、どうしても知事様には同じテーブルに着いて下さいますように、お願い申し上げます。

二〇一一年一一月九日　坂本美代子

この後、県から坂本さんに「知事も副知事も、外せない予定が一カ月前から入っておりまして、申し訳ありませんが、谷崎淳一県環境生活部長が対応させていただきます」という返事の電話があった。知事や副知事と会っても判決を盾にされるだけだろうから、担当部局の環境生活部長の方が中身のある話ができるのではということになり、恵さんと山中が付き添いで県庁に向かうことになった。

チッソの主張を認めた高裁判決に県も苦慮しています……

谷﨑部長　坂本さんは裁判されてるわけじゃないんですけど、その前に認定されたIさんが裁判されてますよね。で、この五月にその高裁判決で地裁と同じような結果が出ましたので、チッソとしては同じ考えで最高裁でも争ってます。チッソの考え方が変わってないというところですので、そこがわれわれとしても非常に今苦労してる部分です。

判決にあるように、チッソの方に法的根拠があれば、われわれとしても補償をしなさいと言うことはなかなか難しいところがあります。

美代子　では、今のところは、Iさんが裁判を打ってるから、その判決次第っていうことなんですか。

でも、もしIさんが敗訴しても、私はあきらめませんから、それだけは承知しておいてください。

その裁判が済むまで、チッソの答えは変わらないの？

2011.11.16. 補償協定の適用を拒むチッソに対する働きかけを県側に要望する美代子さん＝県庁（熊本日日新聞、11月17日付）

谷﨑部長　おそらくそうだと思います。坂本さん行かれてもですね、裁判の結果待ってるということしか言わないと思います。それはもう私たちに対しても同じで、そういう言い方です。

恵　今、現在、国はどういう考えなんですか？

谷﨑部長　国の方は、これは法制局の考え方だと思いますけど、裁判によって損害賠償を受けた方については、それで原則として全て損失が補填されていると……で、私どもとしては、国の方から認定処分の法定受託事務を受けてる立場ですから、国の方がそういう考え方を示してる以上、国に従わなければいかんもんで……

恵　国の解釈に従うんだったら、どうして最初から患者さんにそれをおっしゃらなかったんですか。なんで、地裁や高裁の判決後に仮執行金を受け取るとき、それを言ってくださらなかったんですか。それ聞いてたら、美代子さん、そのお金を受け取ってなかったかもしれないじゃないですか。

今の新法（二〇〇九年の特措法）でも、検査受ける時に、これを受けたら、これから先裁判も何も起こしませんっていうのを確認させられますやんか。そしたら、なんで坂本さんらが仮執行金を受け取るときに、それをおっしゃってくださらなかったんですか？

行政認定と補償協定はセットのはず　県もチッソが拒否するまでそう思っていた

今回一番聞きたかったのは、行政認定がチッソから補償協定による補償を浮けるための第一歩であることを県はどこまで認識していたのかということであった。

恵　患者さんって素人なんやからね。認定プラス補償協定っていうのはもうセットになってます。だって、誰でも、この紙切れ一枚のために何十年も闘うような人いません。だから、坂本さんの頭の中では、認定プラス補償協定は、もうセットなんですよ。今までこんなことなかったんやからね。

谷崎部長　おっしゃる通り、そういう例は今までになかったと。

だから、チッソでも初めてのケースとして、果たしてその補償協定に応じるべきなのかどうかっていうことは考えたんでしょうね。

われわれとしても、一体どう対応すべきなんだっていうことで環境省に打診をしましたら、初めてのことなので返事が来るまで時間かかりました。そしたら、やっぱり一回損害賠償を受けてらっしゃいますからね、裁判っていうのは普通はそれで確定してるという中で、改めてまたその損害賠償的な行政認定による補償というのがあり得るのかどうかっていうことになると……。それで法律論的に色々と議論をしてもらった上で、国から今のような結論をいただいたんです。

小笹さんがおっしゃったように、今まではそれがセットで、坂本さんがそう考えるのももっともだと思います。われわれもそう思いますけども、ただ、今回のケースは、裁判の判決で損害賠償を受けた方々というので、全くの新たなケースとして出てきたというところなんです。

美代子　でもね、最高裁では、認容とは言われましたが、認定とは一言も言われていませんよ。

谷崎部長　それがセットであるということは、確かにわれわれも今まではそうだったと思ってます。

ただ、今、初めてのケースとして、坂本さんを苦しめてる。で、われわれも非常に苦慮してるのはそこなんです。

じゃあ、最初からそういう人たちを、申請を受け付けずにやれるものかやれないものかという疑問までもって国にもお話しましたけど、それは審査すべきだということでしたので、われわれとしては審査を続けたわけです。

恵　それ、国と県とで話し合っただけで、当の患者は何もそういうのは知りませんよ。最高裁で勝った後、行政認定を求めてからも、そういうの知りませんでしたよ。それこそ、患者に一番に知らせるべきではないの？

谷﨑部長　そうですね、認定申請はずっとされたままですから、その時にそういう結論が出てれば……。ただ、それは今でも裁判で争ってる部分ですから……

これでチッソがIさんに拒否するまでは県も行政認定と補償協定はセットだと認識していたことが明らかとなった。

しかし、チッソの拒否で環境省にお伺いを立てたら、何と国もチッソと同じ法解釈を採ったので県は従わざるを得ないので苦慮してるとのことだった。まるで一九五七年に水俣湾の魚貝類の漁獲・販売禁止のために食品衛生法を適用しようとした時に、厚生省にお伺いを立てたら止められて諦めたのと似た構図であった。

なぜIさんがチッソから補償協定を拒否された時にすぐ教えてくれなかった？

次いで、美代子さんが最も聞きたい疑問に移った。

美代子　私の場合は一審で認容額の仮執行が出てますけど、それを受け取ったら、あとは出さないということを、熊本県の方が先にわかってたのなら、それをどうして教えてくれなかったの？　裁判で認容額が出たその時点で、チッソはそれ以上お金を出さないっていうのを決めてたと思うんです。どうしてそれを確かめなかったの？

谷崎部長　私も課長時代から関わってきてますから、よく経過は知っています。Iさんのその話を知ってて、坂本さんに検診を勧めたということはありません。

山中　それは三月に副知事からお伺いしてる話と違いますよ。坂本さんが県の勧めに応じて追加の検診を受けたのは二回ですよね。最初が二〇〇六年八月で、二回目が二〇〇八年一一月。それに対してIさんの認定は二〇〇七年八月。相違ありませんよね。

谷崎部長　そうですね。

山中　前回、副知事さんもお認めになられましたけど、Iさんは困ったことになっているというのを県にすぐ伝えたと。また、チッソの堀尾部長も、県から通知が来た後、関西訴訟の原告とわかったので、補償協定には応じませんという話を県にすぐ伝えたと。

だから、美代子さんが一番問題にしてるのは、県がそれを知っていながら、なぜ自分に教えず、その後も検診を受けろと勧めたのかということです。
認定をしてあげたいと思ってるのはよくわかるんですが、美代子さんにとっては行政認定がゴールではなく、補償協定なんですよ。その補償協定がもらえないんだったら……

美代子　そうそう、空手形の認定通知書なんて要らん！

山中　だから、Iさんが困ってるのを知りながら、なんで検診を勧めたのかということなんですよ。

谷﨑部長　そのIさんとチッソの話がうまく進んでないということは情報としては入ってたように聞いてます。ただし、それは初めてのケースですから、チッソが時間が欲しいという意味で保留をされてるのか、裁判も辞さずというつもりで拒否されてるのか、そこはわかりませんでした。そこの確認をすべきだったと思いますけども、当時はわからなかったというのが事実だと思います。
で、その情報を坂本さんに提供しなかったということについては、もう今考えれば、おっしゃるように、なぜと言われるかもしれませんが、われわれはその時、認定のことだけでいっぱいでして……。でも、今から言えば、チッソはもうその時、裁判も辞さないという覚悟だったんだということはわかりますが、その当時は協議がなされてるんだろうという認識でした。

美代子　じゃ、検診で止めておけば良かったかと言われると……、そうではないはずですよね。
いや、それやったら止めてほしかった。こんな空手形もらうんやったら。

谷﨑部長　認定をとおっしゃってたのは間違いないですよね。だから私どもとしては、その時にはそれに一生懸命なってたことは事実です。

美代子　そやけど、私の認定より二年も前にチッソが補償協定を拒否してたんなら、どうして私に知らせてくれなかったんですか？　そのおかげで私だけでなく川上さんらまで、こんな空手形で地獄に落とすようなこと、どうしてするんですか？　保留のままの方が、こんなに苦しむこともなく、まだ保留やで済んだかもしれませんやん。

谷崎部長　おっしゃる通りです。

恵　私ら素人なんやからね。認定プラス補償協定っていうのはもうセットになってますねん。誰が、この紙切れ一枚のために何十年も闘うような人いますか。

ここでやっと県は美代子さんの怒りにギブアップしたが、問題はではどうするかであった。

美代子　私にしたら、中身のないものをなんで私の手元に。

谷崎部長　これは、それはもうずっと前からおっしゃってる、その通りだと思います。

美代子　意味がないんですよ。

谷崎部長　まだ最高裁でどういう結論が出るかわかりませんから、可能性が全くないってわけじゃないと思うんですけど、そこはもう全くあるともないとも言えません。

美代子　関西訴訟の最高裁の後、小池大臣と会った時から私はずっと、あくまでも行政認定を望みますと言うてきたんやから。チッソに行った時も行政認定を私は望んでますと。だからチッソは知らんわけないはずなんです。

谷﨑部長　ずっと言い続けておられた？

美代子　はい、ずっと。

谷﨑部長　その時、チッソからそれについての話は何も？

美代子　はい、何にもありませんでした。だって、裁判（関西訴訟のこと）やってるから、裁判の後にお話をしましょうって、もうそれだけで。

県としてできることは？

最後は結局、空手形を出して知らぬ振りをしている県の責任についてだったが……

谷﨑部長　責任を取るという部分については、われわれも何かできることはないかということで、その都度その都度で考えながらやってきています。前回も副知事自ら言いましたように、チッソと国の方には、坂本さんのお気持ちをですね、先方に伝えてます。

美代子　この認定書は中身があって初めて生きるんですよ。中身がなければ、何にもならないんです。知事のはんこを押した以上は、責任を持ってチッソと交渉してください。私もついて行きますから。

谷﨑部長　私どもとしては、自ら約束したことですから、必ずそのお気持ちを伝えようとこれまでやってきましたし、少なくとも私どもとしてやれるところの中でやろうということで動いております。

もう本当にその、その坂本さんのお気持ちをですね、チッソにも伝えていくというのが、もうわれわれとしての役目だと思いますので……。

山中　それ伝言ではなく、坂本さんは自分でその場を見たいと思うんですよ。その思いを汲んで、なんとかしてみようと言うだけでも、心が救われると思う。

谷崎部長　おっしゃる通り、なんとかしろっていう部分までは、確かに法的な根拠をとる必要はないんで、ただ坂本さんの気持ちを伝えるということですね。

それでもチッソの考え方が変わらないということになると思いますけど、そこをわれわれとしては向こうの回答はそういう回答だなと思いながらも、これはもう坂本さんの気持ちは伝えないかんというところでやってるのです。

山中　一回だけでいいですから、その伝える時に、坂本さんと小笹さんを同席させていただけませんか。目の前で、県が自分のために言うてくれてるというのを示してほしいんです。それが、この空手形に少しでも身（中身）を持たせることになるのでは？

美代子　もう、その県から伝えるっていうより、チッソに一緒に行ってほしいんです。県の方から何も言わなくても構いません。私が交渉します。ただ、やっぱり横に県がいてくれたら、向こうも下手なことは言えないでしょうから。県の人が一人でも二人でもいいから一緒に行って、交渉の場に立ち会ってほしい。

谷崎部長　その三者の話ですけど、チッソは損害賠償を受けた方は原則として全て損害を補塡されてるという考え方だもんですから、これは集まっても結局同じことしか言わないでしょう。

われわれも法定受託事務を受けている側ですから、その法律の解釈は国に従わざるを得ないんです。だから、今のところは、集まっても結局同じことを言うだけの話になると思うんですけども。ただ、それでも、先ほど坂本さんから責任を取るべきじゃないかというお話がありました。

われわれはその責任の一端とは思いませんけども、坂本さんから先ほど、もうここしか行くところはないんだとおっしゃったのを受けて、われわれがチッソや国に対して坂本さんのお気持ちを申し上げることが自分たちの今置かれた責任じゃないかなというところで考えています。

美代子　でも、それだとこれからもずっとそういう命のたらい回しですか。

前回同様、県はチッソに美代子さんの気持ちを伝えるところまでは同意しても、一緒に行ってほしいという美代子さんの願いには応えなかった。美代子さんの「命のたらい回し」という表現が言い得て妙であるが、この後もチッソと県と国の「たらい回し」は続いて行く。

美代子さん、県も駄目なら環境省と言い出すが、体調不良で動けず

川上さん夫婦認定後の環境相発言を受けて「患者も協議に加えて」と美代子さんが要請

二〇一一年七月六日。川上さん夫婦が行政認定された。Ｉさん、美代子さん、Ｍさんに次いで、

四・五人目であったが、これまで同様、チッソは補償協定締結に応じない意向を示した。このとき、熊日新聞の記事（二〇一一年七月八日）によれば江田五月環境相は次のように語ったという。

江田環境相は「やっかいな法律問題だが、チッソと患者さんの間には判決があり、その判決に従わざるを得ない」との現状認識を示す一方、「公害の健康被害を処理する行政には、行政の立場もある。しっかり関係者と協議をしていきたい」と今後の対応に含みを持たせた。

この記事の大臣コメントを知った美代子さんは、「あ、わたしもその協議に参加するよ」と言い出し、環境省に次のファックスを送り、電話で交渉を始めた。

江田環境大臣様
　私は関西水俣病原告の坂本美代子です。
二年前に、国の定める認定受けましたが、チッソが払ってくれません。どうしても納得がいかず、国・県・チッソに何度も足を運びましたが、同じ立場の人が大阪の裁判の判決によって、地獄に堕ちたような気持ちになっていましたが、この度の川上さんの認定を受けての大臣の関係者の話をききながらの発言で、一筋の光を見たような、気がしました。どうぞ、その話に、私も入れて下さい。老い先短い人間の最後の願いです。

このままでは、死んでも死にきれません。どこにでも参ります。どうぞ、お力をおかし下さい。

二〇一一年七月二一日　坂本美代子

環境相が協議と言ったのは国やせいぜい熊本県の関係部署のことで、患者本人は想定外だろうとは思ったが、美代子さんの気迫に押され、恵さんが直筆で書き、環境省へファックスを送った。

その後、環境省へ電話をしたら、「大臣とは会わせられません。他の同じ立場の患者とえこひいきになるから」って言われたそうである。それを聞いて美代子さんは「では、こちらが会いたい時に伺いますからね」と啖呵を切って電話を切ったという。数えで八〇歳という身を案じる恵さんや私たちも「とにかく、体が動くうちに、やれることをやります！」との固い意志を受け、美代子さんが動けるうちは何としても同行しようとうなずきあった。

美代子さんの体調が優れない間に、川上さん・Fさん・Iさんらの裁判は……

しかし、その後、美代子さんの体調は優れず、気力はあるものの、しばらく安静にするほかなかった。

その間にも、関西訴訟勝訴原告のうち美代子さんと同じように県から認定されたが、チッソから補償協定締結を拒否された人たちの動きが伝わってきた。

まずは川上さんである。川上さんは二〇〇七年に関西訴訟の弁護士とは異なる弁護士を選任して県に認定義務付け訴訟を起こしたが、すでに美代子さんら三人が県の検診を受けて行政認定を得ていたので、しぶしぶ自分も検診に応じて二〇一一年七月に行政認定を得た。そのため、認定義務付け訴訟は取り下げたが、今度は、二〇一二年三月、チッソではなく県に公健法による補償を求めた。その弁護団も義務付け訴訟のときと同じ弁護団であった。

下記はその三日後の三月二九日の山中と美代子さんの会話である。

山中　川上さんは、チッソと患者が結んだ補償協定ではなく、公健法という法律で決まっている補償を県に申請したらしい。補償協定の方が条件良いから、今まで誰もしたことがないけど、川上さんは県の責任を追及したいらしいね。県にしたら初めてのことなので、環境省に相談するらしいよ。

美代子　私はチッソの責任が第一だから、補償協定じゃないと意味がないと思うんやけどねえ。

誰が考えても水俣病の責任を補償で求めるなら加害企業のチッソのはずだが、チッソに対する補償金訴訟はすでにIさんが起こしており、その弁護団は関西訴訟の弁護士が中心であった。川上さんは一度対立すると容易に相手を許す性格でないことは夏義さんがよく言っていたが、補償金訴訟に乗らなかったのもそれではないかと思われる。実は関西訴訟の上告審中に起った友の会騒動の際、川上さんや友の会の人たちとカンパを巡って鋭く対立した一人がIさんであり、その時、弁護団は一審後のカンパ集めの経緯を知っているのに知らぬ顔を決め込んでいた。その後、川上さんは三浦医師の説得に折れて原告団長に戻ったが、当時のIさんや弁護団に対する不信感は拭えなかったのではないだろうか。

それでも川上さんは元の患者の会と原告団長に戻って最高裁で行政に勝訴した原告団長として晴れの舞台に立ったが、その後は美代子さんと同じように行政認定を求める闘いだと思っていた。しかし、それは関西訴訟とは別だとする弁護団に愛想を尽かし、行政認定を求める義務付け訴訟を独自に模索した。

もともと川上さんが関西訴訟に懸けた思いは夏義さんや美代子さんと同じで、関西訴訟に勝てばまず行政認定を取り、それからチッソに補償協定を求めるつもりであったが、友の会を裏切った時から美代子さんらとは二度と一緒には動けないと決めたようで、美代子さんの直接交渉でもなく、Iさんの補償金訴訟でもない、第三の道をと考えたようである。弁護団も関西訴訟とは別の弁護士を選任し、認定義務付け訴訟を経て、公健法の障害補償費請求訴訟という第三の道を歩むことになる。

公健法の障害補償費による請求額は月額約四万九千円~四〇万円だったそうだが、環境省と協議した県は、二〇一三年一一月に「損害は塡補されており、補償給付に応じられない」と決定した。理由は、公健法では「既に補償を受けていれば補償給付の支給を免れる」と規定しており、請求内容が賠償金に含まれると判断した」と報じられた（熊日新聞、二〇一三年一二月五日）。

川上さんはこれを不服とし、一四年三月に県の不支給決定の取り消しと支給義務付けを求める行政訴訟を熊本地裁に起こした。すでに妻のカズエさんは前年亡くなり、川上さんも八九歳の高齢であった。

一方、二〇〇七年に認定義務付け訴訟を起こしていたFさんは、二〇一〇年七月に一審で勝訴していたが、二〇一二年四月に二審で逆転敗訴にあっていた。Fさんは上告していたが、二〇一三年三月に亡くなり、長女が訴訟を継承した。同年四月の最高裁判決は、二審判決破棄・高裁差戻を命じたので、勝訴は確実となり、県は五月に控訴を取下げ、関西訴訟勝訴原告六人目の行政認定を出した。

なお、この日の最高裁では、もう一つの認定義務付けを求めた訴訟（水俣市の故溝口チエさんの次男・秋生さんが起こしたチエさんの棄却処分取り消しと認定を求める）でも患者側勝訴が確定したので、その日の新聞では二つの水俣病最高裁判決が大きな紙面を占めて報道された。

なお、これとは対照的に、Iさんの補償金訴訟の方は一審・二審とも完敗であったが、二〇一三年七月二九日に遂に最高裁で敗訴が確定する。では、美代子さんの直接交渉はどうなったであろうか。

美代子さんが環境省へ行きたいと言い出す

二〇一一年一一月の谷崎県環境生活部長との直接交渉以後、体調が優れなかった美代子さんはそれから二年七カ月は動けず、訴訟をしている人たちの動きを見守っていたが、二〇一四年六月のあるとき、急に「そろそろ、交渉をしたいと思うんやけど」と言い出した。

美代子　そろそろ、交渉をしたいと思うんやけど……

山中　いいけど、どうしたの、急に？

美代子　もう、歳やからね。数えで言ったら、八〇歳やで。

山中　じゃ、チッソ？

美代子　もう、チッソは顔も見たくないわ。

山中　じゃあ、熊本県？

美代子　県にはなんぼ言うても仕方がないやろ？　どうせ権限がないと言うし……

山中　じゃ、環境省？

美代子　環境省がチッソに補償協定を締結しろとチッソに言ってくれれば……

山中　民と民のことだから介入できないと言うだけでは？

美代子　でも、認定制度というのは、国が作った制度やろ。補償協定が適用されない認定だなんて、そんな中身のないもの、おかしい！

山中　一さんの最高裁判決で、チッソは補償協定による補償を払わなくてよいことになったんだから、環境省もどうしようもないですと言うのでは？

美代子　でも、そんなん絶対におかしいもん。黙ってるのは嫌！　今ならまだ体も動くし、口も動くし……

山中　電話する前に、ファックスしてみては？　急に電話しても分からないやろうし。

それから二週間後に、七月一五日に決まったとの電話がかかってきたそうだ。美代子さんが「話の分かる人をお願いします」と言ったら、「そう言っておきます」って言われたそうだ。

ただ、今回は恵さんも木野も仕事で無理なので、同行は山中と山中が声をかけた支援の女性だけになったが、美代子さんの長女・智恵子さんが一緒に行けるようなので、美代子さんも一安心したようだ。

美代子さんの歳と体調のことを考えると、もしかしたらこの環境省交渉が最後になるかもしれないと、一同、気を引き締めて当日を迎えた。

美代子さん、最後の直談判となった環境省交渉へ

チッソに補償協定を守れとなぜ言えない？

二〇一四年七月一五日、環境省一階の会議室。対応したのは環境保健部飯野課長補佐と着任したばかりのS氏、それに書記の女性であった。

今回一番聞きたかったのは、行政認定がチッソから補償協定による補償を受けるための第一歩であることを国はどこまで認識していたのかということであった。

挨拶の後、美代子さんが、熊本県からの「認定通知書」を机の上に置く。

美代子　認定を中身のあるものにしてください。せめて、納得のいく説明をしてください。
課長補佐　拝見します。初めて見せて頂いて、このような現物を拝見して、認定を受けられた重みを実感します。審査を経て認定されたと感じます。
美代子　感じるだけなら、誰でもできる。国の指示通りにして、成果がこれだけ。
何の納得のいく説明もなければ、答えもない。この娘まで、（被害者）手帳をもらうような体にされて……。お宅の家族にいたら、許せますか？　黙ってないで、返事ください。
課長補佐　認定に伴う補償が十分でないことが、納得いかないことと思います。我々としても察するに余りあります。制度として決まっていまして、補償の中身と認定は別なのです。
智恵子　言葉だけで、他に何があります？　これ頂いて、生活できますか？　私は被害者手帳で妥協したけど、今、体は不調です。それに、伝染る（うつる）からという差別は、今もあるのですよ。
美代子　国・県がきちんとするべきでしょ。
智恵子　認定したら、それで終わりですか？　生活できるなら良いけれど……
美代子　協定書の（A～Cの）ランクをつけてください。今のままなら、詐欺師！
課長補佐　詐欺師というつもりは……。県の谷崎さんにも聞きましたが、手続きをしっかり実行したら、こうなってしまったと……
美代子　私にしたら詐欺師。紙切れ一枚で、お宅ら、済ませられますか？
課長補佐　中身のある補償をお求めになるのは、否定しません。

美代子　いつも、たらい回し。我慢してきたけど、もう七九歳やし、限界です。娘まで連れてくるのは、親として悲しい。紙切れ一枚で終わりて、それはないでしょ。環境省がチッソと交渉してください。

智恵子　経過、ご存じですか？

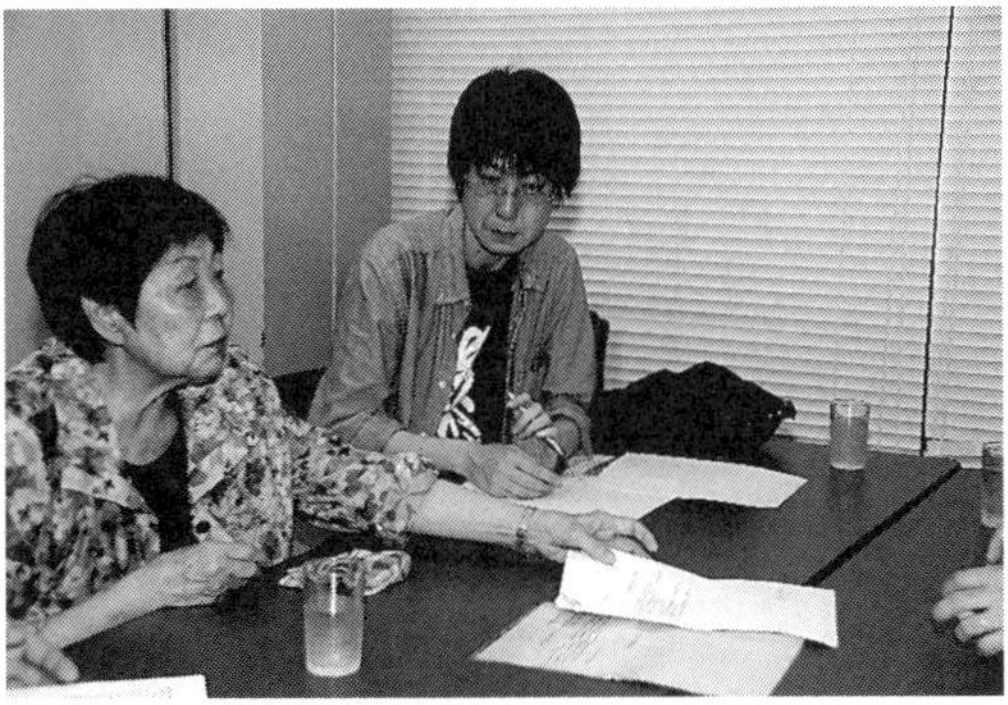
2014.7.15. 環境省交渉で、認定通知書を環境省職員に見せる美代子さん

課長補佐　ある程度、勉強しました。

智恵子　写真集やＤＶＤとかで、母の姉の写真を見ました？　母も同じ病気ですよ。

美代子　チッソに弱みでもあるのですか？

課長補佐　ありません。

智恵子　なぜ、チッソに言えないのですか？　なぜ、前の人は貰えたの？

課長補佐　判決が確定していまして、補償協定は個別の関係で決まることです。法律に基づいていないので、命令できません。

美代子　わからない。

智恵子　なんで？　いつから変わったの？

課長補佐　チッソを擁護するわけではないですが、Ｉさんの訴訟で確定判決しています。

智恵子　無し無しにしとけって？

美代子　わたしは（裁判で）認容されたけど、認定（に続く補償協定）では何ももらってない。差は大きい。

智恵子　（認容と認定で）名目が違うし、前に渡したからっていう話にはならないでしょ？

課長補佐　認定と認容は制度として別ですが、チッソも認定を否定してはいません。

美代子　チッソに言えないの？

課長補佐　認定までです。

美代子　制度は、国が作っている。

智恵子　どこに相談したら？　母は、あと何年、生きられるか分からないし、ゆっくりさせてあげたい。どこに行ったらよいか、教えてほしい。

課長補佐　提訴から裁判の判決まで二〇年、申請から認定まで三〇年。その間、大変な道のりを歩まれて、辛いことだと感じています。国の対応が遅かったことは反省して、お詫びしなければならないと思っています。関西の原告の方には……

智恵子　これ（認定通知書）に何の効力が？

美代子　認定書の上に私の生命が乗っかっている。納得して帰りたい。

智恵子　これ頂いて、何かあるのですか？　何もないなら、要らないですよ。何もないと知っていて、これ、出したのですか？
課長補佐　手続きに沿って対応を……
美代子　私が死ぬのを待っているのですか？
課長補佐　そんなことは……
美代子・智恵子　（同時に）同じことでしょ！
美代子　私を殺してください。娘は納得させますから。
課長補佐　死ぬのを待ってるなんて、そういう気持ちは毛頭ありません。早く死んでほしいなんて、ありえません。
美代子　ありえんこと、（中身のない認定を）出してるやん。お宅らにしか通じないことで、（補償協定を）なしにしてしまった……
山中　せめて一言でいいので、環境省として、チッソに言って貰えませんか？　チッソを擁護するわけではないと仰いますが、このままでは擁護しているようにしか、美代子さん達には見えないですから。

美代子さんには同情しながらも、補償協定については民と民の問題で、裁判になった以上、判決が優先するとの国の方針が上部で決まっているからであろうが、チッソへの働きかけについては課長補佐レベルではどうしようもなく、頭を下げるほかない様子が明白であった。

美代子さんから審査会資料を見せられて

ここで、美代子さんが県から情報公開請求で取り寄せたという自分の認定を決めた時の認定審査会の議事録と審査資料を見せて、補償協定のランクではどのくらいと思うかと尋ねた。

美代子　これだけの審査資料と審査会の議事録があれば、Bランクをつけてもらって当然なのですよ。

課長補佐　審査会で審査される過程を目の当たりにして、認定があったことを、そのまま受け止めております。

智恵子　全く、どうしようもないのですか？　お宅らの方では？

課長補佐　……

美代子　国と県がやった審査会ですよ。

課員S　（今まで黙っていた着任したばかりのS氏、急に曰く）行政官としての限界を……。（美代子さんの認定に）実というか魂を詰めることが難しいのです。

智恵子　結局、どうしたら？

課員S　知恵がない……。そのような制度になっているとしか……

美代子　判決前に、どうしてチッソは言ってくれなかったのやろ？

課長補佐　納得いかないのは、そうだと思います。納得して頂けないのは、申し訳なく、心苦しく思います。認定と補償は、制度が別なのです。
美代子　じゃあ、チッソに言いに行くから、着いて来てくれませんか？
課長補佐　確定判決が出ていることに関わることはできません。ご説明することしか出来ません。心苦しいですが……、申し訳ありません。
山中　美代子さん達の言うことは、理不尽と思われます？

2014.7.15. 環境省の担当者に補償をめぐる対応をただす美代子さん

課長補佐　理不尽とは思いません。納得しないからいけないとも思っていません。ただ、受け止めたいと思います。
美代子　私はどうしたら良いの？　私の体から有機水銀を抜いて下さい！
山中　ーさんみたいに裁判したら良いのですかね？
課長補佐　我々の立場で、そういうことは……
山中　もし、裁判しても、今回の認定みたいなことになるのでしたら、あらかじめ教えてといてほしいのですけど。
課長補佐　……
山中　補償協定は、環境庁の長官が立会人になっています。これからチッソに行きますから、立ち会って頂けませんか？

課長補佐　……
智恵子　じゃあ、今から行くからって、電話をしてくださいよ。
課長補佐　……
山中　法律に、そんなことをしろとは書いてないでしょうけど、してはいけないとも書いてはいないのでは？
課長補佐　……
山中　次の予定があって、忙しいからですか？
課長補佐　そういうことではありません。
山中　環境省が着いて来てくれた、電話してくれた、そのことが、美代子さんの心には大きいのですけど……
課長補佐　……
山中　今日のやり取りは、環境大臣に報告されますよね？
課長補佐　内部で共有します。
山中　美代子さんみたいな、制度の狭間に落ち込む人が出ないように、今後の環境行政を進めて頂ければ……
美代子　私、そんな余裕ない！　自分のことで精いっぱい。（プンプン）
智恵子　母だけのことでは、ないですから。

課長補佐　（意を決した様子で）今日、来られたことは、チッソに伝えます！
山中　ほぉ。
美代子・智恵子　……（伝えても変わらないことは明白だけど、課長補佐の心を察して、ここで終える）

情報公開資料では美代子さんは二〇〇〇年に認定されていたはず？

美代子さんの審査会資料には驚くべき検査結果が……

この環境省交渉の最後の方で、美代子さんが課長補佐に見せた二〇〇九年第二一五回認定審査会の資料（議事録及び審査資料の写し）は、この年（二〇一四年）の二月二五日付で県から美代子さんに送られてきたものであったが、山中にも事前に見せていなかった。美代子さんとしては、自分の認定を決めた時の審査会議事録から補償協定のランクが妹や弟と同じであることを示すのが目的だったようだ。

美代子さんが県への情報公開請求でこの資料を手に入れたきっかけは、長らく没交流だった関西訴訟の弁護士から、突然、「請求しませんか？」と誘ってきたからだそうである。それを使って何かしようという話はなかったそうだが、多分、その弁護士らがその年の一二月に提訴するFさん・Mさんの地位確認訴訟の準備のための資料集めだったのではないかと思われる。

美代子さんにとっては、補償協定のランク付け（A、B、C）の基礎となる認定審査会の判定を知る願ってもない機会なので審査会議事録に飛びついたのだが、審査会資料はカルテと医学用語ばかりだったので無視していた。環境省交渉の際に「Bランクを付けてもらって当然なのですよ」と言うために持ってきただけで、それ以上のつもりはなかった。その後、課長補佐や課員はひたすら頭を下げて自分たちではどうしようもないと逃げの一方に終始してしまったので、審査会資料の中身は話題にも上がらなかった。

しかし、交渉を終えてから、山中や取材に来ていた記者たちがその資料を見て驚いたことは言うまでもない。まず、第二一五回審査会での美代子さんに関する議事録は下記の通りであった。

（事務局）七四歳の女性。新潟県の出身で、昭和二〇年から三三年まで水俣市湯堂に居住し、その後は大阪府に居住。家族の水俣病患者として、父が判定2、母が判定1、姉が法施行前認定、妹が判定3、弟が判定3でそれぞれ認定されており、いずれも昭和三三年まで同居されていた。（以下、魚介類の摂食状況と自覚症状の説明：略）

（委員）平成一〇年の神経内科検査だが、全身の感覚障害、振動覚は0秒という表現になっている。上下肢とも強調運動は軽度+となっている。歩行障害等を認めている。

（座長）平成二〇年一一月に私が診察した。no ataxia（運動失調なし）をno limb ataxia（四肢の運動失調なし）に変更する。頭部顔面を除く痛覚脱失があるが、触覚は四肢遠位部に鈍麻がある。起立、歩行障害がある。この起立、歩行障害はしゃがみ試験など陽性で、truncal ataxia（躯幹運動失調）をとりたいと思う。

（委員）平成一八年の検査で、ゴールドマン（ゴールドマン視野計による検査）では四四度、四〇度の著名な狭窄がある。アイカップ（お椀型のアイカップを片目にあて、ペンライト等で視野を測る検査）でもほぼ同じような狭窄がみられ、Pupil Perimetry（瞳孔視野計）でも、ほぼ同じような狭窄が出ている。他覚的検査も含めて視野の狭窄があるのではないかという例である。疫学条件も濃厚であり、視野狭窄があると思う。眼球運動は外斜視がある割には、ＳＰＭ（滑動性追従眼球運動）が±程度で、著名な異常はない。

（座長）この方は、視野の狭窄がある。痛覚は全身で触角は四肢遠位部に優位に鈍麻がある。limb ataxia（四肢の運動失調）はないが、truncal ataxia（躯幹運動失調）はあるということで、３でいかがでしょうか。

（会長）視野の検査で、何度やっても狭窄があるという方ですね。

（委員）視野内科対座法でもほぼ同じような狭窄が出ている。

（座長）四肢遠位部の感覚障害があり、視野狭窄があり、±のataxia（運動失調）があり、疫学的にも濃厚ですが、いかがでしょう。

（副会長）感覚と視野があり、四肢失調はなくてもtruncal ataxia（躯幹運動失調）がはっきりしているということで、失調も疑われるので基準は満たしていると思う。３で良いと思う。

（座長）では、３とします。

この議事録より、二〇〇九年一〇月の審査会では、感覚障害と視野狭窄、躯幹運動失調が明白で、運動失調自体も疑われるということで、妹や弟と同じ判定3で認定されたことがわかる。

美代子さんにとってはこれだけで十分であったが、この議事録には審査資料としてカルテだけでなく、「前回までの審査状況」というのも付いていた。美代子さんの場合は、二〇〇三年一月の第二〇六回審査会と二〇〇〇年八月の第二〇一回審査会の二回で、両方とも保留になっていた分である。「前回までの審査状況」としてまとめられた表の中の保留理由という欄には、第二〇六回は（資料不足）としか書かれていなかったが、第二〇一回にはなんと、次のような検査結果が記されていた。

・感覚障害　全身

・運動失調　アジアドコキネージス＋、指鼻試験障害＋、膝踵試験障害＋、脛叩き試験障害＋、両足起立障害つまり立ち片足起立障害：不可、ロンベルグ試験：陽性、歩行障害：かろうじて可、つぎ足歩行障害：不可

・視野狭窄：右（++）左（++）

「保留理由」という欄なのに、この検査結果だけで、肝心の保留理由は一言も付されていなかった。

しかし、この「前回までの審査状況」の表には、二〇〇〇年八月の第二〇一回審査会用の資料（各科のカルテ：耳鼻咽喉科95・6・15、神経内科・臨床検査98・9・16、眼科00・4・19）も添付されていた。

しかも、一九九八年九月の神経内科の検査カルテには「神経内科学的所見の要約」として次の記述が記されていた。

① Sensory disturbance（感覚障害）：全身
② 振動覚：全て0秒
③ Cordination（協調運動）アジアドコ以下、FNT、K—H、S—T（各種検査法の略名）、いずれも軽度（＋）
④ 歩行障害あり
⑤ 視野異常

なんと、この一九九八年九月の検査結果だけでも、国が一九七七年以来頑固に死守している現行認定基準（ハンターラッセル症候群の組み合わせを求める）を満たしていることが明白であった。もし、この検査結果から二〇〇〇年八月の審査会で美代子さんが認定されていれば、二〇〇一年四月の高裁判決までにチッソに補償協定を求めに行くことができたはずであり、チッソとの確定判決後だからだめということにもならなかったはずである。

しかし、この審査会資料は今回の環境省交渉の場で美代子さんがランク付けの話の際に見せただけで、山中も事前に知らなかったので、その場では問題にもならなかった。

しかし、交渉後に取材に来ていた記者らと一緒にその資料を見て、初めてこの審査会資料が示す重大さに気付いたが、時すでに遅く、県や国に認定時期の遅れを追及するという直接交渉を続けることは、美代子さんの体力も気力も限界を超えていた。

当日取材に来ていた各紙の中では熊日新聞だけが、環境省交渉の記事とは別に「複数症状あった審査会議事録　県認定遅れで不利益　関西訴訟原告坂本さん」とのタイトルで書いただけであった。（14・7・15、熊日）

もし、あの審査会資料で国・県の責任を追及していればどうなっただろう？

美代子さん自身もこの環境省交渉が最後になるであろうことは薄々わかっていたのではないかと思われる。

山中がなんとか一緒に行けたものの、恵さんも木野もその数年前から公私ともに多忙で動けないなか、長女の智恵子さんを連れて、いわば母子だけでもという決意で環境省に乗り込んだのは、もう先がないと思いつめた末での行動だったのではないかと思わざるを得ない。

しかし、環境省はもうこの時点ではIさんの補償金訴訟も前年に最高裁で敗訴が確定していたので、関西訴訟最高裁判決後の認定患者については一歩も譲らない姿勢を固めていた。美代子さんの交渉要求には応じたものの、実質的な交渉権限がない課長補佐に聞くだけの面会を指示していたことは明白であった。智恵子さん曰く、「上から言われたこと以外、何も言われへんのが、丸わかりやった」。

それでも真剣に耳を傾け、自分たちにはどうしようもないことを苦悩する二人は、最後は泣き顔で、終わってから後もタクシー乗り場まで付き添い、見送ってくれたのがせめてもの救いであった。

とはいえ、よく考えれば、美代子さんが持っていたあの二〇〇〇年八月の審査会資料だけでもすぐに認定できたはずである。提訴以後、県は訴訟中だからと一審二審の間は審査会にかけなかったが、上告審になった途端、今度は県の検診が済んでいないからと検診拒否者扱い（二〇〇三年一月）にまでして、それまでの健診データだけで審査会にかけると脅迫めいたことを言った。その時は友の会や患者の会からの抗議で見送られたが、もし審査会にかけていれば、その時点でも認定せざるを得なかったであろう。

しかし、高裁や最高裁の判決までに認定されたとしても、一人だけチッソへの損害賠償請求を取下げることを弁護団や支える会が認めるとは思えない。現に、Iさんからチッソの拒否を知らされるまで、損害賠償確定後の補償協定締結のワナには無警戒であったのだから、上告審が終わってからにしようと言われた可能性の方が高い。熊本二次訴訟で訴訟中に認定された原告が裁判を降りて補償協定を結んだ前例はあったが、あれは行政訴訟ではなくチッソだけが被告だったからとも言われたことであろう。

美代子さんはこの翌年には八〇歳の高齢を迎え、体調はさらに悪化し、体力だけでなく、もはや直接交渉を続ける気力もなくなっていったので、せっかくの審査会資料とはいえ、それを使って国・県・チッソを追及することは、もはや不可能であった。

勝訴後の認定患者は誰一人、補償協定による補償をもらえなかった

自主交渉を貫いた美代子さん、補償金訴訟に託した人たち、公健法補償を求めた川上さん

関西訴訟では訴訟中に行政認定された原告は一人もなく、二〇〇四年一〇月一五日の最高裁判決後、最初の認定が二〇〇七年八月一五日のIさんで、次いで二〇〇九年一〇月六日の美代子さん、さらに同年同月一六日のMさんと三人が続いた。

その後、認定義務付け訴訟を起こした川上さん夫婦は裁判途中の二〇一一年七月六日に認定された。四・五人目の認定であった。同じく認定義務付け訴訟を関西訴訟の弁護士からしてもらっていたFさんは、地裁で勝訴したものの高裁で敗訴した後亡くなった。しかし、裁判は長女が継承し、最高裁で高裁判決破棄・差戻しの判決を得て、二〇一三年五月七日に県が控訴を取下げて認定した。六人目の関西訴訟勝訴後認定患者となったが、最高裁判決から数えても足掛け九年後のことであった。

しかし、みんなやっとのことで行政認定を得たものの、全員がそれぞれの認定直後にチッソから補償協定の締結を拒否されてしまったことは言うまでもない。裁判で損害賠償は確定済みとの理由であったが、補償協定は熊本一次訴訟の判決後に、勝訴原告と自主交渉を続けていた新認定患者で結成された水俣病患者東京本社交渉団との間で結ばれており、協定には「以降認定された患者についても希望する者には適用する」と明記されているのであるから、判決後の当事者同士の協定の方が上位にあ

水俣病関西訴訟後に行政認定された患者の動き

年	裁判をした人たち（5人）	直接交渉の美代子さん
2004	10.15.最高裁判決（直後から県の認定審査会停止）	
2005		6.21.県に医療費支給手帳を返却し、早期認定を求める 11,11.環境省にも早期認定要請
2006		2.23.県に再度早期認定要請 11.29.環境省にも、再度早期認定要請
2007	3.10.県の認定審査会再開 5.16.Ｆさん認定義務付け訴訟提訴 5.18.川上さん夫婦も同訴訟提訴 8.15.Ｉさん認定（1人目）	6.11.県庁前で座込み、潮谷知事面会。翌日、副知事と直接交渉
2009	7.29.Ｉさん補償金訴訟提訴 10.16.Ｍさん認定（3人目）	10.6.美代子さん認定（2人目） 10.28.チッソへ,29.環境省へ,直接交渉 12.7.チッソ部長が美代子さん宅へ
2010	7.16.Ｆさん義務付け訴訟一審勝訴 9.30.Ｉさん補償金訴訟一審敗訴	5.24.環境省へ,25.チッソへ,直接交渉 10.14.県次長が美代子さん宅へ 10.28.チッソ部長と直接交渉
2011	5.31.Ｉさん補償金訴訟二審敗訴 7.6.川上さん夫婦認定（4,5人目）	3.16.県副知事交渉 7.21.環境相に三者会談要請、拒否 11.16.県部長と直接交渉
2012	3.26.川上夫婦、県に公健法補償請求 4.12. Ｆさん義務付け訴訟二審敗訴	体調悪化で動けず
2013	4.15. Ｆさん義務付け訴訟最高裁、高裁差し戻し 5.7.Ｆさん認定（6人目） 7.29.Ｉさん補償金訴訟最高裁敗訴	体調悪化で動けず
2014	3.20.川上さん公健法補償請求提訴 12.8.Ｆ・Ｍさん地位確認訴訟提訴	7.13.環境省へ直接交渉 これ以後、体力気力続かず
2015	3.30.川上さん公健法補償一審敗訴	
2016	6.16.川上さん公健法補償二審敗訴	
2017	5,16.Ｆ・Ｍさん訴訟一審勝訴 9.8.川上さん公健法補償最高裁敗訴	
2018	3.28.Ｆ・Ｍさん訴訟二審敗訴 10.18.Ｆ・Ｍさん訴訟最高裁敗訴	

ることは明白であった。

美代子さんは両親らが裁判の後で勝ち取ってくれたその補償協定で認定後の生活を安定させるため、まずは行政認定を取ってから両親と同じようにチッソに補償協定の実行を求めるつもりであった。ところが、自分より先に認定されていた（そのことも公表されていなかったので美代子さんにとっては初耳であったが）Iさんが、知らぬ間に関西訴訟の弁護士に相談して、補償金訴訟を提訴（二〇〇九年七月）してしまっていた。

第一次訴訟の判決後に結ばれた補償協定には、裁判の賠償金に相当する慰謝料以外に、生存患者の判決後の生活を支援するための終身特別調整手当という名目の生活手当が含まれており、美代子さんにとってはそれが命綱でもあった。その補償協定をチッソに求めることこそが本筋であるのに、なぜそれを裁判所にもっていったのかは理解できなかった。

裁判になった補償金訴訟は一審・二審・最高裁とも敗訴に終わったが、その間、美代子さんの直接交渉ではチッソ・県・国に対し「裁判が続いてるから」という口実を与え、直接交渉を引き延ばす理由に使われてきた。そして、最高裁判決（二〇一三年七月）後は判決を盾にするチッソ・県・国に対し、翌年の環境省交渉を最後に、遂に美代子さんも直接交渉を続ける体力・気力とももたなくなったのである。

四人目・五人目に認定された川上さん夫婦は二〇一二年三月に公健法による障害補償を県に求めたが、公健法の免責規定「損害賠償を受けた患者に、県は補償の義務を負わない」に従い請求を退けるべきだとの環境省の見解をもとに断られた。夫人のカズエさんは二〇一三年に亡くなったが、敏行さんは二〇一四年三月に公健法による障害補償費不支給決定取り消しと支給義務付けを求める訴訟を認定義務付け訴訟の時と同じ弁護団で起こした。しかし、これも二〇一五年に一審敗訴、二〇一六年に二審敗訴、二〇一七年に最高裁敗訴となり、三年後の二〇二〇年に敏行さんも九六歳で亡くなった。

補償金訴訟敗訴後のFさんMさん地位確認訴訟一審判決が初めて患者側主張を認めたが……

Iさんの補償金訴訟の敗訴が最高裁で確定した翌年、六人目の勝訴後認定のFさんの遺族と三人目のMさんの遺族は、二〇一四年一二月八日、チッソを相手に補償協定上の地位確認請求訴訟を起こした。弁護士はIさんの補償金訴訟と同じ関西訴訟の弁護士であったが、Iさんの補償金訴訟では損害賠償の法律上の解釈のみで棄却されていたので、今回は「認定」と「補償協定」の意義を争点に立て、協定立会人の資料など証拠を充実させ、花田昌宣熊本学園大教授の証言を実現するなど、事実審理に注力していた。

その甲斐あってか、二〇一七年五月一八日の一審判決では、一次訴訟の勝訴原告も加わった補償協定であることや、当時の状況からチッソは裁判と関係なく協定に応じていたとし、患者に起因しない事情により患者に不利な解釈を強いることは相当とは言えないと断じて、協定に基づく補償給付を求めることができる地位を有すると認められるとの判決を下した。Iさんの補償金訴訟で最高裁が棄却し確定した後での一審判決だったが、行政認定と補償協定について初めて患者側の主張を認める判決であった。

判決翌日の熊日では、弁護団が「原告の立場を理解し、補償協定の趣旨を素直に解釈した」と評価するコメントだけだったが、患者サイドは楽観していなかった。翌日の熊日新聞は、Fさんの遺族は「チッソはどう対応するのか……。まだ安心はできない」と不安を隠さなかったと書いていたし、さらに、美代子さんにも取材し、コメントも含めて次のように書いていた。

■元原告「チッソの控訴不安」

関西訴訟の元原告で後に認定された他の患者は期待と不安が入り交じった思いで判決を受け止めた。

直接交渉を通じてチッソに補償協定の締結を求めている坂本美代子さん（82）はこの日、支援者を通じて判決を聞いた。「やった」と思ったが、すぐに考え直した。「チッソが控訴すれば高裁、最高裁がある。不安です」

二〇〇九年、申請から三一年後にようやく熊本県から認定されたが、チッソに補償協定の締結を拒まれ「自分たちがやったことの責任を感じているのか」との思いを募らせてきた。四六時中やまない頭痛や足のしびれなどで、一人で遠出はできなくなった。

補償協定は一九七三年当時の環境庁長官や熊本県知事らの立ち会いで成立した経緯がある。「国や県にはチッソに協定を結ぶよう働きかけてほしい」。その行政は、チッソの対応を座視している。県の環境生活部長はこの日、「チッソ株式会社の訴訟に関することであり、本県としては、コメントする立場にありません」とコメントを出した。（二〇一七年五月一九日、熊本日日新聞）

患者たちの案じた通り、このFさん・Mさんの地位確認訴訟は控訴され、わずか一〇カ月後の二〇一八年三月二九日に大阪高裁で逆転敗訴、その七カ月後の一〇月一八日に最高裁で敗訴が確定した。わずか半年後のスピード判決であった。

この判決では、協定の立会人がチッソの拒否を協定違反と主張していることを無視し、補償協定による補償と訴訟による損害賠償とは「そもそも二者択一の手続として想定されているものと解することが自然である」と断じ、「『認定』を得たことが、本件協定の適用を受けるための条件である以上、未認定患者としては認定を待つか、訴訟等によるかを自ら選択すべきであることは、本件協定が当然に予定している事柄である」とまで述べている。認定審査会がほとんど機能していない状況の中では司法認定を先に得てから行政認定を求めようとするのはごく自然な流れであるのに、行政認定を待つか訴訟をするかは二者択一とするこの解釈は座して死を待てというに等しい乱暴極まりない判決であった。法学者の中からも二審判決後に、「あまりに不自然で不公平な『契約上の権利義務の創造作業』というほかない」との批判を受けるほど、関西訴訟以後の一連の補償協定をめぐる訴訟の中でも最悪の判決であった（島村　健、新・判例解説Watch、環境法78、二〇一八年四月二〇日）。

こうして、行政認定後に裁判で補償を求めた訴訟は全て敗訴に終わり、Iさんの補償金訴訟・FさんMさんの地位確認訴訟および川上さんの公健法障害補償費請求訴訟の一審・二審・最高裁の計九回の判決のうち、患者に耳を傾けたのは地位確認訴訟の一審判決のみであった。

終　章　美代子さん　無念の逝去　語り継ぐ恵さん

美代子さんは自分の思いを語る場が欲しかった

関西訴訟提訴後の語り部活動　小学校での授業から学生・市民の集いまで

一九八二年の関西訴訟の提訴後、患者の会は支援の輪を広げるべく、支える会の協力で一九八三年から小学校五年生の社会科の授業で患者の語り部活動を始めた。水俣病交流学習会と名付けられたその活動は大阪府下の小学校に広がり、なかでも熱心だった高槻市立富田小学校から滋賀県の近江八幡小学校に転勤した平塚満里先生を契機に滋賀県下の小学校にも広がり、計三〇校以上にも上ったという。

小学生への授業の場を通して親世代の関心と理解を呼び起こすことがねらいであったと思われるが、少数とはいえ、語りを聞いた小学生の中には患者との交流を深め、後に熱心な支援者となった人もいるから、語り部に参加した患者たちにとってはやりがいのある活動だったに違いない。

しかし、実際に小学校への語り部として参加した患者は、一審の間は会長の夏義さんと副会長の川上さん以外には数人に過ぎなかったが、その中でも美代子さんは体調が許す限り参加した常連であった。

一審敗訴後も、支援の輪を広げるために、この小学校の授業への語り部活動は続けられ、夏義さんの思いを継いで恵さんも参加するようになった。さらに、関西訴訟を支援する団体が催す集会で話す機会や中学校・高校・大学での授業にも出かける機会が増え、自分の水俣病を語る患者も一〇人くらいに増えたが、美代子さんは一審の時と変わらず常連であった。

二審の終盤期になって、この患者の語りを中心に関西訴訟に焦点を当てるのに大きく貢献した催しも実現した。一九九九年九月四日〜一九日の間、大阪市内のATCミュージアムで開催された「水俣・おおさか展」という催しは、六八二九人の入場者を集めた大イベントであった。主催は水俣病の支援団体や支援者による「開催会議」であったが、展覧内容のほとんどは水俣病公式確認四〇年目の一九九六年に開催された「水俣・東京展」を受けて翌年発足した「水俣フォーラム」によるもので、各地で開催されるようになった「水俣展」の四回目であった。しかし、大阪展では、ホール内に「水俣病と関西」と題する特別展コーナーを設け、関西在住患者の起こした関西訴訟を伝えることに力を入れた。特に語り部コーナーでは、美代子さんや恵さんら関西訴訟の患者や支援者が半数を占めた。

患者の会から分かれた直後に、思わぬ展開で甲南女子高校の授業へ招かれ……

しかし、二〇〇一年の二審判決後、上告審中に患者会内部での対立が生じてからは、支援者らによる国・県に対する上告取り下げ署名運動が中心となり、患者の会の語り部活動は頓挫した。ところが、新たに出来た「関西水俣友の会」の会長に美代子さんがなった翌年、二〇〇三年二月二一日に思わぬ展開から美代子さんと恵さんの語り部活動が始まった。

きっかけは甲南女子高校教諭の藤田三奈子さんから山中へのメールであった。それによれば、同校で始まった「探求」という総合学習の授業のうち、二〇〇一年度から「人間環境と福祉」という講座で「水俣」をテーマにすることが決まり、その担当を引き受けた藤田さんが「今の水俣」でネット探索したところ、前著『水俣まんだら』のホームページに載っていた山中の文章に惹かれて話をしたいとのことであった。

山中から関西にも水俣から出てきて水俣病に苦しんでる人たちがいるという話を聞き、水俣と向き合う覚悟が出来たという藤田さんは山中を授業に招いたが、山中が生徒たちに患者さんに会いたいかと聞いたらみんな乗り気だったので、翌年の授業には山中と美代子さん・恵さんを招いた。後日、熊本学園大学で開かれた研究交流集会(〇七年一月一三日)で藤田さんが行った報告の記録には次のようにある。

山中さんの話に続いて、生徒たちは、関西訴訟の原告である坂本さん・小笹さんと実際に対面しました。坂本さんの苦しい思いをした水俣での話を聞いて涙した後、お孫さんの話になると普通のお祖母ちゃんになる笑顔、かと思うと、尖ったノギス……実は、二〇〇二年度は、山中さんの持ってきてくれたノギスで腕をつついて、痛さの感覚と、二点識別が出来るかどうかを確かめるということをしていただきました。ちなみに、この「感覚障害」を生徒に実感させる方法は、ちまたで話題にもなったようですが、昨年度のバーベキューの串で腕をつつくという衝撃的な方法、それから、今年は熱い湯飲み茶碗を平気で持つ、という方法など、年ごとに変化させています。

この「探求」科目は、教室で患者さんの話を聞いた後、水俣現地を訪問調査する学習活動とセットだそうで、教室授業で「水俣」について学んでいくうちに、自分たちも公害の被害に遭って、障害を持つ子供の母親になる可能性があることに気づき、「水俣」を見る視点が変わってくると藤田さんは言う。

二〇〇六年度のこの授業には熊本県民テレビが取材に入り、五月二一日にNNNドキュメント06「終わらないミナマタ　公害の原点の半世紀」として全国放送もされた。以下は、その中の数シーンである。

（今年一月、大阪市の坂本さんの家に久しぶりに子供や孫が顔を揃えた。）

美代子　死ぬまでね、頑張ってみたい。あとさき長くないし。

東洋士（美代子さんの長男）昔、中学生の時、銭湯で倒れたことあるんですよ。迎えに行って、おんぶして帰ったんやけど。恥ずかしかったな、女風呂入って。

亡くなるなんて、そんなん考えんと生きてほしいけどね。ほんまに残り少ないんやからな。普通の人と同じように生きれるのが一番ですがね。辛いよな。

（甲南女子高校の教室にて）

バーベキューの串を使って感覚障害を話す坂本美代子さん（2006.5.21 の熊本県民テレビ・NNNN ドキュメント「ミナマタに生きて 水俣病公式確認 50 年」の TV 画面より）

美代子　外見は皆さんと一緒です。でも年中、頭なんか痛くて苦しまないかんのが水俣病です。なんか今でもズッキンズッキンしてるけど・・・

生徒1　水俣病にかかっていない普通の人々からは普通に接してくれましたか。

美代子　以前は差別を受けてたから、水俣ってことも口に出すこともできなかったし、ほんとに友達作ることもできなかった。もう姉を殺して自分も死のうと、そのことしか考えない毎日でしたから。

でも、今は違います。もう水俣病っていうこと、みんな知ってもらってるから、それだけでもほんとに嬉しい。

（授業の後、話に来た生徒から）

生徒2　差別されたことを恨んで、他の人のことなんか考えられなさそうなんですけど。

美代子　最初は確かに私もそのいじめた人たちを恨んでたけど、二五年前に、小学校五年生の生徒に、こういう話をするようになってから、恨むだけではもう人生生きてはいけないと思うようになったの。そういう差別をする子をなくしていきたいと……

中高以外に大学でも話す機会ができた。すでに述べたが、提訴時の一九八三年に大阪市大の自主講座が毎年のように患者を招いて講座や支援の催しを行っていたが、一九九四年からは全国の大学で始まった高等教育改革の一環で大阪市大でも木野が自主講座をもとに「公害と科学」などの授業を始めたので、今度は教室に患者を招き学生に話してもらう機会ができた。この授業は木野の定年により二〇〇四年度が最後だったが、第四章で紹介したように最高裁判決前日の授業に美代子さんを招くことができた。

大学関係では、他に熊本学園大学でも原田正純氏が立ち上げた「水俣学」という授業に二〇一一年一一月に美代子さんと恵さんが招聘されている。

市民向けの講演機会も復活　語り部も二人で……

一方、市民向けに話す機会は二〇〇二年の「友の会」騒動以前は関西訴訟を支援する各団体によって続けられてきたが、騒動以後は頓挫してしまい、その状況は最高裁判決後も続いていた、そんな中、二審終盤の一九九九年九月に開催されたあの大規模な「水俣・おおさか展」を企画した東京のNPO法人「水俣フォーラム」が、二〇〇六年一月に「水俣・貝塚展」を催した。その時、「当事者の生の声を聞く」と題して語り部コーナーも催されたが、語り部一〇人中、関西訴訟原告患者からは七人が参加した。一人一五分の小講話であったが、恵さんは一回、美代子さんは二回務めた。他の患者は自分と水俣病のこれまでの苦難の話だけであったが、美代子さんと恵さんだけは違ってい

2011.11.17. 熊本学園大学の授業「水俣学」で話す坂本美代子さん(右)と小笹恵さん。

た。

この当時は、美代子さんは行政認定を、恵さんは両親の認定申請失効取消を求めて、県や環境省に直接交渉を行っていた最中であったから、他の関西訴訟の患者とは違い、最高裁判決後も続いている自分たちの闘いを訴える話となった。これが水俣フォーラムの実川悠太氏に強い印象を与えたようである。

翌二〇〇七年六月には県庁前で座り込んで知事・副知事との直接交渉を行ったことも伝わり、水俣フォーラムの七月の「水俣セミナー」という講演会で話してほしいとの声がかかり、恵さんが上京した。

さらに、この年の一二月一五日には、第一九回「多田謡子反権力人権賞」に二人が選ばれ、東京で受賞発表会があり、二人で講演をする機会もあった。この賞の推薦には実川氏も関わっていたそうである。

その後は二〇〇九年の美代子さんの認定とチッソの補償協定拒否への対応で精一杯だったが、合間を縫って、芦屋市や伊丹市でも話す機会があったが、とくに大阪市内では「チッソ水俣病『知ろっと』の会」という藤本敬三・森本宮仁子の両氏が始めた市民グループでは、毎年最高裁判決のあった一〇月に「患者さんのお話を聞く集い」を始めたが、二人には毎年お呼びがかかった。美代子さんは体調が良い時だけ参加したが、恵さんは出来る限り参加していた。

とくに二〇二〇年は最高裁判決から一五周年であったが、八五歳に達していた美代子さんとしては、これが最後かもと思って恵さんと参加し、自分の水俣病患者としての苦難から、チッソ・国・県との長い闘い、そして行政責任は不十分ながら認められたもののわずかな補償だけで、チッソからは補償協定を拒否され、県も国も民と民の問題だからと逃げていることへの憤りを語り、二度と自分たちのような被害者を出さないでほしいと訴えた。

美代子さんの突然の逝去 「もう私しかいない」と恵さん

京都で講演するはずだった美代子さんの突然の訃報

実は美代子さんはこの後、二〇二二年四月三〇日に水俣フォーラムが京都で催す「水俣病記念講演会」という催しに呼ばれていた。この講演会は水俣病発生が公式に報告された一九五六年五月一日にちなんで、水俣フォーラムが毎年この頃に開催してきたもので、今回はその第一九回で、関西での講演会としては初めてであった。講師として呼ばれた患者は美代子さん一人で、他に三人の文化人が呼ばれていた。

美代子さんは二〇二〇年の「知ろっと」の会で人前で話すことはお終いにするつもりだったが、実川氏からのたっての願いに負けて最後の語り部を引き受けたとのことで、著者らも美代子さんにとって記念になる講演会だから楽しみにしてるよねとねぎらっていた。

その美代子さんがその直前に八六歳で急逝されたという知らせは二〇二二年三月三日の夕方、実川氏から山中への「坂本美代子さんの訃報につきご報告」というメールが最初であった。


坂本美代子さんが亡くなりましたので、お知らせします。

ご存知のように坂本さんは、関西訴訟の勝訴原告で認定患者であり、石牟礼さんが何度も書いた急性激症型患者・坂本キヨ子さんを姉にもち、父母は一次訴訟原告で自主交渉派でもあった嘉吉さん、トキノさん、弟は申請協で謀圧裁判被告の登さんです。

今日おとずれたヘルパーが発見した時はすでに死亡していたとのことですので、死亡は一日夕方から三日午前中までの間と考えられるようですが、死因等の詳細判明は明日四日夕方以降になり、時節柄、ご葬儀は近日中にご家族のみで執り行われるとのことです。

よろしくお願いいたします。

認定NPO法人 水俣フォーラム　実川悠太

新聞各紙の訃報記事は三月五日に出たが、美代子さんの死亡日時については「三日までに自宅で死去した」とあるだけで、各紙とも三日の実川氏の報を受けて遺族に連絡を取ったのであろうが、死亡日時はまだ不明だったようである。通夜は一二日午後六時、葬儀は一三日午前九時半から大阪市瓜破の葬儀場でということで、かなり日にちが空いていたが、コロナ最盛期で葬儀場も混んでいたからである。ちなみに、葬儀場では二月二八日が命日と書かれていた。

ところで、実川氏からのお知らせや新聞の訃報記事でも、葬儀は近親者でとなっていたので、ちょっと逡巡したが、山中が葬儀の窓口になっている美代子さんの孫に連絡したところ、喪主の長男・東洋士氏がどうぞと言ってますとのことで、木野と二人で参加することになった。

そこで、できれば美代子さんをあの世へ送るにあたって、その後半生をかけた水俣病との闘いを偲びたいと紙芝居の上演を申し出たところ、ぜひお願いしますと快諾された。

東洋士氏は木野が一九八三年に大阪市長居のお宅を訪ねた時に会っていたし、智恵子さんは山中がチッソや環境省にも一緒に行ったくらいなので、今さらという感もあったが、孫やひ孫が水俣病と美代子さんのことをどこまで知ってるかはわからないので、美代子さんの思いを家族に伝えることを目標にして、わかりやすく紙芝居仕立てとした。題して「なにわの水俣まんだら―坂本美代子さんを偲んで」。Ａ４判横型で全二三枚にカラー印刷し、裏面に台詞を貼り、山中が紙芝居を手前に掲げてみんなに見せながら、台詞を読むという段取りであった。

通夜の一二日、親族は十数人だったが、恵さんも都合が付いたようで駆け付けた。恵さんの送迎ということで「知ろっと」の会の森本さんと藤本さんも一緒だった。葬儀には水俣フォーラムと熊本学園大学水俣学研究センターから花輪が贈られていた。

翌日の葬儀には仕事の都合で恵さんも山中も参列できず、水俣病関係者としては木野以外に、阪南中央病院から三浦・村田両医師が参列されていただけであった。

2022.3.12. 美代子さんの通夜で紙芝居をする山中。車いすは最近事故で障害を受けた長女の智恵子さん。

夏義さんの葬儀の時と違い、コロナという感染病拡大の非常事態期だったので、葬儀は近親者だけで行うとされていたとはいえ、チッソからも国・県からも水俣病関係者からも弔電も何もなく、いささか寂しい思いもしたが、家族思いの美代子さんが子や孫やひ孫に囲まれて微笑んでいるかのような棺の中のお顔を拝顔し、これで良かったのかもと思い直したものである。

美代子さんの急逝で流れた講演会は、翌年恵さんでリベンジへ

美代子さんが主役となるはずだった二〇二二年四月三〇日の第一九回水俣病記念講演会は、美代子さんの急逝だけでなく、コロナ禍の拡大のため、急遽中止となった。しかし、水俣フォーラムでは第一九回記念講演会を翌二〇二三年にリベンジすることになり、美代子さんの代わりに恵さんに患者講演を依頼した。会場も同じ立命館大学朱雀キャンパスで、他の文化人講師三人もそのまであった。

当日（四月二九日）の参加者は七〇〇人以上で会場は満席となったが、最後に登壇した恵さんは一人で四五分間の講演をマイペースで話し切った。そして、最後を次のような話で終えた。

恵　坂本さんが八〇歳を超えてから、道をぼーっと見ていた姿が今でも浮かんできます。去年、坂本さんが亡くなりました。そのとき、私はこれ（関西訴訟）が始まってもう四〇年も経ってるけど、私にも力がないし、関西で話が出来る患者はもういない。だから、「坂本さんが亡くなったら私はやめる」と決めていたんです。でも、関西水俣病の裁判は、初めて国に勝った裁判だったんですよね。「それを伝える人がどこにいる？」と聞いたら、みんな亡くなってもう誰もいない。私しかいない。そこで思いました。上手に話せず、話し下手で伝わらないかもしれませんが、坂本さんのことを思い出して、伝えていかないと、あの時の苦労が水の泡になると思って……。

恵さんが言ったように、関西訴訟のことを伝えられる患者は確かにもう誰もいなかった。夏義さんは一審判決直後の一九九四年に亡くなったし、夏義さんの時の会長を務めた下田幸雄さんは一九九二年に、患者の会の初代会長だった西川末松さんも一九九九年に亡くなった。最高裁直後の二〇〇五年

2023,11.7.「水俣・福岡展」で講演する小笹恵さん（水俣フォーラムオンライン）

には「友の会」仲間の荒木多賀雄さんが、二〇〇六年には副団長だった岩本章さんが、二〇〇七年には三人目の勝訴認定患者のMさんも亡くなった。川上さんだけが高齢になっても時々「知ろっと」の会に顔を見せる程度だったが、ついに二〇二〇年一一月一八日、九六歳で永眠した。

患者だけでなく、関西訴訟に関わった多くの人ももうほとんどいない。関西訴訟の弁護団で副団長を務めた大野康平弁護士は二〇〇五年に、団長の松本健男弁護士も二〇一八年に亡くなっていた。さらに「友の会」騒動で美代子さんや恵さんと袂を分かった支える会の主要メンバーももうほとんどいないとあっては、まさに「わたししかいない」のだった。

木野　美代子さんがいた時から、何回か一人でも語り部をやってたから、大丈夫だよ。

恵　それは美代子さんが生きていたからよ。私一人だけで出来ると思ってなかったの。ずっと美代子さんの陰に隠れてやれてたのに、いきなり一人だけでするなんて。

でも、美代子さんがいなくなって、パッと私もやめるっていうのは 自分でもどうだろうとかも思ったんやな。頼りないけど、できるだけのことはやっぱりやらないといけないのかなと思って……。

でもやっぱり心細くてたまらないんだけど。だって、私、美代子さんみたいに、あんな上手に話したり、重い話もできないし……。
でも、他の患者さんはと思たら、もう話せる患者は誰もいないと……。関西訴訟の患者で誰が話せると思ったら、うん、もう私しかおらんて思って。それに、なんかね。もうずっと話し続けてるからか、あがることはあんまりなくなったし、ドキドキすることもなくなったし、いつの間にか。言葉に詰まったりとかもしなくなってしまったかな、いつの間にか。
それに、私のキャラでもあるんやろけど、相手に面白がられて伝わってんのがわかって。何度も呼んでくれるということは、自分で勝手にそれなりにいけてるって思ったりもして（笑）。

この京都講演会の後、恵さんは再び、水俣フォーラムの「水俣・福岡展」（二〇二三年一〇月～一一月）で患者語り部に呼ばれ、さらに二〇二四年の「水俣・京都展」（同年一二月七日～二二日）にも一二月一二日の語り部に呼ばれている。さらに、京都講演会が契機となって、以前に美代子さんと語り部として行っていた滋賀県の小学校からも再び授業への語り部のお誘いが復活した。

恵　近江八幡の武佐小学校の先生の誰かが映画館へ行った時に置いてあった水俣フォーラムの京都講演会のチラシを見て、私の名前を見つけはったんやて。そして、学校に、「小笹さんはまだ元気にしてはるよ。こんなんしてはるよ」って言って、持ってきてくれはったんやて。それで、講演会に来てくれはったときに、また授業にも来てくださいねって言われて、それで今年（二〇二四年）の初めに行ってきたの。

恵さん「関西訴訟のことは私が語り継ぐ」

美代子さん逝去の直後に恵三さんも亡くなった

実は、美代子さんの逝去から一カ月後に、恵さんの夫だった恵三さんも白血病で亡くなった。「夫だった」と書いたのは恵さんと恵三さんは二〇一〇年に離婚していたからである。

恵三さんは滋賀県の出身で恵さんとは一九七五年に結婚したが、すでに書いたように恵さんは結婚後も水俣にいたことや両親が水俣病の裁判をしていることを隠し通していた。しかし、一九九四年七月の一審判決の頃にマスコミの取材で恵三さんも知ったが、夏義さんから恵さんへの水俣病特訓に付き合うなかで理解を深め、夏義さんの死後は、後を継ぐ恵さんとともに原告患者らの世話を見るまでになった。

しかし、二〇〇四年の最高裁判決の頃から二人の間には溝が出来、その溝はどんどん深まっていった。

恵　私らが仲悪くなったんは、最高裁が終わってから、私がいろんなとこに顔出して、あっちこっちで交渉したりし始めてからや。もう最高裁が終わったのに、お前いつまでそんなことしてんねんって言い出しはってん。うちの人は私が家を空けてあんまりうろうろするのが好きじゃなかったの。家にずっとおってほしい人やってん。

それに、水俣病のことにはもう飽きてきたんちゃうかな。なんかバーって火がつく人やけど、冷めるのも早い人やったから。最高裁の頃まではまだ関心があったんやろうけど、その後ぐらいから、もうなくなりはったんやな。

最高裁後に私が認定申請に行った頃から、もう、ぎくしゃくしてたんよ。最高裁でもう終わったやろうっと、もう何すんねんていう感じやったな。私は最後まで行きたいんやって、自分が納得するまで行きたいと言ったんやけど。それが納得できんかったんやろな。美代子さんらの行政認定もまだやし、それがないとチッソから補償協定の補償ももらえへんからと言ったんやけど、だめやった。

最高裁判決後の美代子さんと恵さんの二人の国・県・チッソとの直接交渉が最もホットな時期だった二〇〇四年から二〇一一年の間に恵三さんと恵さんの溝はどんどん深まり、遂に二〇一〇年に離婚届を提出するに至った。恵三さんは離婚後も松原市には住んでいたので、子供たちとの付き合いはあったが、恵さんとの仲が戻ることはなかった。

その後は、恵さんも働かないと生活が立ち行かないので美代子さんの自主交渉に付き添うことも難しくなり、最後の二〇一四年の環境省交渉にも行けなかった。しかし、その後も美代子さんとの交流は続いていたが、まさか、美代子さんが急逝するとは思いもしなかったことは言うまでもない。その美代子さんに続いて、その一カ月後に今度は恵三さんの急逝を伝えられたのである。

死因は白血病だったということで、一年くらい前にわかっていたらしいが、どうやら恵三さんは一人で逝こうと思っていたようで、誰にも話さなかったらしい。

恵　ある時、次男の嫁が「お父さんとこ電話してみよう」って言って、電話しやってん。でも留守やわって言うててんやけど、後でかけ直したら女の人が出て、「〇〇病院です」って。「えっ、家族ですけど、どうかしたんですか」言ったら、「白血病で、もうあとそんな長いことはないと思います」って言いはったんやって……。「一回行かしてもらってもいいですか」言うたら、「コロナの時期やから、ちょっとだけ」っていうことで行ったんやて、次男と二人で。ほんならもう瀕死の状態やったらしい。恵三さんがもうヒイヒイ泣きながら手握ったらしくて、元の姿もなかったらしい。

亡くなる前の日には長女が仕事の帰りに、生きてるうちに会おうと思って行ったらしいねん。でも、病室に入られへんって言われたらしい。娘なんですけど、会わせていただけませんかって言ったけど、もう意識がなくなって混濁してるからあかんって。で、帰ってきて、その晩に亡くなったって。棺に入って見た時には、もうびっくりするくらいの哀れな姿で。もうあの顔じゃなかったわ。

夏義さんと愛子さんのように夫婦二人ともが水俣病になった場合は別として、結婚後に実は水俣病やねんと急に言われて、最後まで付き添うことは口で言うほどたやすいことではないはずである。

美代子さんの場合は、認定申請や患者の会に行き出した途端に「捨てられた」(美代子さんの表現)後、子供たちを抱えながら日々の生活にも困窮するどん底の状態を長らく強いられた。美代子さんが生活手当ともいえる補償協定の終身特別調整手当にこだわったのはそれ故であった。しかし、恵三さんは恵さんらが水俣にいたことや夏義さんが水俣病の裁判をしていることなどを知らされずに結婚したのに、それでも最高裁まで付き添ったのであるから、まだ理解のあった方である。

父の後を継ぐ決心　美代子さんの分も

今、恵さんは生活上の苦労はあるものの、離婚により「自由を得た」とも言う。中途半端なままで泣き寝入りをせずに、最後まで言いたいことを言い、やりたいことをやる「自由」を得たと……。

恵　うちの兄弟は皆おとなしいの。私は子供の頃は父に反発してたけど、長女やったから大きくなってからは親の面倒も見てたし、大人になってからはお父さんを尊敬するようになってたの。だから、このままお父さんの気持ちを無駄にはしたくないと思ったの。親を忘れられたら困ると……。水俣病と何十年も闘ってきたお父さんやお母さんのことを、なかったことにされるのが嫌やと思って……。

父は一審の一一年間、もう身を粉にして頑張ってきはったんやから。自分を犠牲にしてでも頑張った末に命を縮めて死にはったと思ってるの。そん時に、もうこのまま終わらせてたまるかと思ったのは事実やな。絶対に、あの国や県に、お父さんとお母さんの前で謝ってもらおうって思ったのも事実やし……。美代子さんともよく言ってました。「なかったことにされるのが嫌やって」。

美代子さんは美代子さんで一生懸命で、やることはちょっと荒っぽいとこもあるけど、情熱は人一倍、あの人にはあった。確かに原告団の中の人によっては、美代子さんのことを自分の好き勝手なことを遠慮なく言うし、言いたいことをうまいこと言うし、目立ちたがり屋とかなんとか言うて、嫌ってた人もいたけど。でも私は、なんかこう、あの人に巡り合ったんやね。美代子さんという人に……。で、この人の言ってることは間違いないって思ったから、この人についていこうと思って……。この人と一緒なら、一人ぼっちになっても一緒にやりたいって思ったの。

そして、関西訴訟で初めて最高裁までたどり着いて、門を開いたんやで。でも、その門を開いた患者らはどうなったか言うたら、何一つ変わらない日常があっただけや。裁判に勝ったらもうちょっとましな生活ができると、もうちょっと楽ができると思ってたのに……。もうほんまにね、患者にとってはね、それしかないんよ。国を変えようなんて思って始めたわけやない。水俣病でどん底に落とされた自分の生活を少しでも楽にしたいと……。

言い方は悪いけど、綺麗事じゃないもん。患者は自分の生活がちょっとでも楽になりたいから頑張ったんやで。一審の後、全国の他の患者らが和解で裁判やめても頑張って……。

美代子さんなんかでもそうよ。その日暮らしの生活から早く抜け出して、普通の人並みの暮らしがしたかったから頑張りはってん。でも、世間の人たちは、最高裁に唯一勝った人たちやから、その後の生活はきっと楽に暮らしてるやろうと思ってはると思うねん。

何一つ、以前と変わらない生活がそこにあるなんて、思ってもないと思うねん。最高裁に勝ったのに、勝った意味が何にもない普通の相変わらずの苦しい地べたの暮らしが続いてんねんよ。それを誰も知らないのね。きっと最高裁で勝ったんだから、それこそ和解金もろうて良い暮らしをなんて思ってはるかもしれん。でも、そうじゃなくって、決して楽なんかしてない。最高裁で勝ってもなんか苦しいばっかりの、また元の木阿弥に戻っただけ。ただもう裁判所に行かんでええわ、集まり行かんでええわってなっただけの話やから。

患者の会はもうとうにないし、患者さんも次々亡くなって、今はもう関西訴訟のことを話せる患者が誰もいなくなった。患者の会が分裂したのは友の会のせいや言う人もいるけど、私、それについては、間違ったことしたなんて、これっぽっちも思ってないよ。あの時の私や美代子さんは正しいことをしたと思ってる。そら、弁護士さんや支える会の人ら、頑張ってくれはった人たちに対しては感謝してるけど。でも、それは最高裁までで、最高裁の後から美代子さんと二人でやってきた道はそれこそ正しい選択やったと思ってるんよ。

関西訴訟があったから、特措法もできたんやし、今の水俣病の裁判もあるんやと思うんや。だから、関西訴訟で頑張ったのにちょっとも報われずに亡くなった人がたくさんいるんやでということは、やっぱり伝えていかなあかんと思うんや。

美代子さんと恵三さんの急逝にもめげず、前を向く恵さん。まさに「水俣まんだら」の主人公である岩本夏義さんの申し子そのものである。

資料編　『続・水俣まんだら——チッソ水俣病関西訴訟の患者たち』

水俣病関西訴訟・最高裁判決
（二〇〇四年一〇月一五日）

事件名：損害賠償、仮執行の原状回復等請求上告、同附帯上告事件
裁判年月日：平成一六年一〇月一五日
法廷名：最高裁判所第二小法廷
原審裁判所名：大阪高等裁判所
原審裁判年月日：平成一三年四月二七日

主文

一　原判決のうち、被上告人X22、同X23、同X53、同X54、同X55、同X64、同X65、同X66、同X67及び同X68の上告人らに対する請求を認容した部分を破棄する。

二　前項の部分につき、上記被上告人らの控訴をいずれも棄却する。

三　原判決のうち、被上告人X36、同X51及び同X52の上告人らに対する請求に関する部分を次のとおり変更する。

(1)　上告人らは、各自、被上告人X36、同X51及び同X52に対し、各二五万円及びこれに対する昭和五七年一二月一一日から支払済みまで年五分の割合による金員を支払え。

四　上告人らのその余の上告及び附帯上告人らの附帯上告をいずれも棄却する。

五　第一項記載の部分に関する控訴費用及び上告費用は同項記載の被上告人らの負担とし、第三項記載の部分に関する訴訟の総費用は、これを一〇分し、その一を上告人らの、その余を同項記載の被上告人らの各負担とし、前項の部分に関する上告費用は上告人らの負担とし、附帯上告費用は附帯上告人らの負担とする。

理由

第一　事案の概要

一　被上告人らは、水俣病の患者であると主張する者（原判決別紙「結果一覧表」の患者氏名欄記載

の五八名のうち、患者番号13～15、28、41、42、44、46、47、52、53、58、59の一三名を除く四五名。以下「本件患者」と総称する。）又はその承継人である。本件は、被上告人らが、上告人らは水俣病の発生及び被害拡大の防止のために規制権限を行使することを怠ったことにつき国家賠償法一条一項に基づく損害賠償責任を負うなどと主張して、上告人らに対し、損害賠償を請求する訴訟である。

二　原審の適法に確定した事実関係の概要は、次のとおりである。

(1)　水俣病は、水俣湾又はその周辺海域の魚介類を多量に摂取したことによって起こる中毒性中枢神経疾患である。その主要な症状としては、感覚障害、運動失調、求心性視野狭さく、聴力障害、言語障害等がある。個々の患者には重症例から軽症例まで多様な形態がみられ、症状が重篤なときは、死亡するに至る。

水俣病の原因物質は、有機水銀化合物の一種であるメチル水銀化合物であり、これは、D株式会社（昭和四〇年に商号を変更する前の商号は、E窒素肥料株式会社。以下「D」という。）F工場のアセトアルデヒド製造施設内で生成され、同工場の排水に含まれて工場外に流出したものであった。水俣病は、このメチル水銀化合物が、魚介類の体内に蓄積され、その魚介類を多量に摂取した者の体内に取り込まれ、大脳、小脳等に蓄積し、神経細胞に障害を与えることによって引き起こされた疾病である。

(2)　本件患者らは、かつて水俣湾周辺地域に居住し、水俣湾又はその周辺海域の魚介類を摂取していた。本件患者らのうち、甲（患者番号16）、X23（同17）、X36（同24）、X51（同32）、X52（同33）、乙（同34）、丙（同45）、X68（同49）は昭和三四年一二月末までに、それ以外の者は昭和三五年一月以降に、関西方面に転居した。

(3)　昭和三一年五月一日、DF工場附属病院の医師が、水俣保健所に対し、水俣市内において脳症状を呈する原因不明の患者が発生した旨の報告をした。公的機関が水俣病の存在を認識したのはこれが初めてであり、この時が水俣病の「公式発見」と呼ばれる。この報告を受けた水俣保健所等が調査をしたところ、昭和二八年ころから同様の症状を呈する患者が発生していたこと、昭和三二年一月の時点で五四名の患者が発生し、うち一七名が死亡していたことが判明した。

(4) 水俣病の原因については、上記公式発見以降、水俣保健所、熊本大学医学部の水俣病医学研究班（以下「熊大研究班」という。）、厚生省（以下、省庁名、官職名等は、いずれも当時のものである。）の厚生科学研究班等により、調査や研究が行われた。原因究明は困難を極めたが、昭和三一年一一月開催の熊大研究班の研究報告会において魚介類との関係が一応疑われるとの報告がされ、昭和三二年一月開催の国立公衆衛生院での上告人国、上告人県の関係者も参加した合同研究発表会において魚介類の摂取が原因であるとの一応の結論に達した。上告人県は、水俣市の住民に対して水俣湾の魚介類を摂取しないように呼び掛けるとともに、湾内での漁業を自粛するよう、地元の漁業協同組合に申し入れた。このような行政指導の結果、昭和三一年一二月以降、しばらくの間は、新たな患者の発生がみられなくなった。

昭和三二年七月開催の厚生科学研究班の研究報告会において、水俣病は、感染症ではなく、中毒症であり、何らかの化学物質によって汚染された魚介類を多量に摂取することによって発症するものであるとの結論が示されたが、原因物質が何であるかは不明のままであり、当時は、マンガン、タリウム、セレン等の物質が疑われていた。

昭和三三年六月開催の参議院社会労働委員会において、厚生省環境衛生部長は、水俣病の原因物質は水俣市の肥料工場から流失したと推定されるとの発言をした。また、同年七月、同省公衆衛生局長は、関係省庁及び上告人県に対して発した文書により、水俣病はある種の化学毒物によって有毒化された魚介類を多量に摂取することによって発症するものであり、肥料工場の廃棄物によって魚介類が有毒化されると推定した上で、水俣病の対策について一層効率的な措置を講ずることを要望した。他方、通商産業省（以下「通産省」という。）軽工業局長は、同年九月ころ、厚生省に対し、水俣病の原因が確定していない現段階において断定的な見解を述べることがないよう申し入れた。

(5)　昭和三三年八月、新たな水俣病患者の発生が確認された。この患者は、水俣湾の魚介類を自ら捕獲して、多量に摂取したものであった。上告人県は、水俣湾の魚介類を摂取しないことを周知徹底させるべく、住民に対して改めて広報活動を行うとともに、地元の漁業協同組合に対し漁業を自粛するよう申し入れた。

(6)　昭和三三年九月、Dは、アセトアルデヒド製造施設からの排水の放出経路を、水俣湾内にある百間港から湾外の水俣川河口付近へと変更した。その結果、昭和三四年三月以降、水俣湾外の海域で漁獲された魚介類を多食していた者についても水俣病の発症が確認され、湾外の魚介類も危険視されることとなった。

(7)　昭和三四年三月刊行の熊大研究班の報告書に、水俣病の症状が有機水銀中毒の症状（いわゆるハンター・ラッセル症候群）と一致する旨を述べた論文が掲載された。熊大研究班は、その後も調査研究を続け、同年七月二二日に開催された研究報告会において、水俣病は現地の魚介類を摂取することによって引き起こされる神経系疾患であり、魚介類を汚染する毒物としては水銀が極めて注目されるに至ったと発表した。

また、厚生大臣の諮問機関である食品衛生調査会の特別部会として昭和三四年一月に発足した水俣食中毒部会は、同年一〇月六日、水俣病は有機水銀中毒症に酷似しており、その原因物質としては水銀が最も重要視されるとの中間報告を行った。同年一一月一二日、食品衛生調査会は、この中間報告に基づいて、水俣病の主因を成すものはある種の有機水銀化合物であるとの結論を出し、厚生大臣に対してその旨を答申した。水俣食中毒部会は、この答申によりその目的を達したとして、そのころ解散した。その後、水俣病の原因についての総合的な調査研究は、経済企画庁が中心となり、厚生省、通産省及び水産庁が分担して行うものとされた。

なお、昭和三四年一〇月ころ、DF工場附属病院の医師が行った実験により、DF工場のアセトアルデヒド製造施設の排水を経口投与したネコに水俣病と同様の症状が現れることが認められた。ところが、Dは、実験の続行を中止し、この実験結果を公表しなかった。

(8) 上告人らが把握していた昭和三四年八月現在の水俣病患者の発生状況は、患者数七一名、死亡者二八名であった。通産省は、そのころ、水俣病が現地において極めて深刻な問題となっている状況にかんがみ、DF工場に対し、口頭で、水俣川河口への排水路を廃止すること、排水処理装置の完備を急ぐこと、原因究明のための調査に十分協力することを求める行政指導を行った。また、通産省は、同年一〇月末から一一月にかけて、厚生省公衆衛生局長、水産庁長官等から、DF工場の排水に対して適切な処置を至急講ずるよう求める旨の要望を受けたので、Dの社長あてに文書を送付して、一刻も早く排水処理施設を完備することなどを求めた。

昭和三四年一二月、サイクレーター、セディフローターを主体とする排水浄化装置がDF工場に設置された。Dは、これによって工場排水が浄化される旨を強調したが、この装置は水銀の除去を目的とするものではなかった。そのことは、多少の化学知識のある者が、上記装置の設計図等を見れば、容易に知ることができた。

(9) 昭和三四年一二月、熊本県知事らのあっせんにより、Dと熊本県漁業協同組合連合会との間に漁業補償に関する契約が、水俣病患者家庭互助会との間に見舞金の支払に関する契約が、それぞれ締結された。

(10) 昭和三四年当時の総水銀（有機水銀化合物に加え、金属水銀、無機水銀化合物を含むもの）の一般的な定量分析技術においては、〇・〇一ppmが定量分析の限界であるとされていたが、工業技術院東京工業試験所は、同年一一月下旬ころには、独自に工夫した方法によって総水銀について〇・〇〇一ppmレベルまで定量分析し得る技術を有していた。同試験所は、そのころから昭和三五年八月までの間、通産省の依頼を受けて、DF工場の排水中の総水銀を定量分析し、〇・〇〇一～〇・〇八四ppmの総水銀が検出されたとの検査結果を報告した。

(11) 上告人らは、遅くとも昭和三四年一一月末ころまでには、水俣病の原因物質がある種の有機水銀化合物であること、その排出源がDF工場のアセトアルデヒド製造施設であることを高度のがい然性をもって認識し得る状況にあった。また、上告人らにおいて、そのころまでには、

DF工場の排水に微量の水銀が含まれていることについての定量分析は可能であったし、Dが整備した上記排水浄化施設が水銀の除去を目的としたものではなかったことも容易に知ることができた。

(12) 昭和四三年五月、Dは、F工場におけるアセトアルデヒドの製造を取りやめた。これにより、同工場からメチル水銀化合物が排出されることはなくなった。同年九月、上告人国は、水俣病はDF工場のアセトアルデヒド製造施設内で生成されたメチル水銀化合物が原因で発生したものである旨の政府見解を発表した。昭和四四年、水俣湾及びその周辺海域について、後述する水質二法に基づく指定水域の指定等がされた。

第二 平成一三年（オ）第一一九四号上告代理人都築弘ほかの上告理由について

一 民事事件について最高裁判所に上告をすることが許されるのは、民訴法三一二条一項又は二項所定の場合に限られるところ、本件上告理由は、理由の不備及び食違いをいうが、その実質は単なる法令違反を主張するものであって、上記各項に規定する事由に該当しない。

二 所論にかんがみ、職権により判断する。

前記の事実関係の下において、上告人らが、昭和三五年一月以降、DF工場の排水に関して規制権限を行使しなかったことが違法であり、上告人らは、同月以降に水俣湾又はその周辺海域の魚介類を摂取して水俣病となった者及び健康被害の拡大があった者に対して国家賠償法一条一項による損害賠償責任を負うとした原審の判断は、後述のとおり、正当として是認することができる。そうすると、本件患者らのうち、昭和三四年一二月末以前に水俣湾周辺地域からその地域外へ転居した者については、水俣病となったことによる損害を受けているとしても、上告人らの上記の違法な不作為と損害との間の因果関係を認めることはできない。ところが、原審は、本件患者らのうち甲、X23、X36、X51、X52、乙、丙、X68について、昭和三四年一二月末以前に水俣湾周辺地域から転居したとの事実を認定しながら、上記八名の本件患者に係る損害賠償請求を一部認容したものであって、原判決には、上告人らの上記の違法な不作為と損害との間の因果関係の存否の判断につき、判決に影響を及ぼすことが明らかな法令の違反があるといわざるを得ない。

したがって、原判決のうち、上記八名の本件患者ら又はその承継人である被上告人X22、同X23、同X36、同X51、同X52、同X53、同X54、同X55、同X64、同X65、同X66、同X67及び同36、同X51及び同X52については、丁（患者番号31）の承継人として請求する部分を除く。）を認容した部分は、破棄を免れない。そして、同部分に係る上記被上告人らの請求を棄却した第一審判決は、結論において是認することができるから、同部分についての上記被上告人らの控訴はいずれも棄却されるべきものである。

第三　平成一三年（受）第一一七二号上告代理人都築弘ほかの上告受理申立て理由第三及び第四について

一　公共用水域の水質の保全に関する法律（昭和四五年法律第一〇八号による改正前のもの。以下「水質保全法」という。）及び工場排水等の規制に関する法律（以下「工場排水規制法」という。また、水質保全法と併せて、「水質二法」という。）は、昭和三三年一二月二五日に公布され、昭和三四年三月一日に施行された（その後、水質二法は、昭和四五年一二月に公布された水質汚濁防止法の施行に伴って廃止された。）。水質保全法は、公共用水域の水質の保全を図るなどのために必要な事項を定め、もって産業の相互協和と公衆衛生の向上に寄与することを目的とするものであり（同法一条）、工場排水規制法は、製造業等における事業活動に伴って発生する汚水等の処理を適切にすることにより、公共用水域の水質の保全を図ることを目的とするものである（同法一条）。水質二法による工場排水規制の概要は、次のとおりである。

経済企画庁長官は、公共用水域のうち、水質の汚濁が原因となって関係産業に相当の被害が生じ、若しくは公衆衛生上看過し難い影響が生じているもの又はそれらのおそれのあるものを「指定水域」として指定するとともに（水質保全法五条一項）、当該指定水域に係る「水質基準」を定めるものとされている（同条二項）。水質基準とは、「特定施設」を設置する工場等から指定水域に排出される水の汚濁の許容限度であり（同法三条二項）、特定施設とは、製造業等の用に供する施設のうち、汚水又は廃液（以下「汚水等」という。）を排出するもので政令で定めるものである（工場排水規制法二条二項）。また、主務大臣（特定施設の種類ごとに、政令により定められる。同法二一条一項）は、工場排水の水質が当該指定水域に係る水質基準に適合しないと認めるときは、これを排出する者に対し、汚水等の処理方法に関する計画の変更、特定施設の設置に関する計画の変更等を命ずること（同法七条）、汚水等の処理方法の改善、特定施設の使用の一時停止その他必要な措置を執るべき旨を命ずること（同法一二条）等の、特定施設から排出される工場排水に関して規制を行う権限を有するものとされており、主務大臣の上記命令に違反した者は、罰則を科される（同法一三条）。

二　熊本県漁業調整規則（昭和二六年熊本県規則第三一号。以下「県漁業調整規則」という。なお、この規則は、昭和四〇年熊本県規則第一八号の二により廃止された。）は、漁業法（昭和三七年法律第一五六号による改正前のもの）六五条及び水産資源保護法四条の規定に基づいて制定されたものであり、水産動植物の繁殖保護、漁業取締りその他漁業調整を図り、併せて漁業秩序の確立を期するため、必要な事項を定めることを目的とするものである（県漁業調整規則一条）。

県漁業調整規則は、何人も水産動植物の繁殖保護に有害な物を遺棄し、又は漏せつするおそれのあるものを放置してはならない旨を定め、これに違反する者があるときは、熊本県知事は、その者に対して除害に必要な設備の設置を命じ、又は既に設けた除害設備の変更を命ずることができるものとされている（同規則三二条）。上記の規定又は命令に違反した者に対しては罰則が科される（同五八条）。

三　原審は、前記の事実関係の下において、DＦ工場の排水につき、上告人国においては上記の水質二法に基づく規制権限を、上告人県においては上記の県漁業調整規則に基づく規制権限を、それぞれ行使しなかったことが国家賠償法一条一項の適用上違法であるとして、昭和三五年一月以降に水俣湾又はその周辺海域の魚介類を摂取して水俣病となった者及び健康被害が拡大した者に対して、同項による損害賠償責任を負うと判断した。

上告人らの論旨は、原審の上記判断は、水質二法、県漁業調整規則の関係規定及び国家賠償法一条一項の解釈適用を誤ったものであり、法令に違反する旨を主張するものである。

四　そこで、以下、この点について検討する。

(1)　国又は公共団体の公務員による規制権限の不行使は、その権限を定めた法令の趣旨、目的や、その権限の性質等に照らし、具体的事情の下において、その不行使が許容される限度を逸脱して著しく合理性を欠くと認められるときは、その不行使により被害を受けた者との関係において、国家賠償法一条一項の適用上違法となるものと解するのが相当である（最高裁昭和六一年（オ）第一一五二号平成元年一一月二四日第二小法廷判決・民集四三巻一〇号一一六九頁、最高裁平成元年（オ）第一二六〇号同七年六月二三日第二小法廷判決・民集四九巻六号一六〇〇頁参照）。

(2)　これを本件についてみると、まず、上告人国の責任については、次のとおりである。

ア　水質二法所定の前記規制は、①　特定の公共用水域の水質の汚濁が原因となって、関係産業に相当の損害が生じたり、公衆衛生上看過し難い影響が生じたりしたとき、又はそれらのおそれがあるときに、当該水域を指定水域に指定し、この指定水域に係る水質基準（特定施設を設置する工場等から指定水域に排出される水の汚濁の許容限度）を定めること、汚水等を排出する施設を特定施設として政令で定めることといった水質二法所定の手続が執られたことを前提として、②　主務大臣が、工場排水規制法(7)条、一二条に基づき、特定施設から排出される工場排水等の水質が当該指定水域に係る水質基準に適合しないときに、その水質を保全するため、工場排水についての処理方法の改善、当該特定施設の使用の一時停止その他必要な措置を命ずる等の規制権限を行使するものである。そして、この権限は、当該水域の水質の悪化にかかわりのある周辺住民の生命、健康の保護をその主要な目的の一つとして、適時にかつ適切に行使されるべきものである。

イ　【要旨二】前記の事実関係によれば、昭和三四年一一月末の時点で、①　昭和三一年五月一日の水俣病の公式発見から起算しても既に約三年半が経過しており、その間、水俣湾又はその周辺海域の魚介類を摂取する住民の生命、健康等に対する深刻かつ重大な被害が生じ得る状況が継続していたのであって、上告人国は、現に多数の水俣病患者が発生し、死亡者も相当数に上っていることを認識していたこと、② 上告人国においては、水俣病の原因物質がある種の有機水銀化合物であり、その排出源がDF工場のアセトアルデヒド製造施設であることを高度のがい然性をもって認識し得る状況にあったこと、③ 上告人国にとって、DF工場の排水に微量の水銀が含まれていることについての定量分析をすることは可能であったことといった事情を認めることができる。なお、Dが昭和三四年一二月に整備した前記排水浄化装置が水銀の除去を目的としたものではなかったことを容易に知り得たことも、前記認定のとおりである。そうすると、同年一一月末の時点において、水俣湾及びその周辺海域を指定水域に指定すること、当該指定水域に排出される工場排水から水銀又はその化合物が検出されないという水質基準を定めること、アセトアルデヒド製造施設を特定施設に定めることという上記規制権限を行使するために必要な水質二法所定の手続を直ちに執ることが可能であり、また、そうすべき状況にあったものといわなければならない。そして、この手続に要する期間を考慮に入れても、同年一二月末には、主務大臣として定められるべき通商産業大臣において、上記規制権限を行使して、Dに対しF工場のアセトアルデヒド製造施設からの工場排水についての処理方法の改善、当該施設の使用の一時停止その他必要な措置を執ることを命ずることが可能であり、しかも、水俣病による健康被害の深刻さにかんがみると、直ちにこの権限を行使すべき状況にあったと認めるのが相当である。また、この時点で上記規制権限が行使されていれば、それ以降の水俣病の被害拡大を防ぐことができたこと、ところが、実際には、その行使がされなかったために、被害が拡大する結果となったことも明らかである。

ウ　本件における以上の諸事情を総合すると、

昭和三五年一月以降、水質二法に基づく上記規制権限を行使しなかったことは、上記規制権限を定めた水質二法の趣旨、目的や、その権限の性質等に照らし、著しく合理性を欠くものであって、国家賠償法一条一項の適用上違法というべきである。

したがって、同項による上告人国の損害賠償責任を認めた原審の判断は、正当として是認することができる。この点に関する上告人国の論旨は採用することができない。

(3) 次に、【要旨2】上告人県の責任についてみると、以上説示したところによれば、前記事実関係の下において、熊本県知事は、水俣病にかかわる前記諸事情について上告人国と同様の認識を有し、又は有し得る状況にあったのであり、同知事には、昭和三四年一二月末までに県漁業調整規則三二条に基づく規制権限を行使すべき作為義務があり、昭和三五年一月以降、この権限を行使しなかったことが著しく合理性を欠くものであるとして、上告人県が国家賠償法一条一項による損害賠償責任を負うとした原審の判断は、同規則が、水産動植物の繁殖保護等を直接の目的とするものではあるが、それを摂取する者の健康の保持等をもその究極の目的とするものであると解されることからすれば、是認することができる。この点に関する上告人県の論旨を採用することはできない。

第四 平成一三年（受）第一一七二号上告代理人都築弘ほかの上告受理申立て理由第五について

一 被上告人らの上告人らに対する請求（前記第二で判示したところにより棄却されるべき部分を除く。）については、国家賠償法四条、民法七二四条後段所定の除斥期間の適用の有無が問題となるところ、原審は、その適用を否定した。

上告人らの論旨は、原審の上記判断は、上記各規定の解釈適用を誤ったものであり、法令に違反する旨を主張するものである。

二 そこで、以下、この点について検討する。

(1) 民法七二四条後段所定の除斥期間は、「不法行為ノ時ヨリ二十年」と規定されており、加害行為が行われた時に損害が発生する不法行為の場合には、加害行為の時がその起算点となると考えられる。しかし、身体に蓄積する物質が原因で人の健康が害されることによる損害や、一定の潜伏期間が経過した後に症状が現れる疾病による損害のように、当該不法行為により発生する損害の性質上、加害行為が終了してから相当の期間が経過した後に損害が発生する場合には、当該損害の全部又は一部が発生した時が除斥期間の起算点となると解するのが相当である。このような場合に損害の発生を待たずに除斥期間が進行することを認めることは、被害者にとって著しく酷であるだけでなく、加害者としても、自己の行為により生じ得る損害の性質からみて、相当の期間が経過した後に損害が発生し、被害者から損害賠償の請求を受けることがあることを予期すべきであると考えられるからである。原審の判断は、以上の趣旨をいうものとして、是認することができる。論旨は採用することができない。

(2) 【要旨二】 上記見解に立って本件をみると、本件患者のそれぞれが水俣湾周辺地域から他の地域へ転居した時点が各自についての加害行為の終了した時であるが、水俣病患者の中には、潜伏期間のあるいわゆる遅発性水俣病が存在すること、遅発性水俣病の患者においては、水俣湾又はその周辺海域の魚介類の摂取を中止してから四年以内に水俣病の症状が客観的に現れることなど、原審の認定した事実関係の下では、上記転居から遅くとも4年を経過した時点が本件における除斥期間の起算点となるとした原審の判断も、是認し得るものということができる。この点に関する上告人らの論旨も採用することができない。

第五　平成一三年（受）第一一七二号上告代理人都築弘ほかのその余の上告受理申立て理由について

所論の点に関する原審の事実認定は、原判決挙示の証拠関係に照らして首肯するに足り、上記事実関係の下においては、原審の判断は是認することができる。原判決に所論の違法はなく、論旨は採用することができない。

第六　平成一三年（オ）第一一九六号附帯上告代理人松本健男ほかの附帯上告理由について

民事事件について最高裁判所に上告をすること

が許されるのは、民訴法三一二条一項又は二項所定の場合に限られるところ、本件附帯上告の理由は、理由の不備及び食違いをいうが、その実質は事実誤認又は単なる法令違反を主張するものであって、上記各項に規定する事由に該当しない。

第七　平成一三年（受）第一一七四号附帯上告代理人松本健男ほかの附帯上告受理申立て理由について

所論の点に関する原審の事実認定は、原判決挙示の証拠関係に照らして首肯するに足り、上記事実関係の下においては、原審の判断は是認することができる。原判決に所論の違法はなく、論旨は採用することができない。

第八　結論

以上によれば、上告人らの上告は、前記第二の限度で理由があるから、主文第一項記載の部分につき原判決を破棄し、同第三項記載の部分につき原判決を変更すべきものであるが、その余の上告はいずれも理由がないので、これを棄却することとする。また、附帯上告人らの附帯上告には理由がないので、これを棄却する。

よって、裁判官全員一致の意見で、主文のとおり判決する。

最高裁判所第二小法廷
裁判長裁判官　北川弘
裁判官　福田　博
裁判官　滝井繁男
裁判官　津野　修

「水俣病関西訴訟の患者たち」関連年表（夏義・愛子・美代子・恵は敬称略）

西暦（元号）	水俣病に関連する主な出来事（※は関西訴訟関連事項）
一九二三（大12）	※4／1岩本愛子、7／10夏義獅子島で出生。一九四六年結婚、夫婦漁へ
一九三二（昭7）	・5／7日窒水俣工場でアルデヒド・合成酢酸設備稼働開始
一九三五（昭10）	※5／10坂本美代子、新潟県で出生。1945年に水俣市湯堂へ移住
一九四〇（昭15）	・ハンター・ラッセル（英）、有機水銀中毒の臨床報告
一九四二（昭17）	・確認し得る最も早い水俣病患者発生
一九五〇（紹25）	・第二次世界大戦後の日窒、新日窒として再発足
一九五二（昭27）	・確認し得る最も早い胎児性患者出生
一九五三（昭28）	※7／28夏義・愛子の長女・恵、獅子島で出生
一九五六（昭31）	・5／1**水俣病の公式確認**。新日窒附属病院から水俣保健所へ報告
一九五八（昭33）	※2月、美代子、家族の生活を助けるため来阪（翌年結婚し、姉弟を育てるが、発病後の一九八〇年離婚）。姉清子は死後解剖による初の認定
一九五九（昭34）	・3月、水質二法（水質保全法・工場排水規制法）施行 ・7／14熊大研究班、有機水銀説を発表 ※12月、夏義の父親が重度の水俣病様症状で死去 ・12／30患者家庭互助会、知事らの調停で新日窒と「見舞金契約」調印
一九六三（昭38）	※夏義、漁獲減少で漁師を諦め、一家で水俣へ引っ越す

一九六五（昭40）	・1／1新日窒、チッソに社名変更 ・5／31**新潟水俣病の公式確認**
一九六六（昭41）	・6月、チッソ、やっとアセトアルデヒド排水を装置内循環方式に改良
一九六七（昭42）	・6／12新潟水俣病訴訟提訴
一九六八（昭43）	・5／18チッソ、アセチレン法によるアセトアルデヒド生産停止 ※6／20夏義、八幡プールで作業中に倒れ、怖くなって大阪へ職探し ・9月、**政府、熊本・新潟の両水俣病を公害病と認定**
一九六九（昭44）	※夏義、家族を大阪に呼び寄せる。恵も翌年、合流 ・6／14熊本第一次訴訟提訴
一九七〇（昭45）	※8月下旬、大阪・水俣病を告発する会発足 ・11／28**チッソ株主総会**（大阪）に患者・支援者結集。江頭社長に詰め寄る
一九七一（昭46）	・8／7環境庁、川本輝夫氏らの棄却処分取消の採決。速やかな認定促す ※8／25在阪患者の岩本公冬氏、認定申請。翌年認定 ・9／29新潟水俣病判決、患者勝訴
一九七二（昭47）	※在阪患者の仲村妙子さん、認定申請。一九七九年認定
一九七三（昭48）	※5月、獅子島から初の認定患者が出る ・3／20**熊本水俣病（第一次訴訟）判決**、患者勝訴 ・7／9熊本水俣病の東京本社交渉団（訴訟派＋自主交渉派）、チッソと補償協定書調印。以降認定された患者で希望する者には適用すると約す
一九七四（昭49）	・6／7環境庁健康調査部会、第三水俣病を否定 ※愛子（6月）、夏義（12月）が認定申請（大阪・告発の訪問による）
一九七五（昭50）	※3月下旬、水俣病関西患者の会発足（会長・西川末松）

一九七七（昭52）	・8／7熊本県の公害対策特別委員が環境庁で「ニセ患者」発言
	・7／1環境庁「後天性水俣病の判断条件について」を通知。症候の組み合わせを求める
一九七八（昭53）	※阪南中央病院、関西在住患者の自主検診を始める
一九七九（昭54）	・3／22チッソ刑事裁判で社長・工場長に有罪の地裁判決（最高裁確定）
	※秋　関西患者の会・大阪告発・弁護士で研究会発足
一九八〇（昭55）	・5／21熊本水俣病第三次訴訟提訴、初めて、国・県を被告に加える
一九八二（昭57）	※4／28チッソ水俣病関西訴訟原告団結成（団長・夏義）
	※10／28**チッソ水俣病関西訴訟、大阪地裁に提訴。**初の県外訴訟。以後、全国連からも、東京（八四年）京都（八五年）福岡（八八年）で提訴が続く
一九八三（昭58）	※7／2大阪市立大学自主講座で「なぜ今水俣病関西訴訟を」開催
	※患者の会、初めて学校で話す。以後、小学校へ交流学習会として語り部活動
	※3／4第一回口頭弁論で、夏義、西川、美代子が代表意見陳述
一九八四（昭59）	・8／19水俣病被害者・弁護団全国連絡会議結成。関西訴訟は不参加
一九八五（昭60）	・10／12環境庁諮問の医学専門家会議、77年判断条件は妥当と結論
一九八七（昭62）	・3／30熊本第三次訴訟一審判決。国・県の責任を初めて認めた。国県控訴
一九九〇（平2）	※7月、夏義の体調悪化で、患者の会会長を下田幸雄氏が引き受ける
一九九二（平4）	※5／25～28関西訴訟で地裁裁判官・原告側・被告側合同による現地調査
	※11・17下田幸雄氏（患者の会会長）、阪南中央病院で死去
一九九三（平5）	※3／7愛子、阪南中央病院で死去
	※6／21関西訴訟一審結審。夏義・川上が最終意見陳述
一九九四（平6）	※7／11**関西訴訟一審判決。**国・県の責任認めず。チッソの賠償は一部認容。

	原告側控訴 ※11／7夏義、阪南中央病院で死去、団長は川上敏行氏が引き継ぐ
一九九五（平7）	・12／15政府（村山内閣）、**未認定患者の救済策**（認定基準は変えず、政治和解）を閣議了解。関西訴訟団を除く主な患者団体受諾。四肢末梢優位の感覚障害を有する人に対し、チッソが一時金二六〇万円を、国、県が医療費等を支給することを主とするもの。
一九九六（平8）	・5／22関西訴訟を除く未認定患者団体の全訴訟、和解。訴え取り下げ ※10／10「水俣まんだら—聞書・不知火海を離れた水俣病患者」（るな書房）刊行
一九九七（平9）	・7／29熊本県知事、水俣湾の安全宣言。仕切り網撤去（10月終了）
一九九九（平11）	※9／4～19各種団体個人による開催会議主催・東京の水俣フォーラム協力で「水俣・おおさか展」開催。一六日間で六八二九人入場
二〇〇一（平13）	※4／27**関西訴訟控訴審判決**。国・県の責任認める。一方、一審で認容された原告の一部を棄却および減額し、問題を残す。国・県・患者とも上告。チッソは上告せず受け入れ ※12／20「新・水俣まんだら—チッソ水俣病関西訴訟の患者たち」（緑風出版）刊行
二〇〇二（平14）	※2／17関西水俣病患者の会で相互扶助カンパを巡り内部対立の末、多数が脱会し、「関西水俣友の会」を結成（会長・川上） ※5／19川上氏が弁護団・医師団の説得で患者の会に戻る。残ったメンバーは新会長に美代子を選出し、自主活動を続ける ※11／1熊本県、「処分困難者」の解消を目指し、関西訴訟原告の検診未完了者（美代子、川上夫婦、他数名）に受診命令を出す

二〇〇三（平15）	※1／22県、四人（美代子・川上夫婦・他）を検診拒否者として審査会にかけると通知。友の会も患者の会も県に抗議し、実行はされず
二〇〇四（平16）	**※4／1行政事件訴訟法の一部改正・施行により、行政への義務付け訴訟が可能となった** ※7／5最高裁、口頭弁論開催。川上氏と美代子が代表意見陳述 ※10／15**関西訴訟最高裁判決**。国・県の行政責任確定。一方、二審での一審認容者の逆転棄却や賠償金減額も確定。友の会の活動も終わる ※12／12環境省部長、夏義宅へ謝罪訪問、仏壇へ焼香。同席した美代子、部長に早期行政認定を求める
二〇〇五（平17）	※6／1環境省、関西訴訟勝訴原告36人へ医療費支給手帳を配布 ※この頃、美代子、最高裁後の国・県に対する訴訟団の交渉に希望を持てず、行政認定を求めて自主交渉を決意。恵も賛同し、以後、二人行脚へ ※6／21美代子、医療費支給手帳を熊本県に返却し、行政認定を要求。同行した恵、原田正純医師の診察で小児性の疑いと診断され、認定申請を出す ※7月下旬、恵、申請が死後半年以内に手続きしないと失効との知らせに気づく。県に両親の申請が失効となっていることを確認し、9／2県へ抗議 ・10／3ノーモア・ミナマタ熊本訴訟第一陣提訴。以後、追加提訴で原告数拡大。二〇〇九年には大阪、二〇一〇年には東京でも提訴あり、最終的には三〇〇〇人以上に上る ※11／11美代子は認定を、恵は両親の申請失効取消を求めて、環境省へ抗議
二〇〇六（平18）	※1／22美代子、水俣フォーラムの「水俣・貝塚展」の語り部で話す ※2／23美代子・恵、県に認定と失効停止を再度要求

二〇〇七（平19）

※8／10～11美代子、県と恵との説得に応じて県の検診を受けに水俣へ
・9／19小池環境相の私的懇談会「水俣病問題に関わる懇談会」、提言書を提出。懸案の認定基準については見直さず
※3／10最高裁判決後停止していた熊本県認定審査会、二年ぶりに再開
※5／16勝訴原告Fさんが棄却取消と認定義務付けを求め大阪地裁提訴
※5／18勝訴原告の川上夫婦も認定義務付けを求め熊本地裁へ提訴
※5／18美代子・恵、認定と失効取消を求めて県庁で座込む。知事と面会後、副知事と交渉するが行政としての限界を語るのみで進展せず
※8／15**勝訴原告I氏に初の行政認定**、しかしチッソが補償協定を拒否（これらの事実は二年後の熊日報道まで当事者以外には伏せられた）
・10／11互助会・第二世代九人、県・国・チッソに損害賠償訴訟を提訴
※11／22美代子・恵、多田謠子人権賞受賞

二〇〇九（平21）

・7／8**水俣病被害者救済特別措置法**が議員立法により成立。チッソから一時金二一〇万円及び団体加算金支給、国・県は療養費・療養手当等支給。居住地域や出生時期などを限定したため、後に対象外の人たちから提訴が始まる
※10／6熊本県、**美代子を行政認定**（二人目）。申請から三〇年ぶりだが、二カ月前の報道で二年前に認定されていた人がチッソから補償協定を拒否されたのがあきらかになった直後なので、「命のたらい回しはやめて」と嘆く
※10／7チッソ、美代子にも補償協定を拒否。知事、黙認姿勢
※10／15I氏の補償金訴訟、弁論始まる。チッソ争う姿勢
※10／15県課長、美代子に認定通知書持参し、長期に渡ったことを謝罪したが、チッソの拒否については残念だと言いつつ、民と民の問題なのでと逃げる

	※10／16県、勝訴原告M氏（故人）を認定（三人目）。上告審中に棄却処分とされ、不服審査請求を出していたが、請求が認められた ※10／24補償協定立会人三名、チッソの補償拒否を批判 ※10／28美代子・恵、チッソ本社へ補償協定に基づく補償を要求 ※10／29美代子・恵、環境省にチッソへの働きかけを要請 ※12／7チッソ部長が美代子訪問。美代子、国県同席の四者会談を要請
二〇一〇（平22）	・3／15ノーモア・ミナマタ訴訟で熊本地裁、一時金二一〇万円などを柱とする和解所見を提示。三月中に、国・県・チッソ・原告団も受け入れを表明 ・4／16特措法に基づく未認定患者の救済措置方針を閣議決定。**第二の政治決着** ※5／24美代子・恵、環境省にチッソ働きかけを再度要請 ※5／25美代子・恵、チッソ本社へ補償協定による補償を再度要求 ※6／17Ｉ氏補償金訴訟、裁判長が和解打診 ※7／16Ｆさん訴訟で大阪地裁が県に認定を命じる判決 ※9／30Ｉ氏補償金訴訟、地裁で原告敗訴 ※10／14熊本県の次長らが美代子宅へ来る ※10／28美代子・恵、大阪でチッソと四回目交渉
二〇一一（平23）	※3／16美代子・恵、県副知事交渉。チッソへの働きかけを要請 ・4／1チッソの事業を引き継ぐＪＮＣ営業開始（水俣病関係はチッソ） ※5／31Ｉ氏補償金訴訟、二審も原告敗訴 ※7／6川上夫婦、申請から36年で行政認定（四、五人目）。しかし、チッソは補償協定拒否

※7／23美代子、チッソの補償協定拒否の件で協議の実現を環境相に要請するも実現せず
※7／25川上夫婦、認定により行政訴訟取り下げ
※11／16美代子、県にチッソ説得を要請
※11／17美代子・恵、熊本学園大の水俣学授業で話す

二〇一二（平24）

※3／26川上夫婦、公健法による補償給付を県に請求（前例なし）
※4／12Ｆさん認定義務付け訴訟、大阪高裁で原告逆転敗訴

二〇一三（平25）

※3／5Ｆさん死去するが、上告審は長女が継承
※4／16Ｆさん義務付け訴訟、最高裁、控訴審判決破棄、高裁差し戻し
※6／7県、Ｆさん義務付け訴訟への控訴を取り下げ、認定（六人目）。しかしチッソは補償協定を拒否
・6／20ノーモア・ミナマタ第二次熊本訴訟提訴、一五五〇人、特措法で救済されなかった人が原告
※7／29Ｉ氏補償金訴訟、最高裁でも原告敗訴、確定
※8／7熊本一次訴訟の患者ら（互助会）、チッソに補償協定順守を申し入れ
・10月、水銀に関する水俣条約採択（発効は二〇一七年八月）
※11／2県、川上夫婦からの公健法補償は免責規定によりしないと通知
・12／11ノーモア・ミナマタ第二次新潟訴訟、一四七人提訴

二〇一四（平26）

※2／25美代子が県に情報公開請求していた審査会資料が届いた（7／15の環境省交渉までランク付けの資料として自分だけで保存）
・3／7環境省、認定基準を変更せずに、新通知を出す
※3／20川上夫婦、県に公健法に基づく障害補償費給付を求めて提訴

	※7／15美代子、環境省交渉。チッソとの補償仲介を求めるが拒否される。交渉後、2／25に美代子が県から得た審査会資料を参加者で検討すると、**美代子が二〇〇〇年の審査会でも認定されるべきだったことが判明したが**、時遅しで、無念 ・8／12ノーモア・ミナマタ第二次東京訴訟、八二人提訴 ・9／29ノーモア・ミナマタ第二次近畿訴訟、一四〇人提訴 ※12／8Fさん・M氏の遺族、補償協定上の権利確認求め提訴
二〇一五（平27）	※3／30川上氏の公健法障害補償費訴訟、熊本地裁請求棄却 ・10／15互助会七人、認定義務付け訴訟提訴。22年3／30一審全員棄却
二〇一六（平28）	※1／21Fさん・M氏の遺族が補償を受ける地位の確認を求めた訴訟で、大阪地裁、原告側の調査嘱託申し立て採用 ※3／24Fさん・M氏の補償地位確認訴訟で、国・県が当初からチッソと同認識だったと弁論 ※6／16川上氏の公健法障害補償費訴訟で、福岡高裁、県の不支給処分「違法」と断じ、逆転勝訴
二〇一七（平29）	※5／18Fさん・M氏の補償地位確認訴訟、大阪地裁が補償協定の対象と認容 ※9／8川上氏の**公健法障害費訴訟**で最高裁、県の不支給決定取消請求を取消した控訴審判決を破棄、**原告逆転敗訴確定**
二〇一八（平30）	※3／28Fさん・M氏の補償地位確認訴訟で高裁が一審判決を取消し、原告逆転敗訴 ※10／18Fさん・M氏の**補償地位確認訴訟、最高裁、原告の上告を棄却、敗訴確定**

二〇一九（令1）	※4／7恵、水俣フォーラム第17回水俣病記念講演会（東京）で講演
二〇二〇（令2）	※10／13「知ろっとの会」の最高裁判決15周年の集いで美代子・恵が語る
	※11／18川上敏行氏、死去（九六歳）
二〇二二（令4）	※2／28美代子、死去（八六歳）
	・3月、互助会・第二世代訴訟、最高裁で全員棄却、敗訴確定
	※4／30美代子が患者講演の予定だった水俣フォーラム第19回水俣病記念講演会(京都)、新型コロナウイルス感染状況により延期
二〇二三（令5）	※4／29水俣フォーラム第19回水俣病記念講演会（京都）開催。恵が講演
	・9／27ノーモア・ミナマタ第二次近畿訴訟、大阪地裁が一二八人全員の賠償認容、国・県・チッソに連帯義務を課す
	※11／7恵、水俣フォーラム「水俣・福岡展」で話す
二〇二四（令6）	・3／22ノーモア・ミナマタ第二次熊本熊本地裁が一四四人中二五人を水俣病と認めつつ、除斥期間を理由に全員棄却
	・4／18ノーモア・ミナマタ第二次新潟訴訟で新潟地裁が四七人中二六人に昭電の賠償を認めるが、国への請求は棄却
	※12／12恵、水俣フォーラム「水俣・京都展」で話す予定

なお、現在係争中の水俣病訴訟としてはノーモア・ミナマタ第二次訴訟（熊本、新潟、東京、大阪）以外に、認定義務付けを求める被害者互助会訴訟（福岡高裁）、棄却取消と認定義務付けを求める新潟第二次行政訴訟（新潟地裁）の集団訴訟と、三件の単独原告に対する認定義務付け訴訟（熊本地裁、熊本地裁、大阪地裁）がある。

「新・水俣まんだら——
チッソ水俣病関西訴訟の患者たち」
木野茂・山中由紀 共著
（緑風出版、二〇〇一年一二月二〇日発行）

■目 次

参考文献

（本書作成にあたり、参考にした主な文献のみ記す）


日本窒素肥料株式会社『日本窒素肥料事業大観（創立三十周年記念）』、一九三七年。

熊本大学医学部水俣病研究班『水俣病―有機水銀中毒に関する研究』、一九六六年。

熊本商科大学民俗学会『長島・獅子島民俗調査報告』、一九六八年。

宇井純『公害の政治学―水俣病を追って』三省堂、一九六八年。

石牟礼道子『苦海浄土―わが水俣病』講談社、一九六九年。

水俣病研究会『水俣病にたいする企業の責任―チッソの不法行為』水俣病を告発する会、一九七〇年。

砂田明「流亡らんる―ある未認定患者母子の生い立ちと流亡と転生」『季刊・不知火』創刊号、一九七五年五月。

堀田静穂「鹿児島県・獅子島の未認定水俣病」『季刊・不知火』第二号、一九七五年九月。

水俣病共闘関西連絡会議「県外在住未認定患者の実情」『季刊・不知火』第四号、一九七六年四月。

有馬澄雄編『水俣病―二〇年の研究と今日の課題』青林舎、一九七九年。

阪南中央病院水俣病研究会「県外水俣病患者の健康実態」『水俣病問題研究（Ⅰ）』、一九八〇年六月。

W・ユージン・スミス＆アイリーン・M・スミス（中尾ハジメ訳）『写真集　水俣』（普及版）三一書房、一九八二年。

大阪市立大学自主講座実行委員会『なぜ今、水俣病関西訴訟を―原告患者さんに聞く』、一九八四年。

原田正純『水俣病は終っていない』岩波新書、一九八五年。

羽賀しげ子『不知火記―海辺の聞き書』新曜社、一九八五年。

鬼塚巌『おるが水俣』現代書館、一九八六年。

不知火海友の会『不知火海―過去・現在・未来―獅子島調査報告』、一九八八年。

水俣市史編さん委員会『新水俣市史（上・下）』ぎょうせい、一九九一年。

映画「阿賀に生きる」スタッフ『焼いた魚も泳ぎ出す—映画「阿賀に生きる」製作記録』記録社、一九九二年。

水俣あれこれin大阪・市大自主講座『たんまー水俣病は終わっていない・関西からの叫び』、一九九二年。

水俣病センター相思社編『絵で見る水俣病』世織書房、一九九三年。

チッソ水俣病関西訴訟を支える会『第一審結審—原告患者・弁護士最終意見陳述集』、一九九三年。

原田正純『慢性水俣病・何が病像論なのか』実教出版、一九九四年。

「水俣病関西訴訟第一審判決」『判例時報』判例時報社、一九九四年一二月。

原田正純『この道は』熊本日日新聞社、一九九五年、
水俣病医学研究会編『水俣病の医学—病像に関するQ&A』ぎょうせい、一九九五年。

後藤孝典『ドキュメント「水俣病事件」沈黙と爆発』集英社、一九九五年。

富樫貞夫『水俣病事件と法』石風社、一九九五年。

NHK取材班『NHKスペシャル「戦後50年その時日本は」第3巻「チッソ水俣 工場技術者たちの告白」他』一九九五年。

大阪市大自主講座『押せば芽も出る花も咲くーがんばれ控訴審！チッソ水俣病関西訴訟』、一九九六年。

池見哲司『水俣病闘争の軌跡—黒旗の下に』緑風出版、一九九六年。

木野茂・山中由紀『水俣まんだら　聞書・不知火海を離れた水俣病患者』るな書房、一九九六年。

水俣病研究会編『水俣病事件資料集（上巻・下巻）』葦書房、一九九六年。

宮澤信雄『水俣病事件四十年』葦書房、一九九七年。

水俣・おおさか展開催会議『図録・「水俣病と関西」特別展』、一九九九年。

水俣病研究会編『水俣病研究1』一九九九年、同「水俣病研究2」葦書房、二〇〇〇年。

坂東克彦『新潟水俣病の三十年—ある弁護士の回想』NHK出版、二〇〇〇年。

西村肇・岡本達明『水俣病の科学』日本評論社、二〇〇一年。

木野茂・山中由紀『新・水俣まんだら―チッソ水俣病関西訴訟の患者たち』緑風出版、二〇〇一年。

熊本日日新聞社編集局編『報道写真集　水俣病50年』熊本日日新聞社、二〇〇六年。

石牟礼道子『苦海浄土　第二部　神々の村』藤原書店、二〇〇六年。

原田正純『水俣への回帰』日本評論社、二〇〇七年。

水俣学研究資料叢書Ⅱ『水俣病と学校教育』熊本学園大学水俣学研究センター、二〇〇九年。

有馬澄雄・内田信『〈水俣病事件の発生・拡大は防止できた』弦書房、二〇二二年。


これらの書籍の他にも、参考にした機関紙・ニュース・雑誌連載は下記の通り。


水俣病を告発する会の機関紙「水俣」、一九六九年六月創刊（七三年九月「水俣―患者とともに」と改題）。

水俣病被害者・弁護団全国連絡会議の機関紙「みなまた」、一九七五年一一月～九六年七月。

チッソ水俣病関西訴訟を支える会の機関紙「支える会ニュース」、一九八二年一二月創刊。

木野茂・山中由紀「連載・なにわの水俣まんだら」『月刊むすぶ―自治・ひと・くらし』ロシナンテ社、一九九三年二月号～一九九六年六月号。一九九六年の『水俣まんだら』と二〇〇一年の『新・水俣まんだら』はこの連載をベースに執筆した。

木野茂・山中由紀「連載・公害と教育実践レポート―今どきの学生たち」『月刊むすぶ』、二〇〇九年二月～二〇一七年二月までの連載中、適宜「番外編」として関西訴訟のその後を執筆した。

認定NPO法人 水俣フォーラム編集・発行の『水俣フォーラムNEWS』の四一号（二〇一九年一一月）に小笹恵「棄てられて」、四二号（二〇二一年九月）に岩本夏義「水俣病を思ひ」、四四号（二〇二三年三月）に坂本美代子「桜、嫌いです」の小文が編集掲載されている

水俣病の各種訴訟の判決等は、判例時報（判例時報社）や判例タイムズ（判例タイムズ社）、ジュリスト（有斐閣）、裁判所ウェブサイトの「裁判例情報」などによる。

あとがき

坂本美代子さんも小笹恵さんも、強い思いを持っている人である。でも、弁護士や医者、支援者の前では、裁判でいつもお世話になっているからと遠慮して、最高裁までは少々のことには黙っていた。しかし、上告審になってから、自分の思いとは相容れないことが分かった時、遠慮することをやめた。

私は、初めて出会った時は大学生で、患者さんたちからは、孫の年代。弁護士や医者、支援者とは違い気楽に話せるようで、どの患者さんとも仲良くしてもらっていた。でも、そのうち、話の内容には、だんだんと愚痴や本音が混ざり始めた。

原田正純先生が「怒りっぽいのも、水俣病の特徴」と仰っていたが、結局、不満が爆発し、患者の会は二分、関西水俣友の会ができた。友の会ができると、私は一部の人から冷たい視線を受けるようになった。かと思えば。「『義を見てせざるは、勇なきなり』やからやんなぁ」と声を掛けてくれた人もいた。その後も変わらずにお付き合い頂いた方々には、どんなに感謝してもしきれない。

環境省や熊本県、チッソでの自主交渉では、美代子さんは最初は水俣病の行政認定を、認定後は補償協定の締結を求めて、恵さんは両親の認定申請の失効取り消しを求めて、熱弁をふるった。

どこの交渉でも三〇分を超えたあたりで、担当者から私に対し、どうにかして欲しげな視線を感じた。よその交渉では、患者ではない人が仕切り役なんやろなと思いつつ、無視した。交渉は、数時間にわたり、後期高齢者の美代子さんの体力が尽きるまで続いた。若い官僚の中には、涙ぐんでいる人もいた。

美代子さんや恵さんとは、たくさんの時間を共にしたが、笑顔と笑いが絶えなかった。美代子さんは先に逝ってしまったけど、天国でゆっくり待っててね。私も恵さんも木野先生も、冥土の土産の用意が、まだまだ、できてないから。

山中由紀

1999.8.13. 水俣で美代子さんと一緒にカラオケで歌ったことも

2005.6.19. 医療費支給手帳を県に返しに行く美代子さんと恵さん

2009年頃、大阪のお店で長ーい蕎麦とはしゃぐお茶目な恵さん

私が水俣病関西訴訟のことを知ったのはまえがきにも書いたように一九八二年のことで、不知火海から関西に出て来てから症状が進行して裁判を起こした人たちのことを知り、これは記録に残さねばと団長の岩本夏義さんを中心にした前書の聞き書きをまとめたのが二〇〇一年であった。その後、最高裁で水俣病の行政責任を確定させたということで知られるようになったが、実は原告患者にとってはそれからが苦難の始まりであった。私たちは前書の後、患者が自ら動かねばと自主交渉を始めた坂本美代子さんとその美代子さんに共感した夏義さんの長女・恵さんに付き添い、二人のその後を追った。

しかし二年前に美代子さんの突然の逝去に衝撃を受け、遅ればせながら最高裁後の彼女たちを中心にした関西訴訟の患者たちのその後をまとめておきたいと前書を出してもらった緑風出版の高須さんに相談し、最近の出版界の厳しい状況の中、引き受けていただいた。

まえがきでも触れたが、私が水俣病に特に関心を持ったのは、水俣病で企業寄りの学説を出し続ける科学者を糾弾した友人の井関進君が教授からのアカハラで自死したことからであるが、その一〇周忌の催しが契機となって学生たちと始めた自主講座では、水俣病だけでなく公害環境問題に関わる科学者や専門家の果たす役割をテーマにし、被害を矮小化する人たちと真実を追求する人たちがいる中で自分たちはどんな道を目指すのかを議論した。この自主講座での経験は後に始まった大学教育改革の中で私のいくつもの正規授業となり、八〇歳まで続けることができたが、常にその原点には井関君の事があった。「水俣まんだら」の関西在住患者の問題は彼の死後に始まったことであるが、井関君は大阪告発の初期のメンバーでもあったから、生きていれば私よりもっと熱心に取り組んでいたはずである。

本書が明らかにしたように、関西訴訟では残念なことに患者の人たちも弁護団も支援の人たちも高裁や最高裁の後は別々の道を歩むことになったが、患者の救済と加害責任の追及という点では提訴の時点では一緒であった。

しかし、長い年月の中でそれぞれが大事と思うことの差が広がり、それをチッソや国や県の思惑にうまく利用されたとも言える。その結果、最も救われなかったのは患者であることを忘れてはならない。そのことだけは伝え続けたいという恵さんの思いは間違いなく美代子さんの思いでもあるはずだ。

夏義さん亡き後、私が美代子さんに付き添うことを決めたのは、「自分の事、できるだけ自分で」と書き残した夏義さんの思いを文字通り体現している患者さんだと思ったからであるが、個人的には夭折した私の姉と同じ年頃なので勝手に懐いていたのかもしれない（笑）。私にとっての水俣曼陀羅とも言うべき夏義さんと美代子さんには謹んでご冥福を祈りたい。

2009.10.10. 美代子さん宅（大阪市瓜破）。チッソ・国・県との闘いの陣中見舞いと言って通っていたのが懐かしい。

最後に、本書の出版を快く引き受けていただいた緑風出版の高須次郎さんに感謝する。なお、本書中の写真には不鮮明なものもあるが、著者のたっての希望で入れていただいたもので、緑風出版には無理を聞いていただいたこともあわせて感謝したい。

木野　茂

[著者略歴]

木野　茂（きの　しげる）

1941年大阪府生まれ。1966年、大阪市立大学大学院理学研究科修士課程修了。同年、同大学理学部教員。理学博士。1971年より公害問題に取り組む。1983年より大阪市大自主講座を主宰。2005年～2015年、立命館大学共通教育推進機構教授。主な著書：『環境と人間―公害に学ぶ」(編著,東京教学社、1995年。新版、2001年)、『双方向型授業への挑戦』(現代人文社、2017年)、ほか。

山中由紀（やまなか　ゆき）

1969年大阪府生まれ。2002年、大阪市立大学大学院経済学研究科後期博士課程満了。専攻:環境社会経済学。1990年、大阪市大自主講座に参加し、関西在住の水俣病患者と出会う。1995年から香川県豊島の産廃不法投棄事件の調査に参加。2009年から2022年まで、環境教育系NPOに勤務。現在は2001年に始めた「生命・環境系の週間テレビ予報」のWeb発信を続けている。

続《ぞく》・水俣《みなまた》まんだら

――チッソ水俣病関西訴訟の患者たち

2025年1月15日　初版第1刷発行　　定価3200円＋税

著　者　木野　茂・山中由紀©

発行者　高須次郎

発行所　緑風出版

〒113-0033東京都文京区本郷2-17-5　ツイン壱岐坂

［電話］03-3812-9420　［FAX］03-3812-7262［郵便振替］00100-9-30776

［E-mail］info@ryokufu.com［URL］http：//www.ryokufu.com/

装　幀　斎藤あかね

制　作　R 企 画

印刷、製本、用紙　中央精版印刷　　E1000

ISBN978-4-8461-2416-8　C0036

◎緑風出版の本

■全国どの書店でもご購入いただけます。
■店頭にない場合は、なるべく書店を通じてご注文ください。
■表示価格には消費税が加算されます。

新・水俣まんだら
――チッソ水俣病関西訴訟の患者たち
木野茂・山中由紀著

四六判上製
三七六頁
2800円

水俣病のため貧しくとも豊かな故郷を離れざる得なかった人たちが、水俣病を発病し、見知らぬ地で病気と差別に耐えた末に、せめて一矢をと裁判に立ち上がった。チッソ水俣病関西訴訟の患者たちの人生と闘いの記録である。

水俣病闘争の軌跡
――黒旗の下に
池見哲司著

四六並製
三六一頁
2400円

空前の規模の深刻な被害を発生させ、公害史上に特筆される水俣病。その責任を問い、「怨」の黒旗の下に水俣病闘争を担った川本輝夫ら患者や支援者の闘いを軸に、その闘争の全軌跡を克明な取材で描いた注目の書。

核のない未来を願って
――松井英介遺稿・追悼集
松井英介遺稿・追悼集編集委員会編

四六判上製
五二八頁
+口絵カラー8頁
3400円

専門医の立場から、重慶爆撃や731部隊の日本軍の戦争犯罪、アスベストから廃棄物不法投棄問題まで、反核平和、人権、公害環境など国際連帯を広げながら、核なき未来を目指して闘った医師・松井英介の遺稿・追悼集！

科学・技術倫理とその方法
唐木田健一著

四六判上製
二三四頁
2400円

いまの政治では、都合のよい事実のみが着目され、ねつ造され、不都合な事実は改竄・隠蔽・無視されている。さらにいわゆる企業《不祥事》が跡を絶たない。本書は、組織／社会における倫理的問題を解決する方法を提供する。